MANUAL DE TONELERÍA

Destinado a usuarios de toneles

Nicolas Vivas
Enólogo
Doctor en Ciencias
Miembro de la Academia de Ciencias de Nueva York
Corresponsal de la Academia Suiza del Vino
Encargado de Investigación en la Universidad de Burdeos I
(Centro de Estudios Estructurales y de Análisis de Moléculas Orgánicas)
Director del Departamento de Investigación y Desarrollo de Tonelerías Demptos, S.A.
Miembro de la Sociedad Linneo (Sección Botánica)

MANUAL DE TONELERÍA
Destinado a usuarios de toneles

Versión española
de
José Antonio HUESO OÑATE

Ediciones Mundi-Prensa
Madrid • Barcelona • México
2005

Grupo Mundi-Prensa

• **Mundi-Prensa Libros, s. a.**
Castelló, 37 - 28001 Madrid
Tel. 914 36 37 00 - Fax 915 75 39 98
E-mail: libreria@mundiprensa.es
Internet: www.mundiprensa.com

• **Mundi-Prensa Barcelona**
• **Editorial Aedos, s. a.**
Consell de Cent, 391 - 08009 Barcelona
Tel. 934 88 34 92 - Fax 934 87 76 59
E-mail: barcelona@mundiprensa.es

• **Mundi-Prensa México, s. a. de C. V.**
Río Pánuco, 141 - Col. Cuauhtémoc
06500 México, D. F.
Tel. 00 525 55 533 56 58 - Fax 00 525 55 514 67 99
E-mail: mundiprensa@mundiprensa.com.mx

DEMPTOS
BORDEAUX - FRANCE
Maison fondée en 1825

Obra realizada con el patrocinio de la Tonelería Demptos

La Tonelería Demptos, fundada en 1825, ha forjado un «savoir-faire» durante dos siglos de experiencia y progreso. Su objetivo es lograr que la barrica sea un instrumento enológico moderno y para ello combina la artesanía tradicional con los avances propuestos por su departamento de Investigación y Desarrollo. El departamento de Investigación y desarrollo fue creado en 1990, en estrecha colaboración con la Facultad de Bordeaux y está dirigido desde su inicio por el Dr. Nicolas Vivas. Por su experiencia y sus demostrados conocimientos acerca de los mecanismos que rigen las interacciones entre el vino y la barrica, el Dr. Nicolas Vivas es una personalidad y un conferenciante de talla internacional en el mundo del asesoramiento y la investigación en tonelería.

La edición original de esta obra ha sido publicada en francés con el título:
Manuel de Tonnellerie 2ème édition
por Éditions Féret - ISBN 2-902416-76-8

Depósito Legal: M. 18.974-2005
ISBN: 84-8476-205-X

IMPRESO EN ESPAÑA - PRINTED IN SPAIN

Imprime: Artes Gráficas Cuesta, S. A. Seseña, 13. 28024 Madrid

Prólogo

Transcurridos tres años desde la salida del Manual de Tonelería, la primera edición se ha agotado, lo que prueba la necesidad de tal obra acerca del tonel y las condiciones de su obtención.

Aprovechamos pues la oportunidad de una nueva edición para mejorar la primera versión, con el objetivo de dar preferencia al tema que atrae la atención del momento. Se trata de los problemas de reconocimiento de las especies y de su origen geográfico. Otro aspecto del que se habla mucho, concierne a los macizos forestales del Este y Oeste europeos y su potencial. Asimismo se impone una ampliación sobre el roble americano que ha conocido una demanda sostenida estos últimos años, así como una breve referencia a los robles asiáticos a fin de completar el conocimiento sobre el abanico de especies existente que pueda ser objeto de interés en el futuro. Hemos dado entrada a dos sub-capítulos, uno sobre las técnicas silvícolas, con información genérica sobre los destrozos causados por las tempestades y otro sobre la dendrometría, importante cuando se trata de estimar un volumen de madera en pie explotable o la productividad de una masa forestal.

El contenido global de la obra ha sido modificado teniendo en cuenta los nuevos conocimientos adquiridos por la investigación. Los datos estadísticos han sido revisados y aumentados con los disponibles de los últimos años. Agradecemos vivamente a Jean Paul Lacroix, del GREF, en la inspección general de la Oficina Nacional de Bosques, quien nos ha informado del mercado de troncos para tonelería en Francia y los intercambios internacionales hasta Enero 1999, así como de un estudio, del que informamos, sobre el estado del bosque y la perennidad de los abastecimientos.

Los toneleros tal vez encuentren breve la parte de la obra reservada a la fabricación de barricas, pero debe recordarse que el objetivo del manual es facilitar a los usuarios del material de tonelería, información útil sobre el producto que reciben en sus bodegas. La selección de datos es fruto de la abundante información comunicada por vinificadores, enólogos, responsables bodegueros, jefes de compras y directores de bodegas. El estudiante que no tiene materias específicas sobre este tema puede encontrar así un complemento para su formación.

No dudo en felicitar a Ediciones Féret por haber asegurado la salida de esta versión de mi obra; les expreso mi gratitud por su confianza. No puedo olvidar a Tonelería Demptos y a la familia François que continúan, aún hoy, su apoyo en favorecer la adquisición del conocimiento necesario en este sector, a través de un compromiso de desarrollo de la investigación, tanto fundamental como aplicada. Esperamos que esta segunda edición encuentre el mismo éxito que la primera, justificado en una amplia revisión de su contenido y la actualización de datos e información.

Nicolas Vivas

Prólogo a la primera edición francesa

Redactar en un número limitado de páginas –para no desanimar al lector ante una masa de información a asimilar– exige un cuidadoso criterio de selección de los temas tratados, así como la importancia relativa que deban ocupar. Por ello no hemos querido reagrupar en forma exhaustiva los conocimientos en el sector de la tonelería y nuestra elección ha sido dirigida hacia preocupaciones concretas:

- Los datos de base indispensables para la comprensión de la cuestión que permitan analizar y comprender los hechos observados: del árbol al bosque y del bosque a la barrica.
- Las informaciones técnicas útiles en cuanto a la construcción de la barrica o para las características del pedido por los productores de vino.
- Las tendencias actuales del mercado y un estado económico de las actividades que rodean la construcción tonelera y de sus materias primas.

El objetivo de este libro es el de construir una versión abreviada, un manual de uso y lectura fácil, para preparar un verdadero tratado de las ciencias y técnicas de la tonelería. Es sorprendente, en efecto, que no existan obras genéricas sobre este tema. Existen, ciertamente, hermosas obras, ricamente ilustradas, que rememoran la historia de la tonelería y el arte del tonelero. Puede citarse el clásico *Livre de la tonnellerie*, de Jean Taransaud (1976); es preciso remontarse a 1875 para encontrar un verdadero manual tonelero, escrito por los señores Paulin Desormeaux y Ott, revisado y aumentado por Maigne. Es bien sabido que la forma de fabricar los toneles no ha cambiado fundamentalmente; en contraste, los conocimientos sobre el árbol y su cultivo, la madera, su composición y propiedades, han experimentado un desarrollo considerable. Había llegado el momento de reunir estas informaciones diseminadas y difícilmente accesibles, además de –algunas veces, complejas y necesitadas de simplificación– para hacerlas abordables. Es lo que hemos intentado realizar a la luz de nuestros conocimientos del sector.

Me resta, finalmente, agradecer a la familia François y la Tonelería Demptos, que nunca han cesado de darme su apoyo, a N. Saint Cricq de Gaulejac quien se ocupó de la lectura del manuscrito, así como a H. Lemay y Ediciones Féret, por su trabajo para la edición de la obra.

Nicolas Vivas

Prefacios

Conociendo bien los trabajos de Nicolas Vivas, tengo un gran placer en escribir este prefacio a su libro, *Manual de tonelería destinado a usuarios de toneles.*

Desde hace aproximadamente 25 años, se han realizado numerosos trabajos científicos y técnicos sobre la crianza del vino en toneles de roble y han demostrado que esta práctica constituye una etapa obligatoria en la elaboración del vino de guarda. Paralelamente, los enólogos han desarrollado una colaboración creciente con los toneleros; el origen geográfico de los robles, el secado de las tablas y la fabricación de barricas tienen una importancia primordial sobre la calidad de la crianza.

El autor de este libro ha sido uno de los enólogos que más ha intervenido a favor de la aproximación entre el conocimiento de la madera y del vino con el objeto de una mejor adecuación de la primera al segundo.

Después de haber sido uno de los fundadores, en 1995, del *Journal des Sciences et Techniques de la Tonnellerie,* del que es redactor jefe, Nicolas Vivas propone hoy el primer manual documentado de la tonelería. Destinado a los usuarios de toneles, para los que constituirá un útil precioso, esta obra interesará en realidad a un público más amplio, desde el personal forestal hasta el aficionado conocedor del vino.

Michel Feuillat
Profesor de Enología, Universidad de Borgoña.
Director del Instituto Universitario de la Viña y el Vino de Dijon.

Es una gran satisfacción, para un forestal del Estado, cuya carrera profesional se ha desarrollado en el robledal, asistir al nacimiento de esta obra sobre la tonelería. Mas allá de la puesta al día de la técnica propiamente tonelera, que necesita cada vez más de conocimientos científicos específicos, permítaseme el guiño «histórico» que constituye el desarrollo internacional actual de la tonelería francesa.

En efecto, hace unos pocos decenios, el arte del tonel ha estado a punto de ser víctima de ciertas perversiones de la civilización moderna, pero experimenta actualmente un rejuvenecimiento gracias, precisamente, a los nuevos conocimientos aportados por esta misma civilización.

No me puedo resistir al deseo de recordar algunas reflexiones de nuestro buen rey Henri IV que figuran en su ordenanza de Mayo 1597:

«XXIX – A fin de remediar la penuria y grandísima necesidad de maderas de roble que sucede en nuestro reino, que hace imposible encontrarla para construir, hacer barcos, navíos y máquinas de guerra, ni para tablas para barricas para vino y otras necesidades públicas: lo que ha sido causado por la extremada libertad y licencia de los comerciantes, (...).

XXX – Para conservar en el futuro lo más posible de los bosques de árboles de alto porte, Hemos ordenado y ordenamos, conforme a los Edictos hechos por nuestros Predecesores, que todos los Eclesiásticos, Hermandades y Comunidades que tengan bosques, madera, estarán obligados a reservar y guardar una tercera parte para reforzar y conservar los bosques de alto porte, según el Reglamento que se hará con el título de Sieges des Tables de Marbre (...)».

Son estas prescripciones, conscientemente aplicadas esencialmente en los bosques públicos desde hace cuatrocientos años, las que han permitido a nuestros contemporáneos disponer de bosques de roble universalmente reconocidos.

Si los robles de alto porte destinados a la construcción de navíos han perdido definitivamente su importancia estratégica, los destinados a la tonelería mantienen todavía su interés económico.

Esta larga alianza entre robles prestigiosos y nuestros grandes crudos, por intermedio del tonel y la tonelería, implica una imagen universalmente apreciada de una parte de nuestro arte de vivir. El importante trabajo de Nicolas Vivas de reunir los conocimientos pasados y presentes sobre la tonelería, es una aportación eminente a la difusión cultural de la tonelería.

Jean Paul Lacroix
Ingeniero General de Ingeniería Rural, de Aguas y Bosques
Oficina Nacional de Bosques

Sumario

ADVERTENCIA

A fin de facilitar la utilización de esta obra hemos intentado hacer una presentación que permita una lectura a distintos niveles.

Los recuadros señalan y resumen los principales elementos a retener.

Los textos señalados  dan precisiones técnicas o científicas que no son esenciales para la comprensión del texto principal pero pueden ser objeto de una lectura posterior por aquellos que deseen profundizar sus conocimientos.

Introducción

El roble es un árbol que a lo largo de la historia ha sido singularmente valorado por el hombre, especialmente en la Europa occidental. Fue, primero, un símbolo de longevidad y sabiduría; después, objeto de culto y ritos religiosos; por último, fuente de alimentación para los animales, de construcción y de calor para el hombre. La madera que se obtiene de este árbol ha sido utilizada en la construcción naval, en la arquitectura civil y en el arte bajo todas sus formas. Actualmente el roble es una especie forestal noble y cara. La tonelería, de entre todas las actividades artesanales seculares, ha sido probablemente la que mejor ha sabido reservar para esta madera su lugar distinguido así como justificar su carácter de indispensable. En efecto, hoy en día, los grandes vinos y aguardientes son envejecidos y a veces vinificados –caso de los blancos– en barricas nuevas o usadas construidas con roble. Las especies francesas *Q. robur* L. y *Q. petraea* Liebl., son ciertamente las de mayor coste.

La actividad tonelera se ha preocupado de fijar y transmitir las mejores condiciones de selección y preparación de las maderas para la construcción de barricas y otros contenedores (fudres, tinas, etc.) de vino. Se ha pasado del puro empirismo al empirismo razonado, para concluir en un artesanado pre-industrial y una actividad tecnológica. Es inevitable establecer un paralelismo entre la tonelería y los viticultores. Se encuentran numerosas similitudes entre ambas actividades. Es interesante constatar que numerosas aplicaciones anejas a la viticultura y a la enología han experimentado una evolución similar; tal es el caso de los productos enológicos, la tecnología de la maquinaria vitivinícola, la fitofarmacia vitícola, las industrias del tapón y del tratamiento de los subproductos de la viña y el vino. Si las investigaciones enológicas y vitícolas se iniciaron hace más de un siglo con los trabajos de Pasteur y los posteriores de Gayon, en tonelería son muy recientes y cuentan con menos de veinticinco años. Es el momento de hacer una valoración de este acerbo científico y tecnológico.

La opinión de los autores del *Nouveau manuel complet du tonnelier*, Paulin-Desormeaux, Ott y Maagne (1875), era sin embargo que «(...) este arte (del tonelero) no es de los que cada día siguen una marcha progresiva. Desde hace largo tiempo ha alcanzado el grado de perfeccionamiento al que podía llegar. Nuestros antepasados construían, con pocas diferencias, los toneles tan bien como hoy (...)». Refiriéndose a las nuevas tonelerías, calificadas de mecánicas, añadían: «(...) se intenta construir más rápido, pero incluso en este aspecto no parece haber gran diferencia con los buenos obreros. La mecánica que intenta apropiarse de toda la fabricación ha llegado a producir toneles no mejor ejecutados que los hechos por un obrero hábil, aunque en mayor número en un tiempo dado». Yo añadiría que eso es, precisamente, lo que se le pide a la mecanización. Estamos, sin embargo, obligados a admitir que estos autores no erraban; la forma de los toneles y las bases artesanales de concepción y realización permanecen constantes a lo largo de los siglos; sin embargo, en relación con puntos concretos del proceso, el tonelero moderno ha optimizado ciertas operaciones y ha modificado otras. Tal es, por ejemplo, el caso del tostado, o calentamiento, que actualmente presenta una gama de intensidades adaptadas al desarrollo de matices aromáticos en los vinos.

Es también el caso de la elección de piezas para los fondos y del acabado, que han dejado de ser repetitivos y se han hecho más adaptados a la solicitud del cliente. Es también el caso de los métodos de secado. En fin, la selección de las maderas y su clasificación cualitativa se hace en base a criterios objetivos. Todas estas modificaciones no han cambiado en lo fundamental la concepción de nuestros toneles pero sí han contribuido en términos de homogeneidad de la calidad y tienen como objetivo una mejor adecuación madera/vino. También es cierto que muchos trabajos científicos recientes permiten la interpretación de numerosos fenómenos que en el pasado ya habían sido constatados aunque no explicados. Es así como se han podido establecer las condiciones o protocolos para ciertas operaciones dando nacimiento a una ciencia de la tonelería que conservará siempre un lugar para la magia a través de la misteriosa alquimia de la madera y su emparejamiento con el vino y los aguardientes.

Conviene ahora justificar la utilización del término «toneles» en el título de esta obra. Con dicho término nos referimos a los recipientes para vino construidos en madera. Según el diccionario Littré, el término original francés (futaille) engloba el conjunto de recipientes formados por el ensamblaje de piezas de madera destinados a la conservación de vinos u otros productos. Este término, sustantivo femenino, apareció en el siglo XII, significando entonces trozo u objeto de madera; un siglo más tarde tomó su significado actual y está en el origen del término «fût». Términos como «barrica» o «tonel» son más restrictivos y regionales.

La crianza de vinos en toneles encuentra su justificación en los numerosos fenómenos que se asientan en el vino. Puede hablarse de crianza en tanto que las modificaciones sean profundas y duraderas. El vino es radicalmente cambiado. Es un cambio aparente puesto que la barrica es el recipiente en el que todos los caracteres típicos de la uva, el pago y la añada se manifiestan. La barrica debe pues concebirse como un útil modesto, discreto, al servicio del vino. Es en este contexto restringido, donde la madera se convierte en un asistente de confianza. Es útil recordarlo en periodos como los actuales en los que maquillajes y decorados equívocos encuentran terreno propicio de aplicación.

El tonel de madera constituye desde hace siglos un recipiente que puede utilizarse indistintamente en vinificación, en crianza, para la conservación de vinos y para su transporte. Pero la madera no es un material inerte: inicialmente favorece los intercambios gaseosos entre el vino y la atmósfera ambiente y permite después la disolución de numerosos constituyentes sápidos y odorantes que participan en las características organolépticas del vino. La intensidad de las diversas reacciones depende, en gran parte, del tiempo de estancia del vino en la barrica. Para periodos largos, el vino es modificado hasta tal punto que su composición y su calidad son radicalmente diferentes del vino inicial.

En el plano histórico, el tonel comenzó a implantarse para la conservación de vinos a partir del siglo I d. C. Hasta entonces había sido utilizado para la cerveza de la civilización celta. Frente a ello, la civilización greco-romana había impuesto el uso del ánfora. Coincidiendo con el declinar del imperio romano, los Galos –constructores de recipientes de madera– tuvieron oportunidad de constatar las ventajas e inconvenientes de ambos tipos de recipientes. El tonel, menos frágil, más fácil de manipular y apilar, se impuso rápidamente. Durante siglos, la principal utilidad del tonel fue como medio de transporte de los vinos. Con el correr de los años, los amantes de los vinos acabaron por descubrir que durante el transporte y almacenamiento de los vinos en toneles –siempre que alguna alteración no estropeara la calidad del producto– se producía un afinamiento del vino, lo que se encontraría en la raíz de nuestro actual concepto de crianza. Sin embargo, a medida que el vino era consumido y el tonel se vaciaba, el vino se hacía acético y se depreciaba rápidamente hasta hacerse inadecuado para el consumo. La solución a este problema apareció en el siglo XVII, al procederse a embotellar los vinos. La conservación de los vinos pasó a ser responsabilidad de los productores, quienes, progresivamente, integraron en el «arte y manera de hacer vino» la etapa de crianza en barrica.

Actualmente se admite en forma generalizada que la crianza en barrica constituye la etapa que modifica radicalmente la composición y la calidad de los vinos. Pero si bien se conoce la importancia de las modificaciones en la composición, paradójicamente, los datos objetivos cuantitativos sobre los caracteres visuales, gustativos y olfativos son inexistentes en la literatura. Siempre se encuentran uno o varios párrafos que tratan el tema, pero a un nivel general. La expresión escrita utilizada está llena de imágenes y metáforas, pero esconde la falta de datos cifrados cuantificados. Sin embargo, el tema es complejo y subordinado a la aptitud individual de los vinos para evolucionar de forma específica en las barricas.

CAPÍTULO I

Interés de la utilización de la madera para toneles

Los contenedores de vino construidos con madera, bajo sus diversas formas y capacidades, son destinados a distintas utilizaciones. La más importante –y quizá la más noble– es la relacionada con el envejecimiento y crianza de vinos, aguardientes y otros productos vínicos.

ESTADO DEL CONOCIMIENTO SOBRE LA MADERA DE TONELERÍA Y SU UTILIZACIÓN

La madera es el material que fue utilizado para reemplazar los antiguos recipientes utilizados para la conservación y transporte de vinos. Desde entonces, el bosque de roble, origen del abastecimiento de los toneleros, ha sido cuidado en su explotación y mantenimiento; la calidad de la madera de roble está codificada y sólo han sido mantenidas las especies susceptibles de mejorar la calidad y carácter de los vinos. Rápidamente, *Quercus robur* (sin. Roble pedunculado) y *Quercus petraea* (sin. Roble sessile) se impusieron como las principales especies europeas adaptadas a la crianza de vinos.

En tonelería como en enología, la calidad de la materia prima condiciona la del producto final: barricas o vino. No pueden construirse buenas barricas con maderas malas. Los criterios cualitativos de la madera de roble están en relación con las exigencias de crianza de vinos y aguardientes. Para empezar, la madera debe ser suficientemente porosa para permitir el paso lento y continuo de oxígeno; además debe ceder en cantidades moderadas sus compuestos fenólicos extractibles (ligninas, elagitaninos, ácidos fenólicos, cumarinas) y aromáticos (whisky-lactonas, eugenol, vanillina, etc.) para no reforzar la astringencia y conferir amargor, así como para no dominar la nariz del vino por un exceso de aromas maderizados. Además, las fibras de la madera deben ser rectas y no cortadas a fin de asegurar la estanqueidad. Sin embargo, algunos de estos parámetros son difíciles de ser controlados en todos los lotes de madera utilizados en la construcción de barricas. Por ello los toneleros han investigado los mejores criterios fenotípicos que permitan una clasificación visual de la madera rápida y segura. La madera de roble para tonelería debe ser de primera calidad. Los criterios aplicados con mayor extensión son el origen geográfico y el tipo de grano; así, los robles de Limousin son definidos como de grano grueso, mientras que los de Allier o Vosgos se definen como de grano fino. En este contexto se comprende la importancia de la noción de grano. Estas clasificaciones por origen geográfico o por tipo de grano determinan la importancia de la demanda y, consecuentemente, del precio de la madera. En años recientes la demanda de maderas de grano fino se ha impuesto tanto para los vinos como los aguardientes. Las fuentes de origen más apreciadas son Centro de Francia, Allier, Borgoña y algunos bosques de los departamentos de Seine-et-Marne y del Oise; la venta de madera procedente de estas regiones no cesa de aumentar. Este montaje económico, bajo la justificación de una vaga noción de calidad, merece un estudio minucioso de los criterios de calidad aplicados a la madera de roble. Una primera aproximación a la noción de calidad a partir de la estructura y el grano de la madera, es una primera etapa obligatoria.

El vino, al contacto con la madera, experimenta profundas modificaciones. En primer lugar, el aroma del vino se desarrolla y torna más complejo; la madera cede al vino numerosas sustancias específicas o formadas en el curso del tostado de la madera. Además, el material poroso que constituye la madera permite al vino experimentar un conjunto de transformaciones caracterizadas de «oxidación controlada». El vino, a la salida de la barrica, ha sido totalmente modificado; la barrica no es, pues, solamente un bonificador que aporta el carácter maderado a los vinos.

LA CALIDAD DE LA MADERA DE ROBLE Y SU CONTROL

En el Centro de Francia se encuentra la parte esencial de los bosques franceses de robles utilizados en tonelería. Los robles pedunculado y sessile representan respectivamente 19 % y 14 % del conjunto de las especies forestales plantadas. 65 % de los bosques son públicos o supervisados por la ONF (Oficina Nacional de Bosques): 71 % en bosques comunales y 29 % en bosques patrimoniales. El bosque privado, gerenciado por sus propietarios, representa el 35 % de la superficie forestal total. En Francia el bosque natural o espontáneo no existe. El bosque ha sido, de siempre, utilizado como fuente de energía, como material de construcción, como espacio para los animales domésticos, o –en fin– como fuente de oxígeno.

La gestión silvícola de las masas forestales francesas responde a dos modos de tratamiento.

Bosque arbustivo (Taillis-sous-futaie)

Este modo de explotación correspondía al propio para atender las variadas necesidades del hombre: arbustos de fácil acceso para aprovisionamiento de madera para el fuego y alimentación animal y árboles adultos para materiales de construcción y ramaje para carbón vegetal. En este sistema de explotación, la perpetuación del bosque se asegura por la reserva entre la masa arbustiva *(taillis)* de brotes de especies como la haya y el roble. Los brotes suelen tener el inconveniente de proceder a menudo de tocones cortados, que darán posteriormente árboles tarados. El corte periódico de los arbustos expone el tronco de los árboles jóvenes a plena luz permitiendo el desarrollo de ramas bajas que deprecian la calidad global del tronco de los árboles.

Bosque de alto porte (Futaie)

En la explotación de árboles de alto porte, la perpetuación se consigue a partir de simientes procedentes de los árboles en pie existentes. En todo momento de su vida, el poblamiento está constituido por brotes de la misma edad. En este sistema de explotación, los troncos se mantienen al abrigo de la luz. Esto permite la obtención de troncos muy limpios y de crecimiento regular, que permiten obtener productos de alta calidad tecnológica. Los árboles se talan al fin de 180-250 años, para crear espacio a los más jóvenes. Esta regeneración dura 15 años y cuesta 2.295-3.060 €/ha.

El término «merrain» se emplea hoy en día para designar la madera con destino a tonelería. Sólo los robles sessile y pedunculado dan lugar a tabla para duelas (merrain) destinadas a las barricas para crianza. Estos robles presentan las siguientes características: buenas propiedades mecánicas, indispensables para la resistencia de las barricas; facilidad de tratamiento por hendido; facilidad de la madera para ser curvada; buen aislamiento térmico y ligera porosidad para favorecer los fenómenos de oxidación controlada. La parte del tronco inicial destinada a la obtención de tablas para duela, se denomina en francés «bille» o «billon»; debe tener una longitud de 1,05 a 1,10 m, o múltiplo de la misma (longitud de las duelas = 1,05 m).

La madera de calidad «merrain», o madera para tonelería, debe responder a condiciones muy severas de selección: madera de hilo recto, ausencia de nudos o picaduras irregulares, poca albura, anillos apretados.

El precio de la madera en pie, calidad «merrain», varía según su calidad entre 137,7 y 459 €/m^3. El volumen de madera utilizado en tonelería es del orden del 10 % de la recolección anual. De cara al futuro, los bosques públicos conocerán en los próximos cien años un desarrollo considerable (240.000 ha de bosque patrimonial en 1990 pasarán a 470.000 ha; 88.000 ha de bosque comunal en 1990 pasarán a 470.000 ha).

Por tanto, no hay peligro en cuanto a abastecimiento de madera «merrain». En un futuro próximo, la ONF contempla la creación de identificativos de roble que garanticen el origen de la madera, en forma similar a como existen las Denominaciones de origen para los vinos de calidad.

Contrariamente a las gimnospermas (resinosas), las angioespermas (frondosas) tienen un plano leñoso (tipo y repartición de los tejidos). Es la gran diversidad de naturaleza y disposición de las células de la zona generatriz líber-leñosa (cambium) cuya división da lugar al crecimiento de diámetro del árbol, lo que permite la diversidad estructural y anatómica de la madera. En dirección centrífuga, el cambium forma el líber, tejido por el cual circula la savia elaborada y el suber, o corteza, también llamado corcho del árbol. En dirección centrípeta, el cambium genera el xilema, formado por un conjunto de tejidos conductores (vasos) y de tejidos de sostén (fibras). El xilema joven, de 5 a 10 años, es el conducto de la savia bruta y es llamado albura o madera imperfecta. Mas allá, la duramización de las capas de mayor edad, forma la madera de corazón (duramen o madera perfecta) compuesta por un conjunto de tejidos muertos, ricos en lignina e impregnados de taninos. El crecimiento del roble se hace esencialmente en dirección centrípeta, incrementando cada año la importancia de la madera de corazón. Solo esta parte del roble es utilizada en tonelería; la albura, demasiado porosa y ligera, así como el líber y la corteza no son aceptados. Cada nuevo año, el desarrollo del roble produce una capa de madera, llamada zona o anillo de crecimiento. Cada anillo representa un año de la vida del árbol. Un anillo está representado por una estructura heterogénea constituida por vasos gruesos agrupados en el inicio del anillo y por tejidos aparecidos más tardíamente, densos, fibrosos, poco vascularizados, con vasos más estrechos y menos numerosos. La irregularidad apreciada en un anillo de crecimiento anual se corresponde con la producción, al comienzo del ciclo vegetativo, de la madera inicial o madera de primavera. Cuando el ciclo vegetativo está más adelantado aparece la madera final o madera de verano. El aumento de la velocidad de crecimiento favorece la producción de madera final; es función del medio ambiental, del clima, del suelo y también de la aptitud genética.

Para resumir, la noción de **grano** está vinculada a la anchura media y a la regularidad de los anillos de crecimiento anual. Anillos de crecimiento regulares dan maderas de grano fino homogéneo; inversamente, crecimientos irregulares dan maderas de grano grueso. Más allá del concepto de grano, la noción de **textura** completa la descripción de la madera de corazón: la textura se define como la proporción de la madera de verano (madera tardía) respecto a la anchura total del anillo.

Actualmente la normativa francesa «NF» ha clasificado el conjunto de las maderas en dos categorías, inspiradas en la normativa anterior (NF B 50-002). Se diferencian: las maderas de grano fino u homogéneo, en las que los vasos son de pequeña dimensión y poco visibles a simple vista; es el caso del haya, chopo, peral; y las maderas de grano grueso heterogéneo, cuyos vasos son importantes y discernibles a simple vista, como es el caso del roble, castaño, fresno y falsa acacia. En el ámbito tonelero francés, para los robles, la clasificación de la madera se ha subdividido en: grano fino, semi-fino y grueso. Dentro de cada una de estas clasificaciones, la adscripción de cada categoría varía en función de las regiones y los toneleros. No existe pues un límite que permita una clasificación objetiva y común de las maderas de roble en el territorio de la Unión Europea. Desde hace algunos años la noción de grano se ha extendido a las características anatómicas de la madera y en particular a la dimensión, número y volumen de los vasos. Esta metodología viene a completar los medios disponibles que permiten el estudio de las características estructurales del roble y la evaluación de sus cualidades. Así pues, la clasificación de las maderas de roble precisa actualmente de la combinación de los conceptos de grano, textura y de la aplicación de la biometría a la descripción de los vasos. En dos siglos se ha establecido una ciencia enteramente consagrada a la madera: la xilología. El trabajo de final del siglo XX es reagrupar estos conocimientos para concluir una clasificación general de las maderas de roble en relación con su calidad.

UTILIZACIÓN DE LA BARRICA EN VINIFICACIÓN DE VINOS BLANCOS SECOS

Los vinos blancos secos de guarda pueden ser elaborados y criados en barricas de roble; la edad de las barricas está en función de la importancia del maderado y de la intensidad de las reacciones de oxidación que se deseen. Tras unos años de olvido a favor de recipientes neutros y de fácil mantenimiento (cemento, plástico, acero inoxidable), el uso de las barricas de roble se ha impuesto nuevamente para los vinos blancos de calidad. La originalidad de la crianza en barrica de los blancos respecto a los tintos reside en la intervención de las levaduras y su interacción con la madera.

Las levaduras poseen una pared celular constituida por polímeros glucídicos polisacáridos, esencialmente glucanos y mannoproteínas. Los constituyentes de la pared, particularmente las mannoproteínas, son liberadas durante la fermentación alcohólica. Este fenómeno se prosigue más intensamente durante el periodo de crianza sobre lías. La reposición de las lías en suspensión por la técnica del bastoneado, favorece el enriquecimiento del vino en *coloides* de las levaduras. Estos constituyentes tienen la aptitud de combinar los compuestos fenólicos del vino: así un vino criado en barrica es menos rico en *polifenoles* que el mismo vino criado en acero inoxidable. En el curso de la crianza en barrica, el color amarillo del vino disminuye y el impacto gustativo de los taninos de la madera se reduce. El vino resulta más claro y menos astringente.

La crianza sobre lías permite limitar los fenómenos de *oxidorreducción.* La conservación y crianza de un vino en cuvas, en presencia de sus lías, provoca una caída del potencial de oxidorreducción seguido de la rápida aparición de olores a reducido responsables de la depreciación del vino. El vino se enriquece en compuestos azufrados ligeros (sulfídrico, etanetiol, metanetiol, sulfuros de etilo y metilo): su umbral de percepción es relativamente bajo, del orden de µg/l. Opuestamente, un vino criado en barrica nueva puede ser conservado varios meses sobre lías, pues éstas permiten limitar el impacto de las reacciones de oxidación; en este aspecto las lías son una fuente de poder reductor. El bastoneado permite homogeneizar el potencial de oxidorreducción en todo el perfil de la barrica. Por último, es importante tener en cuenta que la utilización prolongada de una barrica limita las reacciones de oxidación y aumenta los riesgos de aparición del carácter olfativo reductor.

La madera es susceptible de aportar al vino notas aromáticas particulares: las whisky-lactonas (olor a nuez de coco); el aldehído vanillínico (olor a vainilla); el eugenol (olor a clavo). Estas moléculas odorantes, presentes en cantidades razonables, son bien percibidas por los degustadores; en cantidades excesivas confieren al vino cierta tosquedad. El aroma maderado de un vino fermentado y criado en barrica es inferior al del mismo vino puesto en barricas después de la fermentación alcohólica; en este caso, el primero es el preferido. Esta observación está esencialmente unida a la capacidad de las paredes celulares de las levaduras y de sus coloides glucídicos de fijar ciertas moléculas aromáticas; además, los fenómenos de reducción permitidos por las levaduras en el curso de la fermentación aseguran la transformación del aldehido vanillínico en alcohol vanillínico, inodoro. En fin, por las mismas razones, los vinos criados sobre lías totales son preferidos a los criados sobre lías finas.

Recientemente se ha observado durante la fermentación alcohólica, que el aroma varietal del Sauvignon aumentaba, lo que sugiere la intervención de la levadura en la revelación de los precursores de aromas de la uva. Parece que el mantenimiento prolongado del vino sobre una masa levuriana en autolisis (lías) puede reforzar la característica varietal en el aroma global del vino.

UTILIZACIÓN DE BARRICAS EN LA CRIANZA DE VINOS TINTOS

La crianza en barrica de los vinos tintos es aplicada debido a su aporte al vino de notas de madera, a veces tostados o ahumados, que convienen a los vinos de calidad. Pero más allá de la aromatización, la madera constituye un contenedor que tiene la capacidad de modificar profundamente la composición y la calidad del vino. Lo esencial de las modificaciones aportadas por la barrica está relacionado con los fenómenos de oxidorreducción.

La barrica es un recipiente poroso que permite el paso continuo de trazas de oxígeno. El intercambio se realiza por la boca, por las juntas de las duelas que conforman la barrica y a través de las propias duelas. La concentración de oxígeno disuelto en una barrica nueva es del orden de 0,3 a 0,5 mg/l; el potencial de oxidorreducción correspondiente varía entre 250 y 350 mV. La utilización prolongada de las barricas produce un colmatado progresivo de su pared y una disminución simultánea de la concentración de oxígeno disuelto y del potencial de oxidorreducción. Los perfiles oximétricos realizados en barricas de 3 a 5 vinos muestran que la crianza se aproxima a las condiciones de conservación de los vinos en cuva (oxígeno disuelto $< 0,1$ mg/l; potencial de oxidorreducción < 200 mV). Debe señalarse que los rellenos para compensar mermas aportan alrededor de 1 mg/l de oxígeno en los primeros 20 cm de vino; las trasiegas permiten disolver de 2,5 a 5 mg/l de oxígeno.

La oxidación en barrica se califica de «controlada» *(ménagée)* porque provoca una lenta evolución del vino. Durante la crianza en barricas se observa: una pérdida progresiva de anhídrido carbónico (CO_2); una clarificación espontánea consecuencia de la *floculación* de abundantes depósitos en suspensión en el vino turbio al concluirse la fermentación alcohólica y maloláctica y a la pérdida progresiva de la materia colorante coloidal; una estabilización tartárica del vino por precipitación de los tartratos ácidos de potasio excedentarios. Además, los complejos fenólicos experimentan modificaciones profundas: las combinaciones *taninos/antocianos* estabilizan el color de los vinos; la condensación de los taninos entre sí, por medio del etanal, asegura la pérdida de agresividad del vino; el color del vino evoluciona hacia el malva-rojo y parece más oscuro. La proporción de taninos y antocianos debe ser equilibrada para no causar reacciones de degradación oxidativa: la degradación parcial de taninos refuerza la coloración amarilla; en conjunto el vino deviene color teja prematuramente. Para evitar que esto ocurra la relación molar taninos/antocianos debe ser próxima a 2 (1,5 a 2,0 g/l de taninos y 500 mg/l de antocianos). El sulfitado no debe bloquear las reacciones de oxidación controlada, por lo que hay que mantenerlo a un nivel de 20 a 25 mg/l en SO_2 libre.

La madera, sobre todo la barrica nueva, cede al vino un buen número de compuestos, completando ventajosamente el efecto de la oxidación controlada. Además del stock aromático mencionado en la vinificación y crianza de vinos secos en barrica, la madera transfiere al vino elagitaninos (taninos hidrolizables específicos de las maderas de roble y castaño). Estos compuestos fenólicos son mucho más oxidables que la mayoría de los compuestos naturales del vino; consumen prioritariamente el oxígeno disuelto protegiendo otros compuestos del vino. Su papel va más lejos ya que poseen un poder de oxidación relacionado con su estructura molecular; estos taninos de la madera pueden pues regular las reacciones de oxidación del vino y orientarlas hacia una evolución lenta de la estructura de los compuestos fenólicos del vino. En este caso, las reacciones de degradación oxidativa son claramente ralentizadas. Por ello, la oxidación violenta repetida en cuba hermética no puede conducir a los mismos resultados. Los polisacáridos procedentes de la pared de la barrica se solubilizan progresivamente en el vino; contribuyen a las sensaciones grasas del vino y disminuyen significativamente la astringencia de los taninos.

PERSPECTIVAS

La madera de roble y el vino, o la tonelería y la enología, son dos productos y dos actividades asociadas cuya evolución es paralela. La enología se ha impuesto como una ciencia en sí misma; los progresos enológicos pasados, presentes y futuros tienen todos por origen la investigación básica y aplicada. Al igual que con el vino, caben esperarse progresos espectaculares en este comienzo del siglo XXI. Ya se advierte la parte de progreso reciente en la mejora de la calidad de las barricas y en la asociación mejor valorada entre roble y vino. Los progresos más espectaculares pueden reunirse en tres aspectos: para empezar, el progreso en el conocimiento de las características estructurales y analíticas del roble destinado a la construcción de barricas; a continuación, el conocimiento razonado de la crianza de vinos blancos secos en barrica, particularmente las relaciones entre las lías, el vino y los aromas de la madera; por último, la comprensión y la interpretación de las vías de transformación de los compuestos fenólicos durante la crianza, así como la definición de la oxidación controlada de los vinos tintos.

RECORDATORIO SOBRE LAS CONDICIONES DE ELABORACIÓN DE LOS VINOS DESTINADOS A LA CRIANZA EN BARRICAS

Las técnicas de vinificación deben estar siempre adaptadas a los tipos de vino deseados, así como a su modo de crianza. Un vino ligero y aromático precisa de una vendimia sana y madura. La temperatura de fermentación debe ser suficientemente baja (20-25° C) como para favorecer la acumulación de aromas fermentativos; la crianza será relativamente simple (corta crianza en cuba, trasiega y filtración). El producto obtenido se destina a un consumo rápido. Para el caso de vinos de guarda conviene usar vendimias en el comienzo de su sobremaduración, procedentes de parcelas con rendimientos convenientemente controlados (50-65 hl/ha); las temperaturas de fermentación y maceración se incrementan para favorecer la liberación de los taninos y antocianos. La maceración debe ser obligatoriamente razonada, ya que si es excesiva da lugar, generalmente, a un vino rico en compuestos fenólicos, presentando una parte más o menos importante de la fracción herbácea, astringente y amarga de los constituyentes del mosto. De lo que son responsables la intensidad del trabajo mecánico del hollejo y la frecuencia del lavado.

Las observaciones señaladas subrayan el papel jugado por la calidad de la vendimia; pero igualmente por el dominio de la maceración. La crianza en madera exige la toma de decisiones, desde la plantación de la viña, que condicionan, junto con las técnicas de cultivo, la calidad de la uva y que se continúan durante toda la vinificación.

CALIDAD DE LA UVA

La madurez de la uva, así como su estado sanitario, constituyen junto con la variedad, los primeros parámetros a tomar en consideración. En forma general, estos factores se mantienen como importantes en la preocupación por vinos de calidad máxima, independientemente de la crianza en barrica.

LA VARIEDAD

Cada variedad posee cualidades intrínsecas que confieren a los vinos sus aptitudes. Ciertas variedades dan vinos ligeros y aromáticos; otras vinos finos y otras vinos toscos y pesados.

La Tanat es una variedad cuyas pieles y pepitas son ricas en taninos. Una maceración mal razonada da productos groseros y rústicos. Desde hace algunos años se han producido progresos cualitativos, notablemente como consecuencia de un mejor control del tiempo de encubado y de las técnicas de extracción del color (intensidad y frecuencia de los remontados). También se han realizado ensayos de eliminación total o parcial de las pepitas. Los resultados han sido muy alentadores. El vino parece más ligero, aún conservando una buena riqueza fenólica, así como un equilibrio taninos/antocianos adaptado a la crianza en barrica. Las variedades bordelesas están suficientemente dotadas en compuestos fenólicos, pero la estructura de los taninos es diferente. La Merlot tinta y el Cabernet Sauvignon tienen taninos condensados; inversamente, el Cabernet franc, a veces menos rico, posee taninos menos condensados. El Malbec, el Petit Verdot y la Carménère son variedades ricas que solo se presentan raramente en los viñedos bordeleses. Estudios en curso intentan redescubrir las calidades y aptitudes de estas últimas variedades. El Pinot noir, en Borgoña, da vinos de muy alta calidad aún cuando la concentración tánica de su piel y pepitas sea deficitaria en muchos casos. La práctica del raspado parcial y el dominio de la vinificación de esta variedad permiten resolver aquella carencia. Además, las estructuras fenólicas del Pinot evolucionan muy lentamente, lo que exige una crianza más larga. Numerosas variedades mediterráneas (Cinsault, Mourvèdre, Grenache, etc.) son aptas para dar vinos equilibrados y susceptibles de mejora mediante crianzas que impliquen fases de oxidación controlada (barricas, cubas con trasiegas, cubas con burbujeo de aire). Otras variedades pueden dar vinos equilibrados; para ello es preciso controlar la producción, ya que el aumento de los rendimientos para un mismo sistema de conducción, está siempre correlacionado con el descenso de calidad de la uva.

La constitución de la uva es también un factor a tener en cuenta. La proporción de piel y pepitas en relación al volumen de jugo determina la proporción orujo/zumo y la tasa de fenoles totales. Para estas variedades de uvas gruesas o para una vendimia diluida por lluvias abundantes en la proximidad de la madurez, el aumento de la relación orujo/zumo obliga a veces a realizar sangrados del 15 al 30 % al comienzo del encubado.

Estado sanitario de la vendimia

El desarrollo de *Botrytis cinerea* –a excepción de algunas zonas particulares como Sauternes, Barsac, Cérons, Monbazillac, Coteaux du Layon, Bonnezeaux, Alsace, etc.– da lugar a la podredumbre gris. Cuanto más cercana es la madurez industrial y más desarrollada la *B. cinerea,* tanto más devastadores son sus efectos. La depreciación de la calidad de la vendimia es entonces muy rápida. Este hongo puede estar acompañado de otros hongos *(Aspergillus* sp., *Penicillium* sp.*)* o de bacterias (bacterias acéticas) que acentúan aún más la alteración de la uva.

La liberación de un enzima polifenoloxidasa *(lacassa)* provoca una destrucción de los compuestos fenólicos del vino (ruptura oxidásica). Este enzima es perfectamente estable y solamente puede destruirse con concentraciones muy elevadas de azufre (SO_2)(>15 g/hl) o por temperaturas instantáneas elevadas (65-70° C). En cualquier caso, una vendimia con botritis cuyo número de unidades lacassa es superior a 2 unidades/ml (método de la siringaldazina) da lugar a vinos frágiles y sensibles al oxígeno. Estos vinos no pueden someterse a crianza en barrica o en condiciones de oxidación, en cubas.

El desarrollo incontrolado de *B. cinerea* da vinos menos ricos en componentes fenólicos y de mediocre calidad que manifiestan en su color matices chocolate marcados.

Madurez industrial y madurez fenólica

La madurez se caracteriza por la acumulación de azúcares, la disminución de la acidez, el anabolismo de los antocianos y de los aromas y la insolubilización de los taninos. Puede también observarse el aumento de peso de las pieles y la disminución de peso de las pepitas. Por otra parte, la madurez se manifiesta por una disminución sensible de la astringencia de los taninos y un incremento de su grado de polimerización. La sobremaduración prolongada da lugar a una depreciación de la vendimia. El conjunto de estos mecanismos complejos ha permitido establecer varios índices de madurez, cuyo objetivo es definir el momento en que la uva está apta para ser vinificada.

Madurez industrial

Se corresponde con el máximo de azúcares. Este estado se evalúa a partir de la relación azúcares/ácidos. Para las especies bordelesas, esta relación se sitúa como media entre 45 y 55. Sin embargo, la madurez sacarimétrica no siempre se corresponde con la composición óptima de todos los componentes de la baya: en particular la concentración en aromas o sus precursores precede este máximo y el estado óptimo de compuestos fenólicos es posterior, a menudo en varios días.

Madurez fenólica

Es un concepto característico de la vinificación de vinos tintos. Se corresponde con el máximo de antocianos y de taninos suaves y poco astringentes. Este índice está subordinado al estado de laceración de los tejidos celulares. En efecto, en numerosas añadas, hemos observado como una uva rica en compuestos fenólicos no daba obligatoriamente un vino rico en antocianos y taninos. Para tener en cuenta este parámetro, Glories y Augustin (Facultad de Enología de Burdeos) han integrado al índice de madurez fenólica la aptitud del tejido a ceder sus constituyentes. De esta forma, un inicio de sobremaduración permite un incremento de las actividades enzimáticas (peptolíticas y célulo-líticas) que asegura la dislocación de las paredes celulares y favorece la liberación de su contenido en el curso del encubado. Estos autores han desarrollado una metodología destinada a estimar, por una parte, la riqueza fenólica de las pepitas (madurez de las pepitas o Mp) y, por otra, la cantidad potencial de antocianos de las pieles (ApH1) así como su extractibilidad (EA).

Conviene recordar que una uva demasiado sobremadura es el origen de una destrucción de compuestos fenólicos bajo el efecto de enzimas, de la oxidación natural y de reacciones fotoquímicas iniciadas por la luz. Al no estar ya estas reacciones compensadas por la síntesis de fenoles en el seno de la planta (inicio del reposo vegetativo, parada de funciones metabólicas, caída de la actividad fotosintética) la materia colorante extraída de este tipo de vendimia no es estable con el paso del tiempo y los vinos se decoloran prematuramente. Por lo tanto es necesario alcanzar un equilibrio.

DOMINIO DE LA MACERACIÓN

La fermentación es una etapa microbiológica de la vinificación; permite el consumo de los azúcares y la aparición de etanol. Estos dos factores favorecen la liberación de compuestos fenólicos en el zumo. La fermentación constituye pues una etapa de extracción. Pero la maceración representa mucho más que una infusión de pieles y pepitas; se trata de liberar el contenido fenólico del hollejo (marc), así como de iniciar las reacciones de combinación, de condensación y de envolvimiento de los taninos astringentes por los polisacáridos de la uva y de la levadura.

INFLUENCIA DE CIERTOS FACTORES SOBRE LA EXTRACCIÓN Y LA EVOLUCIÓN DE LOS COMPUESTOS FENÓLICOS DURANTE LA MACERACIÓN

La temperatura, la duración de la maduración, el modo de encubado y el sistema de lavado del hollejo (marc) son los principales factores que condicionan la riqueza fenólica de los mostos.

Temperatura

Las temperaturas elevadas favorecen la extracción de los constituyentes del hollejo. La temperatura de maceración debe ser, por lo tanto, relativamente elevada (30° C), pero un aumento demasiado importante de la temperatura puede comprometer el buen desarrollo de la fermentación alcohólica; puede pues contemplarse diferenciar las fases fermentativas y las de extracción. A este efecto existen diferentes métodos. La maceración final en caliente (MFC), consistente en recalentar todo el volumen de la cuba después de que la fermentación alcohólica haya concluido, hasta 30 o incluso hasta 40° C durante 12 a 24 horas, según los resultados buscados; la maceración en caliente del hollejo (MCM) lo que precisa del encubado de una vendimia sulfitada, suficientemente despalillada y prensada; tras 48 horas o una densidad de 1,05, la cuba es vaciada del zumo que es enviado a una cuba termorregulada a 20-22° C, mientras el hollejo (marc) aumenta por sí mismo hasta una temperatura de 39-40° C; transcurridas 48 horas las dos fases se juntan y la fermentación continúa a 27-28° C. Por último, un sistema muy eficaz de encubado consiste en disminuir progresivamente la temperatura; se trata de realizar una maceración con temperaturas escalonadas (MTE). Este proceso de enfriamiento por etapas se produce naturalmente en las cubas de inercia térmica elevada (cemento y madera). Los resultados obtenidos son con frecuencia superiores al proceso con enfriamiento más rápido en depósito de acero inoxidable. Particularmente, los compuestos fenólicos se forman en mayores cantidades y los vinos son bien juzgados en sus degustaciones.

Duración de la maceración

La duración de la maceración permite regular simultáneamente la cantidad de polifenoles extraídos y la estructura de las moléculas presentes. Una maceración demasiado corta da lugar a vinos ligeros poco ricos en polifenoles. Las moléculas extraídas están poco condensadas. El contenido antociánico extraido no es estable a lo largo del tiempo. Opuestamente, una maceración corta, utilizando técnicas extractivas brutales (remontados intensos, cubas rotativas, vinificadores autónomos, fractura frecuente del marc, etc.) da lugar en 8 ó 10 días a un vino rico en polifenoles; sin embargo, hay pocas reacciones de condensación y polimerización. Los vinos obtenidos no están adaptados para la crianza en barricas pues el vino se adelgaza y reseca en el curso de aquellas operaciones. Una maceración larga, a temperatura moderada (20° C y menos) permite obtener vinos ricos en polifenoles. Además el contenido fenólico experimenta reacciones de combinación y polimerización. Las estructuras fenólicas son aptas para experimentar una crianza que implique fases de oxigenación controlada y evolucionan favorablemente. En la tabla 1 se da un ejemplo de maceración según Vivas (1993). Una maceración larga conducida a temperatura elevada favorece una extracción importante de todo el stock fenólico del marc. Los riesgos de obtener vinos amargos, astringentes y herbáceos son elevados. En estas condiciones, la crianza en madera no conseguirá disimular los defectos gustativos; incluso la madera los puede acentuar.

La maceración permite extraer simultáneamente antocianos y taninos, combinarlos entre ellos, aumentar el grado de polimerización de los taninos y disminuir su astringencia. En efecto, en el caso de maceraciones prolongadas, los fenómenos de combinación entre taninos, polisacáridos y proteínas se inician y prolongan durante toda la fase de contacto del zumo y el hollejo (marc) que podría prolongarse durante la crianza en barrica.

Tabla 1.–Influencia de la duración de la maceración sobre la evolución del contenido fenólico en vinos en curso de crianza en barricas de roble
Variedad Merlot noir; Saint-Émilion, añada 1991 (Vivas, 1993)

	Maceración 15 días		Maceración 30 días	
	Antes de crianza	**Crianza 6 meses**	**Antes de crianza**	**Crianza 6 meses**
Fenoles totales (DO 280 nm)	41	38	52	50
Proantocianidinas (g/l)	1,6	1,4	3,1	2,7
Antocianos (g/l)	0,37	0,29	0,69	0,54
Indices (%)				
Gelatina	58	64	61	54
HCl	8	7	20	25
Combinación taninos/antocianos	18	35	27	51
Color				
Intensidad colorante	0,75	0,88	1,15	1,26
d 420 %	30	35	29,5	33
d 520 %	60	57	59	51,5
d 620 %	10	8	11,5	15,5
d A %	69	63	52	66

Influencia del sistema de encubado

El sistema de encubado tiene un efecto apreciable sobre la estructura del vino, habida cuenta de su influencia en la naturaleza del contacto entre zumo y «marc» y de la intensidad de lavado de las fracciones sólidas de la vendimia.

El sistema de encubado también influye vía el volumen de remontado, pues un aumento de éste provoca simultáneamente un aumento de la intensidad de extracción.

Los sistemas de encubado estáticos favorecen el movimiento del líquido sea mediante la utilización de una bomba o sea mediante el empleo de un vinificador autónomo con remontados programados. También puede provocarse una fragmentación del hollejo (marc; sombrero) mediante la inyección de un gas neutro (Carbónico, Nitrógeno). En el plano analítico, los sistemas autónomos permiten la extracción de grandes cantidades de taninos cuya agresividad es a menudo inferior al testigo.

Los sistemas dinámicos (cubas rotativas, cubas prensa, cubas con rascador) dan resultados satisfactorios si no son utilizados abusivamente. Su acción mecánica conduce sin embargo a una liberación no selectiva de los constituyentes del hollejo (marc, sombrero) al provocar la laceración de los tejidos. Los accidentes de amargor y astringencia son entonces frecuentes.

Globalmente, los medios empleados para facilitar el paso de los compuestos fenólicos al zumo deben conciliar los objetivos cuantitativos y las exigencias cualitativas. En particular, un tratamiento prefermentativo por acción mecánica debe tener como objetivo la liberación del zumo por reventón de las bayas, sin laceración de los tejidos.

Equilibrio y dominio de los parámetros de maceración

Varios trabajos han demostrado que existe un umbral de intensidad de remontado más allá del cual la extracción no aumenta: además, la agresividad de los taninos se incrementa rápidamente. Parece que el remontado óptimo diario sea el equivalente al del propio volumen de la cuba. También se ha observado que el fraccionamiento del remontado mejora los resultados. En todo caso el procedimiento práctico debe adaptarse a las características de la añada. La práctica del raspado parcial puede adaptarse al caso particular de ciertas variedades de uva y según los pagos. La fecha de descubado debe decidirse tras la cata del vino. En efecto, incluso cuando la DO 280 nm se estabiliza o disminuye ligeramente, la maceración posfermentativa pone en juego reacciones de combinación y polimerización necesarias para la evolución del vino durante su crianza en barrica.

INFLUENCIA DE LA MACERACIÓN SOBRE LA ESTRUCTURA DE LOS COMPUESTOS FENÓLICOS DEL VINO Y SOBRE SU APTITUD PARA LA CRIANZA EN BARRICAS

La maceración debe permitir, por una parte, la obtención de un vino suficientemente rico en compuestos fenólicos y poseyendo una relación molar taninos/antocianos próxima a 2 y, por otra parte, favorecer e iniciar las reacciones de condensación y polimerización indispensables para la estabilización del contenido fenólico del vino. No todos los vinos son susceptibles de crianza en madera.

Dos ejemplos ilustran estas limitaciones.

Comparación de un vino de maceración corta (15 días) y de un vino de maceración larga (30 días) tras crianza de 6 meses en barricas de roble nuevas

Se observa que el vino salido de un encubado corto presenta una composición fenólica deficitaria. Los taninos son poco condensados. La materia colorante está en gran parte en estado libre. Para este tipo de producto, el paso por madera refuerza los desequilibrios: los taninos se mantienen poco condensados y se hacen más agresivos; una gran parte de los antocianos libres se degrada y se forman pocas combinaciones entre antocianos y taninos; al mismo tiempo, la intensidad colorante aumenta ligeramente, pero la parte del amarillo aumenta en tanto que la impresión roja del vino disminuye. En contraste, el vino salido de una larga maceración experimenta una evolución inversa, marcada por: aumento del grado de condensación de los taninos y disminución de su astringencia; aumento progresivo de la tasa de combinación taninos/antocianos; intensidad colorante caracterizada por un fuerte incremento seguida por una parte más importante del componente malva del vino; se produce, así mismo, una fuerte impresión roja.

Este ejemplo ilustra perfectamente el papel complejo de la maceración. La maceración se corresponde con una extracción y con una «estructuración» de los compuestos fenólicos indispensables para una crianza que implica fases de oxidación controlada catalizada por los taninos de la madera

Influencia del modo de encubado sobre el color y el estado de la materia colorante de vinos tras 12 meses de crianza en barrica de roble nueva o en cuba

En este segundo ejemplo se ilustra el impacto de una extracción demasiado rápida de compuestos fenólicos y de un descubado precoz sobre la capacidad del vino de soportar una crianza en madera. En el marco de esta experimentación todos los vinos tienen una concentración importante en polifenoles totales y sólo el sistema de encubado induce una liberación más o menos rápida de los constituyentes del «marc» (sombrero). Se comparan un sistema clásico de encubado con dos remontados diarios, representando cada uno la mitad del volumen total y un sistema de encubado que hace intervenir un vinificador autónomo con remontados secuenciales utilizando la presión facilitada ya sea por un gas neutro suministrado en botellas, o un compresor provisto de filtro de aire, o sea por el carbónico producido por la actividad fermentativa de las levaduras. El primer dispositivo precisa de 25 a 30 días para obtener una cantidad de polifenoles y una estructura compatibles con la crianza en barrica. Inversamente, el segundo dispositivo presenta las mismas características al cabo de 10 a 15 días de encubado, el descubado es, pues, precoz. Una extracción demasiado rápida y un descubado precoz no permite iniciar suficientemente las reacciones de polimerización. La materia colorante está insuficientemente estabilizada. Se observa así, para el vino obtenido del vinificador a remontados secuenciales, una disminución de los componentes rojo y malva; el vino toma rápidamente un color teja en vez de ensombrecerse. Transcurridos 3 años, el vino resulta para los catadores pesado y viejo. Inversamente, el vino procedente de una maceración más lenta con remontados con bomba se mantiene joven y muy coloreado; además la concentración de combinaciones taninos/antocianos confiere a su color gran estabilidad.

> El Cabernet franc, más pobre en taninos y antocianos que el Merlot tinto es muy sensible a las condiciones de crianza. Los vinos de Cabernet franc evolucionan rápidamente y su intensidad colorante aumenta más rápidamente que los vinos Merlot. Parece, pues, que además de los factores tecnológicos relacionados con la maceración, se superpone el efecto de la variedad. Este último está en relación con la estructura de los taninos contenidos en las pieles y en las pepitas.

EVENTUALIDAD DE LA FERMENTACIÓN MALOLÁCTICA EN BARRICAS

La posibilidad de efectuar la fermentación maloláctica en barrica de roble para los vinos tintos es cada vez más frecuente. Un ensayo realizado en 1990 con Merlot tinto en la región de

Saint-Émilion permite ilustrar el impacto de las bacterias lácticas en el curso de su actividad maloláctica en barricas de roble, sobre el contenido fenólico del vino. Lo esencial de los resultados fue lo siguiente: con relación al testigo que efectuó la fermentación maloláctica en depósito de acero inoxidable, se aprecia un aumento sensible del grado de condensación de los taninos y una disminución simultánea de su astringencia; aumento de las tasas de combinación entre taninos y antocianos; progresión de la intensidad colorante caracterizada por el aumento del rojo y el malva; un aumento de la concentración en polisacáridos neutros así como de la parte de formas combinadas que confiere al vino una sensación de «graso» y «redondo». En la degustación este vino resulta más ligero y graso.

La fermentación maloláctica en barricas de roble modifica profundamente el vino y constituye, al igual que la maceración, una etapa de afinado de los taninos del vino y de estabilización de su materia colorante.

DISCUSIÓN Y SÍNTESIS

La estancia del vino en barrica no constituye una práctica cuyo único objetivo sea la bonificación del vino por el aporte de componentes de la madera. Este objetivo puede fácilmente alcanzarse con la utilización de duelas sumergidas en la cuba, práctica estrictamente prohibida por las Denominaciones de origen. La madera, debido a su porosidad y a su aptitud para ceder taninos hidrolizables (elagitaninos) progresivamente, induce un conjunto de mecanismos caracterizados por una oxidación lenta y continua que causa oxidaciones paulatinas y controladas favorecidas por el ácido gálico y los elagitaninos. Se producen así numerosas modificaciones en el vino. En este contexto es ilusorio pensar que todos los vinos tintos puedan soportar las transformaciones inducidas por este tipo de crianza. Ya han sido examinadas las condiciones a tener en cuenta a fin de obtener un vino adaptado a la crianza en madera y capaz de mejorarse con su contacto. Si las limitaciones de la vinificación son respetadas (uva suficientemente madura, maceración prolongada) la crianza en madera permite suavizar los vinos, completar su estructura, aportar «graso» y redondez y estabilizar la materia colorante. Inversamente, si el vino es demasiado ligero, carece de los polifenoles necesarios y contiene buena parte de las moléculas poco condensadas, la crianza puede provocar sequedad en el vino, reforzar su astringencia, disminuir la impresión de carnoso y causar una caída importante del color con un aumento de los matices amarillos.

EL APORTE DE LAS MADERAS A LOS VINOS: ASPECTO, GUSTO Y AROMA

Ya ha sido dicho que la madera no es un material inerte. Ribéreau-Gayon en 1971 comparó la crianza de un mismo vino Merlot en barricas bordelesas de 225 l nuevas y usadas, así como en un bidón de acero inoxidable de 125 l y llegó a las siguientes conclusiones:

- La barrica nueva aporta una mejora gustativa y olfativa al vino si se atiende mediante condiciones de crianza adecuadas, a que la madera no domine y que el conjunto sea armonioso e íntimamente amalgamado.
- La barrica usada aporta caracteres más discretos y, en ocasiones, defectos (acidez volátil, acetato de etilo, endurecimiento del vino por redisolución de aniones sulfato); si el mantenimiento de las barricas no es correcto, los resultados pueden ser desastrosos.

- El bidón metálico no da al vino caracteres particulares, salvo los aportados por mantenimiento en medio privado de oxidación controlada. El vino resultante es simple y modesto.

El modo de crianza debe ser adaptado al tipo de vino y, en particular, a su estructura fenólica. En el curso de la conservación de vinos en barrica de madera se distinguen tres amplios tipos de mecanismos a los que hay que añadir los constituyentes cedidos al vino.

CLARIFICACIÓN Y DESCARBONIFICACIÓN DE LOS VINOS: INCIDENCIA SOBRE LA LIMPIDEZ

La barrica es generalmente de pequeña capacidad y la madera es porosa. En su seno se producen fenómenos físicos de clarificación espontánea y de descarbonificación. Los datos comparativos de concentración en gas carbónico en vinos criados en cubas o en barricas, son los siguientes:

- Cuba no trasegada: 930 mg CO_2/l.
- Cuba trasegada (4, con aireación): 220 mg CO_2/l.
- Barrica nueva: 435 mg CO_2/l.
- Barrica de un vino: 540 mg CO_2/l.

La clarificación espontánea en barricas no ha sido objeto de estudios específicos. Sin embargo el empirismo ha demostrado ampliamente el efecto favorable de los pequeños volúmenes de conservación sobre este factor. Hemos constatado, midiendo la turbidez, el efecto tangible de la barrica sobre la clarificación, más precoz en el caso de los vinos mantenidos en barrica o en depósito de acero de pequeña capacidad después de 3 meses de crianza de un Merlot. Se observa en particular los efectos de una descarbonificación rápida sobre la mejora de la clarificación:

- Cuba inox. (150 hl): 15 *NTU*.
- Cuba inox. (5 hl): 9 *NTU*.
- Cuba inox. (2 hl): 8 *NTU*.
- Barrica nueva (2,25 hl): 3 *NTU*.
- Barrica usada (5 vinos): 6 *NTU*.

Los estudios de Mandrau (1973) permiten comparar por numeración electrónica de las partículas, el efecto de una clarificación espontánea y de diversos principios de clarificación provocada. A la vista de los resultados se aprecia que una clarificación espontánea implica una disminución apreciable de las partículas de grandes dimensiones por lo que la turbidez del vino es progresivamente atribuida a partículas de pequeño tamaño (diámetro inferior a 1,5 μm). La clarificación espontánea es una práctica de larga duración y frecuentemente incompleta; esto depende en buena parte del tipo de recipiente y de la facilidad de sedimentación de los vinos, función de su estado coloidal.

FENÓMENOS COLOIDALES: INCIDENCIA SOBRE LA LIMPIDEZ Y EL GUSTO DE LOS VINOS

Los conocimientos adquiridos en el ámbito coloidal de los vinos tintos no permiten diferenciar de forma clara los mecanismos macromoleculares de los polisacáridos y proteínas que intervienen durante la crianza en barricas. Sin embargo, se dispone de ciertos datos de base.

En el curso del invierno, la variación de temperatura provoca la precipitación del *bitartrato potásico*. Este mecanismo es frenado por la estructura coloidal del medio. Las leyes del equilibrio químico muestran que en un medio modelo y para concentraciones de bitartrato potásico próximas a las encontradas en los vinos, la precipitación sería casi instantánea. Pero el vino, como consecuencia de los coloides, está en permanente sobresaturación. Son necesarios los inviernos sucesivos y los tratamientos por frío para obtener su estabilización relativa.

La materia colorante precipita en frío, tanto en las barricas como en las cubas. La naturaleza coloidal de este depósito se pone en evidencia por diálisis a través de una membrana de celofán. Este precipitado, solubilizado en agua y en metanol acidificado, da dos fracciones con la composición siguiente:

- La fracción soluble en agua disminuye en el curso del envejecimiento del vino; contiene sales potásicas, hierro, antocianos parcialmente degradados.
- La fracción soluble en el metanol, insoluble en bastantes disolventes, aumenta con el transcurso del envejecimiento; la parte de elementos minerales disminuye; por hidrólisis ácida libera osas, ácidos fenólicos y algo de antocianidinas. Esta fracción contiene los complejos taninos/polisacáridos y taninos/sales (definidos por Glories en 1978).

La liberación de ciertos polímeros parietales, esencialmente microbianos, contribuye a aligerar los taninos de los vinos. Es sabido que el enriquecimiento en polisacáridos (manoproteínas de levaduras y glicopéptidos bacterianos) produce una disminución de la astringencia tánica. En el laboratorio, la astringencia de los taninos de un vino duro, estimada por su índice de gelatina, puede disminuirse mediante adición de serrín de roble en dosis de 1 g/l. Los resultados después de 3 meses son comparables a los observados en un vino que haya recibido 200 mg/l de polisacáridos de levaduras. Paralelamente a la disminución del carácter astringente de los vinos, se aprecia una elevación de su concentración en polisacáridos neutros de 50 a 150 mg/l. La deslignificación de la madera durante la crianza, aunque secundaria en los vinos, puede participar en la mejora de sus caracteres gustativos

OXIDACIONES CONTROLADAS Y MODIFICACIÓN DE ESTRUCTURA DE LOS COMPUESTOS FENÓLICOS DEL VINO: INCIDENCIA SOBRE EL SABOR Y EL COLOR

Esta cuestión ya fue abordada al tratar el papel de la barrica en la crianza de vinos tintos.

Los fenómenos oxidorreductores en barrica son calificados como oxidación controlada, que puede definirse como la penetración lenta y continua de oxígeno en el vino, esencialmente, pero no únicamente, por los fenómenos de depresión ejercidos sobre las paredes de la barrica, asociados a intercambios con cationes metálicos (hierro, cobre, etc.) adsorbidos o cedidos por la madera y los *elagitaninos* de la madera solubilizados durante la crianza en barrica nueva. De todo ello resulta la presencia en los vinos de débiles cantidades de oxígeno disuelto, representando entre 0,1 y 0,5 mg/l y un potencial de oxidorreducción EH variable entre 150 y 250 mV. Estos efectos sobre la estructura y color de los vinos están en el origen de profundas modificaciones. El paso continuo de oxígeno y la disolución de los elagitaninos permiten iniciar numerosas reacciones caracterizadas por una estabilización de la materia colorante, un ensombrecimiento del color y un aligeramiento de los taninos. En el curso de la crianza en barrica, el grado de condensación de taninos aumenta (índice de HCl) y su astringencia disminuye (índice de gelatina). La concentración en antocianos totales disminuye pero el porcentaje de combinaciones taninos/antocianos aumenta; simultáneamente la materia colorante se hace más estable (índice de calentamiento). El color del vino parece más oscuro (d 620 %), la intensidad colorante aumenta sensiblemente y el espectro rojo del vino (d A %) es más elevado que en el vino conservado en depósito de acero. En fin, el aporte de polisacáridos de la madera aumenta la impresión de «graso» del vino, perceptible en la degustación. La tabla 2 resume el ejemplo con un Merlot tinto.

Tabla 2.–Influencia de la crianza en barrica de roble sobre la composición y la estructura de los componentes fenólicos y las características aromáticas de los vinos. Merlot tinto, Saint-Émilion, cosecha 1990, 8 meses de conservación (Vivas y Glories, 1993)

	Depósito inox.	Barrica nueva
Composición general		
Acidez total (g H_2SO_4/l)	12,4	12,5
Acidez volátil (g H_2SO_4/l)	3,4	3,5
SO_2 libre (mg/l)	0,25	0,32
Composición fenólica		
Fenoles totales (DO 280 nm)	44	42,5
Proantocianidinas (g/l)	2,5	2,3
Antocianos (g/l)	0,34	0,31
Índices (%)		
Gelatina	48	42
HCl	18	23
Combinación taninos/antocianos	43	52
Colores		
Intensidad colorante	1,05	1,2
d 420 %	34	31
d 520 %	57	60
d 620 %	8,5	9
d A %	60	67
Polisacáridos totales (mg/l)	440	490

Entre todas estas transformaciones, los taninos de la madera cedidos al vino tienen un papel no despreciable que puede ilustrarse por la siguiente experiencia: se prepararon tres lotes homogéneos de Merlot tinto (un testigo en frasco cerrado, del que previamente había sido eliminado el oxígeno; un testigo oxigenado cada 15 días por trasvase, representando la penetración de oxígeno en cada operación 4 mg oxígeno/litro; una cuarta muestra suplementada con 1 g/l de extracto de *Quercus petraea,* oxigenada cada 15 días según las condiciones descritas). Los resultados de los análisis transcurridos 4 meses de conservación a 20° C muestran que en el curso de la conservación, la cantidad de fenoles totales disminuyó ligeramente y se aprecia en el fondo de los frascos un depósito tanto más importante cuanto más oxigenado regularmente es el vino. Las muestras experimentan una polimerización de los taninos, acentuada por la presencia de taninos de la madera. Paralelamente, la astringencia de los vinos disminuye: las combinaciones taninos/antocianos son más importantes en presencia de oxígeno y de taninos y son superiores al testigo oxigenado sin taninos. Los taninos de la madera ralentizan o regulan las reacciones de degradación de la materia colorante. El color de los vinos conservados en presencia de elagitaninos es más intenso que en la muestra testigo. El testigo con oxígeno, sin elagitaninos, posee una parte importante de amarillo y la impresión roja del vino es más débil que la del testigo no oxigenado. El medio aireado con elagitaninos aparece más rojo y más malva y el color del vino ensombrecido. La oxigenación del vino conduce rápidamente a una destrucción de la materia colorante y a un deterioro prematuro del color (tonalidad teja). Además, la oxidación realizada en presencia de elagitaninos asegura una evolución más rápida de las estructuras fenólicas hacia formas condensadas, más estables y menos agresivas en la degustación. El testigo sin aireación y sin elagitaninos evoluciona solo débilmente; el testigo aireado experimenta un envejecimiento acelerado y la muestra aireada en presencia de elagitaninos ha evolucionado favorablemente. Estos resultados ponen de manifiesto que un envejecimiento en depósito con trasiegas frecuentes no permite reemplazar una oxigenación controlada en presencia de elagitaninos.

LOS COMPUESTOS CEDIDOS POR LA MADERA

En el curso de la crianza numerosos constituyentes de la madera se solubilizan en el vino; presentan estructuras y propiedades diferentes a los procedentes de la uva. Las moléculas odorantes cedidas por la madera han sido objeto de numerosos trabajos; entre los más significativos están los publicados por Marche y Joseph (1975), de la Estación vitícola de Cognac y por Dubois (1989, 1994) del INRA de Dijon. Sin embargo, el aporte aromático no constituye más que un fenómeno minoritario en el seno de un conjunto de reacciones complejas.

Las moléculas más frecuentemente citadas, que serán posteriormente estudiadas más detalladamente en esta obra, son:

- Los *isómeros* de la β-metil-γ-octalactona, también llamados whisky-lactonas o lactonas del roble, con olor a coco y a madera fresca. Su impacto aromático es relativamente importante. Representan la mayor parte del potencial aromático de la madera fresca, pudiendo incrementarse su contenido durante el secado natural y, de forma más notable, durante el tostado de la barrica.
- El eugenol, con olor a clavo, es un fenol volátil que se encuentra en la madera fresca. Su contenido aumenta algunas veces durante el secado y sistemáticamente durante el tostado.
- La vanillina, cuyo papel organoléptico es aún objeto de discusión, participa débilmente en el aroma de la madera fresca; este aldehido fenólico aumenta significativamente durante la operación de tostado.

Existen otras familias de compuestos odorantes pero su participación en el aroma de las madera, barricas y vinos guardados en barrica, es minoritaria cuando son considerados individualmente. Una parte de esta obra se ocupará de ellos.

Los taninos de la madera son taninos hidrolizables que en el pasado fueron asimilados a los *galotaninos*; en textos de 1990 se encuentran referencias a los taninos de la madera calificándolos como galotaninos (Glories, 1992) probablemente por un deficiente conocimiento de las estructuras de estos compuestos. En realidad se trata de elagitaninos, identificados por primera vez por Mayer en 1967. Su presencia en los vinos blancos criados en barricas fue establecida por Moutonet *et al.* (1989) y posteriormente por Vivas *et al.* (1996) en los vinos tintos conservados en barricas. Su papel en los vinos es múltiple pues participan a la vez en el color, sabor y en las reacciones de oxidorreducción.

CASO PARTICULAR DE LOS AGUARDIENTES

Si en la crianza en barrica de vinos blancos secos se busca, sobre todo, la valorización de las interacciones madera/vino/biomasa levaduriana y si en los vinos tintos se trata esencialmente de favorecer las reacciones de oxido-reducción lentas y continuas, en el caso de los aguardientes se busca los aportes de la madera; incluso a veces pueden ser exacerbados. Estos aportes se refieren a los constituyentes de la madera responsables del color, del gusto y del aroma. Los fenómenos oxidativos, más recientemente desvelados, participan igualmente en la evolución de los aguardientes en barricas.

Los aguardientes blancos, a la salida del alambique, son una mezcla alcohólica cuyo título alcoholimétrico medio está próximo al 70 % vol. para un *pH* de 4,5 a 5. Son productos simples para los que la nariz está caracterizada por el calor del alcohol con algunas notas aromáticas relacionadas con la presencia de ácidos grasos, de sus *ésteres* etílicos, alcoholes superiores y sus acetatos. Con frecuencia basados en viníferas poco aromáticas (Ugni blanco para el coñac; Baco 22A para el armañac) no tienen caracteres varietales. Su extracto seco es inferior a 100 mg/l. No tienen color. La crianza en barrica les permite adquirir progresivamente una coloración amarillo paja o amarillo oscuro y un extracto seco importante. Salagoïty (1992) informó de la evolución del extracto seco de un aguardiente de Coñac durante su conservación en barricas nuevas (I) y Puech (1992) obtuvo resultados comparables para el Armañac (II):

(I)	Extracto seco (mg/l)
0	30
1 año	230
2 años	850
6 años	1.690
20 años	1.920
31 años	2.520
38 años	2.720

(II)	Extracto seco (mg/l)
3 años	1.284
6 años	2.087
9 años	2.205
12 años	2.540

En el curso de la conservación en barricas, los aguardientes se cargan de compuestos fenólicos. Pero a fin de limitar la acumulación de compuestos solubles y simultáneamente permitir los fenómenos oxidativos, los aguardientes se transfieren a barricas usadas de varios años. Puede incluso preferirse maderas de grano cerrado más pobres en extracto seco que las barricas de grano grueso.

Esquemáticamente, la crianza de aguardientes en barrica permite la acumulación de compuestos fenólicos tales como los elagitaninos y las *ligninas*, la solubilización de *cromóforos* de color amarillo a rojo fuego, la liberación de fragmentos de polisacáridos parietales, de una fracción minoritaria de la lignina y de funciones *acetilo* y *xilanas*. Durante todo el tiempo de estancia en barrica se producirán:

- La hidrólisis de los polisacáridos en oligosacáridos y en osas libres que permiten la aparición y acumulación de azúcares (hexosas y pentosas).
- La alcoholisis de las ligninas, cuyo efecto es la formación de aldehidos fenólicos (vanillina, siringaldehido, coniferaldehido y sinapaldehido) que pueden oxidarse en los ácidos correspondientes, según el proceso clásico establecido por Puech (1978).
- La hidrólisis en medio etanólico, la oxidación y la polimerización de los elagitaninos produciendo formas fenólicas de elevado peso molecular, poco astringentes y frecuentemente coloreadas.

Antes o después de la crianza, según los casos, el título alcoholimétrico es llevado a 40 % vol., por adición de agua destilada. Cuando los aguardientes son embotellados su evolución prácticamente ha cesado.

CUANDO LA BARRICA JUEGA EL PAPEL DE RECIPIENTE POROSO

La barrica puede ser utilizada solo como recipiente en el cual se buscan los aspectos de las oxidaciones. En este caso, los aportes tánicos y odorantes son, generalmente, evitados. A este fin se utilizan barricas usadas, sanas y en buen estado, adquiridas o procedentes de la misma bodega donde ya cumplieron su papel como barricas nuevas. Hay regiones donde se usan barricas con más de 50 años. Los usuarios de estas barricas son dos tipos de producción: los vinos de oxidación química y los de oxidación biológica.

VINOS DE OXIDACIÓN QUÍMICA

La presencia de aire y las trasiegas frecuentes son los elementos clave en este tipo de crianza. Corresponde a los siguientes vinos:

- **Vinos Dulces Naturales** (VDN) tintos, son tradicionalmente conservados en cuba el primer año con trasiegas frecuentes; en la primavera siguiente son almacenados en barrica y envejecidos más o menos tiempo al sol. Los vinos blancos, más frágiles, son menos oxigenados y experimentan el envejecimiento en cava, más lento, en barricas de 225 l. En Banyuls, se conservan los vinos tintos en «demi-muids» de 6 hl sobre áreas con suelos de cemento, expuestos al sol y cubiertos de una fina capa de cañizo que previene de la desecación demasiado intensa de la madera.
- **Vinos de Oporto.** Existen dos tipos de oporto caracterizados por su modo de crianza diferente. Los «blend», envejecidos en «pipas» (barricas) de 5 a 6 hl que experimentan un envejecimiento oxidativo de 5 a 6 años, incluso de 20 años; al estar los contenedores incompletamente llenos se favorece la aireación. Una vez embotellados evolucionan poco. Los «vintage» (añadas) se crían en barricas llenas durante 2 años y son tratados en forma parecida a los vinos tintos secos. Una vez embotellados continúan su evolución y desarrollan un bouquet relativamente frágil. Las botellas de «vintage», una vez abiertas, deben ser consumidas rápidamente, pues el bouquet pierde sus calidades en pocas horas.
- **Olorosos.** Son vinos fortificados hasta 18-19 % vol. de alcohol y envejecidos en barricas según un proceso de oxidación química.
- **Vinsanto.** Este vino, de origen griego, es un producto típico de la isla de Santorin. Se obtiene tras la recogida de la uva y su secado en las terrazas de las casas. Cuando la uva se torna seca y de color ámbar es prensada y fermentada, sea en cuba o en fudres. El vino se envejece posteriormente en barricas durante varios años. Este vino no evoluciona en botella.

VINOS DE ENVEJECIMIENTO BIOLÓGICO

En este tipo de crianza el efecto del oxígeno es relevado por un velo de micro-organismos, generalmente levaduras de tipo oxidativo o débilmente fermentativo del género Saccaromyces.

Si bien los vinos toman caracteres de oxidación, las transformaciones se deben más bien al metabolismo aeróbico de estas levaduras y sus productos que a verdaderas transformaciones oxidativas por vía química.

- **Vinos de Jerez.** Criados según la llamada «crianza en flor». Los vinos son alcoholizados hasta 15-16 % vol. y guardados en «botas» (barrica jerezana) con un vacío de 1/6. En la superficie se desarrolla un velo de levaduras de la especie *oviformis* que según los conocimientos taxonómicos actuales, se definiría como *Cerevisiae bayanus*. De tiempo en tiempo se retiran pequeños volúmenes de vino que se sustituyen por vino más joven, según el procedimiento de las «soleras».
- **Vinos jóvenes del Jura.** Estos vinos blancos evolucionados se obtienen a partir de uva Savagnin fermentada y criada en barrica. Una vez en barrica, los vinos se dejan durante 6 ó 7 años. Con el curso del tiempo se forma un velo de levadura produciendo numerosos compuestos, como *aldehídos* y *lactonas* con olor característico a pieles de naranja confitados, nueces y mantequilla. La producción es costosa porque solo un número limitado de barricas evolucionarán favorablemente; otras se picarán o serán alteradas por levaduras contaminantes como los *Brettanomyces* identificados en los años 1950.

EL FUDRE PARA LA VINIFICACION Y LA CONSERVACIÓN DE VINOS

Los fudres son grandes piezas de tonelería compuestas con madera más gruesa que la utilizada para piezas de menores dimensiones. Su forma es variable, cónica para la conservación o troncocónica para las vinificaciones.

Estas cubas fueron de uso generalizado antes de la llegada del metal, el cemento, el plástico y el acero inoxidable. Tales cubas tenían ciertas ventajas en relación con dos propiedades:

- La madera es un material que guarda fácilmente el calor permitiendo tanto la subida de temperatura como el enfriamiento progresivos, favorables a la extracción de los compuestos fenólicos de la uva.
- La forma troncocónica asegura una excelente relación entre el «marc» (sombrero) y el zumo, teniendo el fudre una altura y una anchura en la base casi iguales. El sombrero es estructurado en la parte estrecha del fudre, permanece suficientemente aireado y la poca altura limita los fenómenos de compactación desfavorables a la extracción durante los remontados.

Por otra parte, la naturaleza porosa de la madera exige lavados completos antes de cada campaña anual. Un fudre correctamente lavado, aireado y mantenido puede durar decenas de años. En Africa del Sur, algunos datan de hace 50 años y están en perfecto estado, no comunicando a los vinos gustos indeseados ni defectos.

Son utilizados para conservar los vinos en granel antes de su venta o antes del embotellado; en algunos casos conservan coñacs y armañacs y otros aguardientes.

Actualmente el renacido gusto por la madera hace que se encuentren bodegas dotadas de tinas de vinificación de fabricación reciente.

LOS VINAGRES DE VINOS

Hay que reconocer filosóficamente que el devenir de un vino en un proceso bioquímico normal es transformarse en vinagre. No todos los vinagres son productos industriales; algunos implican poner en práctica para su obtención técnicas largas y complejas.

Existe un antiguo método, llamado «método de Orleáns» consistente en llenar a tercios barricas de 200 l sembradas por una madre y esperar 2 ó 3 meses a que se produzca el vinagre. Luego se retiran semanalmente 10 a 15 l de vinagre que se reemplaza por un volumen igual de vino. Este método es largo y a veces, tras varios meses y en barricas muy viejas, se observa la aparición de bacterias acéticas de contaminación del tipo *Acetobacter xylinum*. Mas tarde se ha utilizado el sistema de solera empleado en Jerez.

Los vinagres balsámicos se obtienen por concentración en 6 ó 7 años de vinagre de vino. Un volumen de vinagre, por ejemplo 50 l, van a pasar con el transcurso del tiempo y por la disminución de volumen causada por la merma normal en madera, por toneles de dimensiones decrecientes: 40, 30, 25, 20 y 15 litros. La naturaleza de las maderas utilizadas varía: del primero al último de los toneles se utilizan como especies, roble, castaño, cerezo, fresno, acacia y morera.

LOS OTROS MIL USOS DE LOS TONELES

Los toneles son útiles en numerosas aplicaciones, aparte de las concernientes a vinos y otros productos vínicos derivados. Han sido utilizados en la industria, la artesanía y la industria agroalimentaria. Esta variedad de empleo ilustra la adaptación de este recipiente a las necesidades de transporte, almacenamiento y la manipulación de diversos productos.

Entre las variadas utilizaciones, se pueden citar los toneles empleados para el transporte de aceites esenciales usados en perfumería. Cuando el transporte de estas materias se efectuaba en barco, se ha constatado que el cambio de recipientes de madera a los de acero inoxidable o plástico, más inertes e impermeables, cambiaba radicalmente sus caracteres olfativos. En efecto, en los largos viajes, los aceites transportados se beneficiaban a la vez del aporte de aromas de madera y de fenómenos oxidativos que modificaban radicalmente sus perfiles aromáticos. Tras la generalización de los contenedores inertes, los perfumistas no han vuelto a encontrar en aquellos productos los matices olfativos de las antiguas preparaciones. Las grandes casas de Grasse han comprendido pronto que los matices que atribuían a los propios aceites estaban influenciados por la madera y las condiciones de transporte.

Numerosas especies han sido conservadas en barriles. Fácil de transportar, de capacidad fija e impermeable, la madera constituía un buen medio para guardar estas mercancías en seco. La harina, mantequilla, chocolate, sal y legumbres han sido almacenados en pequeños toneles, no necesariamente de roble. Para estos productos se utilizaban maderas que poseían pocos extractos solubles, tales como pino, chopo, incluso olmo. Taransaud (1976) apunta que el mismo medio de acondicionamiento fue utilizado para porcelana, vidrio, cola, etc.

El pescado, en forma de salazón o seco, también ha sido acondicionado en barriles por necesidades de transporte y de conservación. Aún pueden verse arenques secos en cajas de madera de chopo como vestigios de aquellos usos.

La choucrute se obtiene por fermentación láctica en condiciones anaeróbicas de la col; puede producirse y conservarse en barricas. En ocasiones, tras la fermentación se le añade vino blanco seco ácido para asegurar una mejor conservación y un complemento gustativo.

Los aceites también pueden ser almacenados en barriles. En este caso conviene seleccionar aceites poco oxidables, es decir con un débil contenido en ácidos grasos. Los aceites de pepitas de uva, de oliva y sobre todo de nuez, no se prestan a este almacenamiento. En almacenamientos prolongados los aceites pueden adquirir notas oxidadas calificadas de rancio.

El agua ha sido ocasionalmente recogida o transportada en barriles de capacidad variable, pero este material no es adecuado ya que confiere al agua color y astringencia debido a la solubilización de compuestos de la madera.

Ciertos quesos son fabricados o transportados en barriles. Como ejemplo se puede citar un queso griego presentado en toneles de 15 a 35 litros. Los quesos holandeses eran transportados a la región de Aquitania en los mismos barcos que habían transportado barricas de vino. Los quesos, en forma de bolas, llenaban las barricas vacías, terminando por afinarse en ellas y adquiriendo en forma irregular la tonalidad roja de los vinos que habían estado almacenados.

Como anécdota cabe mencionar la utilización de pequeños barriles para guardar clavos, tornillos y pequeña quincallería.

CAPÍTULO II

Breve historia de la tonelería

La barrica nació tras la larga e inventiva búsqueda del hombre para conservar y transportar líquidos en las mejores condiciones. Si las barricas, y en términos más amplios los toneles, son hoy los recipientes generalizados en el mundo del vino, es interesante rehacer el largo camino que ha conducido a su forma actual.

DE LA CIVILIZACIÓN GRECO-ROMANA DE LAS ÁNFORAS A LA CIVILIZACIÓN CELTA DE LAS BARRICAS

DOS CIVILIZACIONES, DOS CONDICIONAMIENTOS NATURALES

Más tarde se verán las numerosas ventajas de la barrica comparativamente con otros recipientes para el vino. Pero ¿por qué dos concepciones distintas se confrontaron en el ámbito del almacenamiento y transporte de bebidas y otros productos alimenticios?

En esta doble visión del problema, existe una causa natural relacionada con las limitaciones para abastecerse de la materia prima para los contenedores al menor coste. Nos encontramos de cara a la historia y a sus contingencias geopolíticas con dos mundos, dos civilizaciones:

- Una civilización brillante, prestigiosa y refinada, localizada al borde del litoral mediterráneo y en las regiones del sur de Europa y del oriente próximo. Allí, el cultivo de la viña se extendió y prosperó, repartiéndose por Mesopotamia, Siria, Egipto y Grecia. En estas regiones más bien secas, las masas boscosas son raras y diseminadas; el agua es un elemento precioso y la agricultura se hace casi siempre recurriendo a la irrigación. El material más abundante y barato es la tierra. Como consecuencia, se producirán recipientes de tierra cocida o secada al sol.
- Una civilización compuesta por tribus de hombres rudos, poco dotados para el cultivo de la tierra y la ganadería, sobreviviendo gracias a la pesca, la recolección de frutas y la caza. Civilización nórdica, viviendo en la proximidad de grandes masas forestales, fuente de su alimentación, los celtas desarrollarán las estructuras urbanas de pequeña dimensión, desarrollando una modesta agricultura alrededor de sus aldeas. Su bebida es la cerveza. En forma natural, la madera, próxima y abundante, se impuso como materia prima. En los recipientes de madera, la presión de los gases producidos por la fermentación de los cereales podía ser mantenida en aquella bebida espumosa.

DE LA JARRA CANANEA AL ÁNFORA

Al inicio nació una jarra de barro cocido cerrada por un tapón de corcho. Esta jarra de fondo plano podía tener asas y generó todo tipo de vasos, como se ve en bajorrelieves galo-romanos del 63 a. C.; algunos vasos podían estar protegidos por forros de mimbre, figura 1.

Fueron los griegos quienes inventaron el ánfora de forma alargada y base afilada. Ánfora, o *amphoreus,* significa que se transporta por las asas. Así los griegos favorecían el almacenamiento iniciando el desarrollo del comercio. En excavaciones arqueológicas o en los pecios de barcos hundidos, se encuentran gran cantidad de ánforas, lo que confirma los intercambios comerciales utilizando este tipo de recipiente en el que se transportaba todo lo que en él podía acondicionarse. Restos encontrados con ánforas intactas han confirmado la presencia de vino, confirmando los variados usos dados a aquéllas.

Numerosos autores han asimilado la existencia de resina y otros residuos como prueba de la existencia de vinos.

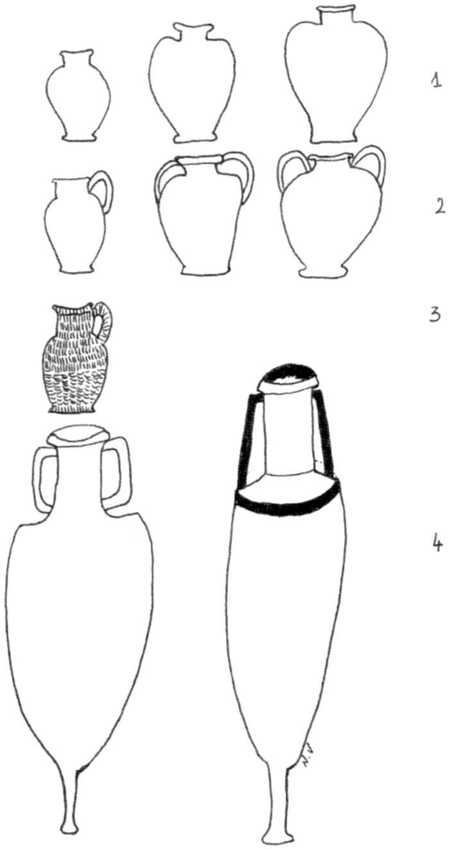

Fig. 1.–Diferentes formas de contenedores antiguos en tierra cocida

1. Jarras de fondo plano.
2. Jarras de fondo plano y con asas.
3. Jarra de fondo plano, con asa y recubierta de mimbre.
4. Formas de ánforas griegas del siglo III a. C.

CÉSAR Y SU DESPRECIO POR LA BARRICA

La implantación de los toneles en el transporte se retrasó porque los griegos primero y los romanos después dominaron el comercio mediterráneo durante varios siglos y porque el emperador César no tenía buena opinión de las barricas, de las que guardaba mal recuerdo. En su *Guerra de las Galias,* César describe la barrica como un arma a temer, llena de materiales inflamables. En el sitio a Uxellodunum (Vayrac, en el Lot) el año 51 a. C., su ejército sufrió fuertes pérdidas a causa del uso del tonel como arma.

LA SUPERIORIDAD DE LA BARRICA SOBRE LAS ÁNFORAS

Inicialmente el hombre construyó recipientes de madera mediante el vaciado del tronco. Posteriormente descubrió la aptitud de la madera para ser doblada después de ser calentada. Así nació el «doblado» de la madera. Para asegurar la fijación de las piezas de madera que constituían el casco del recipiente, se recurrió a lianas de madera de ramas jóvenes y sólo mucho más tarde al uso de cinturones metálicos.

La curvatura dada a las piezas de madera (bouge) está en el origen de propiedades decisivas que marcan la superioridad de las barricas sobre las ánforas:

- Cuantas más piezas arqueadas tiene un recipiente, mejor resistirá las fuerzas de presión importante, mayor resistencia a los choques y cierta resistencia en el apilado.
- En el centro de la curvatura, la superficie de contacto con el suelo es reducida, lo que permite un fácil desplazamiento por rodadura.
- La forma permite a las lías y otros depósitos diversos concentrarse en el fondo de la barrica. Los residuos se comprimen y se hace menos fácil que se pongan en suspensión. De forma casual se había encontrado un medio de conservación y simultánea clarificación de líquidos.

Pero, sobre todo, la propia naturaleza de la madera está en el origen del concepto de crianza. En efecto, en los recipientes de tierra cocida, los vinos tomaban rápidamente gustos desagradables, lo que obligaba a mezclarlos con especias y miel antes de consumirlos. Por el contrario, en las barricas el vino evolucionaba favorablemente y adquiría características aromáticas y tánicas muy apreciadas. Sin embargo, cuando la barrica estaba parcialmente llena, el vino rápidamente se picaba, con un sabor acético y ardiente, evolucionando hacia vinagre. Y aquí se inicia otra historia: la aparición de la botella que marcó el inicio de la maduración del vino y su conservación durante años.

Las evidentes ventajas de la barrica desplazaron el uso del ánfora, frágil y pesada. El tiempo y los cambios políticos sobrevenidos con la caida del imperio romano, acabaron por asegurar la hegemonía del nuevo recipiente. Durante la Edad Media se supo mantener la utilización exclusiva de barricas para los vinos y alcoholes.

LA IMPORTANCIA DE LA TONELERÍA EN LOS INTERCAMBIOS COMERCIALES

Los toneles de diversas formas y volúmenes han servido como recipientes, sirviendo a la vez a la conservación, el transporte y la presentación de vinos a la venta. Aunque se hayan preferido los contenedores de 1 a 3 hl por razones de facilidad de manutención, también han sido usados toneles de mayor capacidad.

LOS TRANSPORTES DE CERCANÍAS EN BARCA

Durante la Edad Media los viñedos estuvieron próximos a los núcleos de población y se extendían por toda Francia, hasta regiones del norte donde el cultivo de la viña no fue continuado esencialmente por las condiciones climáticas. Existían numerosos viñedos en los monasterios, productores de vino de misa. Recién hechos, los vinos eran transportados en barcas de diferentes tamaños que permitían transportar entre 2 y 12 barricas.

Puede verse en bajorrelieves galo-romanos escenas de arrastre de barcas con sirgas, transportando dos o tres barricas. Así pues, el transporte con barcas fue un sistema muy antiguo de distribución de vinos.

Una vez llegados a los pequeños puertos de las ciudades, los vinos eran probados para establecer su calidad y detectar posibles defectos; tras pagar el impuesto de entrada, los vinos eran repartidos por los negociantes a los puntos de comercialización.

Este modo de transporte, fácil y de cortas distancias, permitía un abastecimiento rápido y continuo a los puntos de consumo. Pocos eran los vinos que se almacenaban y el avituallamiento se hacía por un flujo continuo.

EL TRANSPORTE EN BARCO

El transporte a larga distancia se hacía preferentemente en barcos de gran capacidad. Partiendo de las zonas de producción –Burdeos, La Rochelle, Lisboa, Cádiz, Málaga– hacia los puertos de las zonas de consumo –Southampton, Bristol, Londres, Brujas, Anvers, Hamburgo y Lübbeck– los navíos llamados «cogges» en la Edad Media eran fletados por los armadores y ricos comerciantes.

Dichos navíos tenían un casco ancho y ventrudo para aumentar la capacidad de almacenamiento en sus bodegas. La capacidad del barco se medía por el número de «tonneaux» que podía albergar. El «tonneau» equivale a 900 litros. Problemas de mantenimiento de estos recipientes obligaban a repartir el volumen de vino en dos «pipas» de 450 l, o en barricas de 225 l más manejables. Los navíos podían contener hasta el equivalente de 200 tm, o incluso más. Los ingresos aduaneros procedentes de este comercio suponían un maná financiero sustancial y básico para el desarrollo de la marina de los países exportadores. Las flotas de navíos podían agrupar desde varias decenas de ellos hasta más de cien, en viaje simultáneo a las plazas europeas de gran consumo.

De Aquitania a Londres se organizaban dos expediciones:

- Una primera, llamada de otoño, conducía los vinos nuevos de la región bordelesa. Llegaban a su destino después de 10 ó 15 días de travesía, justo antes de las fiestas de Navidad.
- La segunda correspondía a los restantes vinos bordeleses y los vinos del Haut Pays que llegaban hacia San Martín (11 Noviembre). Estos vinos eran menos vivos, más acéticos o reducidos; debían ser vendidos rápidamente. Eran los llamados vinos de Pascua.

EL ADVENIMIENTO DEL TREN

La llegada del tren y del transporte ferroviario supuso un gran impulso para el mercado interior y para las exportaciones a países limítrofes. Hay poca información, pero Edouard Féret señala que en la línea de Orleáns (línea Burdeos-París) se transportaron 512.000 litros de vino en 1864 y 1.300.000 en 1875.

Lo cierto es que el aprovisionamiento de los grandes centros urbanos se aceleró. La venta y consumo de vino se generalizó a todas las capas sociales en función de los precios. La regularidad de suministro permitió el consumo a lo largo de todo el año de vinos de calidad constante: poco a poco los vinos picados u oxidados por las malas condiciones de almacenamiento desaparecieron casi completamente del mercado.

LOS SUPUESTOS ORÍGENES DE LA HEGEMONÍA DEL ROBLE EN LA TONELERÍA

Está justificado el hacerse la siguiente pregunta: ¿por qué el roble se impuso como la especie dedicada a la crianza de vinos y aguardientes?

Hasta hace menos de 50 años se utilizaban especies tan variadas como acacia, fresno, eucalipto, haya, chopo y pino. Esta profusión de materias primas está relacionada con la abundancia de productos que construía el tonelero, que no se limitaba a la construcción de toneles para el vino y otros productos vinícolas. A medida que esta variedad de productos fue reduciéndose –como luego se verá– el roble y el castaño se impusieron como las variedades de mayor uso en tonelería.

Las razones que condujeron a esta elección no fueron arbitrarias ni fortuitas; se trató simplemente de una combinación evidente: estas últimas maderas eran las únicas capaces de modificar favorablemente los caracteres gustativos y olfativos de los diversos vinos y aguardientes producidos. Esta constatación se generalizó a todos los viñedos regionales franceses, europeos y mundiales. Además el desarrollo de otros materiales de almacenamiento y de transporte ha limitado la gama de productos pedida a los toneleros. Puede añadirse que los toneles eran menos renovados pues los vinos se transportaban fuera en botellas, en cisternas metálicas, de plástico o de acero inoxidable.

Cuando se examina en detalle las propiedades mecánicas de la madera –su porosidad, permeabilidad y composición química– se observa que el roble, esencialmente algunas especies americanas y europeas, resulta ser el que mejor responde de forma complementaria a las demandas:

- Gran facilidad de curvarse bajo la acción de calor, vapor o agua caliente.
- Excelente porosidad a los gases asociada a características anatómicas que limitan su permeabilidad a los líquidos.
- Posibilidad de formar en su tostado moléculas odorantes que suponen un aporte positivo al vino.
- Presencia de moléculas astringentes pero pocos productos amargos fácilmente eliminables por el secado y lixiviado natural.
- Ligereza relativa de los materiales que permite la construcción de recipientes de poco peso en relación con su capacidad.
- Resistencia del material al ataque de los micro-organismos. El roble es una madera considerada dura y poco putrescible. Su impregnación por la lignina y los taninos explica estas ventajas.

Cabe recordar aquí la observación, llena de sentido común, hecha por Taransaud en 1976 justificando la opción por el roble entre ciertas especies: «la elección de una madera está condicionada por una larga experiencia que, desde hace siglos, nunca ha fallado».

EVOLUCIÓN DE LOS BOSQUES Y DE LA ACTIVIDAD TONELERA EN EL CURSO DEL TIEMPO

En el pasado, la madera constituyó a la vez material de construcción, de calefacción y era la materia prima de múltiples actividades artesanales. Con el curso del tiempo, la masa forestal francesa fue disminuyendo peligrosamente. Aparecieron entonces las leyes y edictos promulgados para limitar y regular las talas. Hasta el siglo XIII la mayor parte de las necesidades energéticas eran cubiertas con el consumo de madera. La revolución industrial del siglo XIX, gran consumidora de combustibles, marcó un cambio radical en la explotación de la madera y del carbón. Se pasó progresivamente de consumir madera y carbón vegetal a utilizar hulla casi exclusivamente. La revolución industrial salvó el bosque. El descubrimiento de otras fuentes energéticas, tales como gas natural, petróleo y uranio, durante el siglo XX ha permitido detener la deforestación. Desde entonces, los bosques franceses y europeos han visto aumentar su superficie.

La actividad de los toneleros ha evolucionado con el tiempo. La evolución de las técnicas y la profusión de otras materias primas distintas a la tierra y la madera, han propiciado tales cambios. Durante los siglos XIII y XIX la lista de objetos salidos de las tonelerías cubría una amplia gama de actividades domésticas, comerciales y guerreras.

Sólo por dar unos ejemplos:

- Bañeras, artesas, cubetas y otros grandes recipientes abiertos.
- Mantequeras, escurreplatos, embudos, jarros, cantimploras, vasos y otros utensilios domésticos.
- Todo tipo de barrilería para numerosas mercancías comestibles.

Posteriormente, muchos de estos utensilios han sido fabricados con arcilla, porcelana, estaño, cobre, etc. La generalización del acero inoxidable, del hierro fundido y del plástico, redujeron el campo de aplicación de los productos de las tonelerías. Actualmente el tonelero es el hombre que da forma a los estuches vinarios que acompañan al vino en su vida juvenil: educación y crianza.

Para quienes deseen profundizar en información sobre el oficio de tonelero y sus aspectos históricos se recomienda la obra de Taransaud *Le livre de la tonnellerie* (1976) donde se encuentra información interesante sobre las tradiciones, utensilios, etc.

CAPÍTULO III

El roble, un árbol noble y complejo

El roble es un vegetal leñoso cuyo desarrollo puede prolongarse varios cientos de años. Existen ejemplares aislados de 200 a 300 años. En los macizos forestales explotados el roble es cultivado: es la silvicultura (de *silvae,* bosque). En este caso los árboles son abatidos con edades de 100 a 200 años, tras haberse realizado numerosas talas de clareado.

El perfecto conocimiento de la biología, la ecología y la composición del roble, es importante para la comprensión de sus propiedades y de los factores de calidad. También será así más fácil entender ciertas operaciones de tonelería y justificar y optimizar su desarrollo.

ELEMENTOS DE BIOLOGÍA Y DE ECOLOGÍA DEL ROBLE

MORFOLOGÍA Y ANATOMÍA

Los diferentes tejidos constitutivos del roble tienen todos por origen tres ejes generativos que permiten la edificación del vegetal, así como la formación de todos sus órganos: raíces, tallos, hojas, flores y frutos.

ORIGEN DE LOS TEJIDOS

Desde el inicio de la germinación del glande, un primer *meristemo* se hace visible; se trata del meristemo primario situado en el extremo del tallo, definido como meristemo apical. Permite la elongación del tallo joven y la formación de hojas. En el roble, un segundo meristemo, que nace dentro del primero, se forma y permitirá el crecimiento en espesor de los tallos. Este tejido es el origen de la formación de la madera (tronco del árbol) y de la corteza protectora. Funcionan así dos ejes generatrices: el eje generatriz *libero-leñoso,* o cambium, que forma el *floema* y el *xilema,* responsables del aumento del diámeto del árbol por producción de madera y el eje generatriz subero-felodérmico, origen de la formación de corcho. En la mayor parte de los robles, en particular *Q. robur, Q. petraea y Q. alba,* es el primer eje, el cambium, el que funciona; en otras especies como *Q. suber* el segundo eje es el más activo. Según sea su capacidad para formar madera o corcho, el roble será utilizado en tonelería o por los corcheros.

Meristemo primario

En el corte longitudinal practicado sobre una yema que inicia su crecimiento, se observan con claridad diferentes tejidos origen de la futura rama (Fig. 2). En los bordes del *apex* se encuentran los esbozos foliares que, al desarrollarse, darán lugar a las hojas del árbol y que presentan formas características en función de la especie. Entre los dos esbozos foliares, las células se dividirán y alargarán para formar un entre-nudos (intervalo entre dos hojas). Por debajo del esbozo más joven, los tejidos apicales se reparten como sigue: el meristemo, formado por pequeñas células de núcleo grueso dispuestas en corona, formará las hojas neoformadas durante el crecimiento en longitud de la futura rama; se trata del anillo inicial; más abajo, algunas células constituyen el meristemo medular, origen de la médula y productor de tejidos en dirección longitudinal.

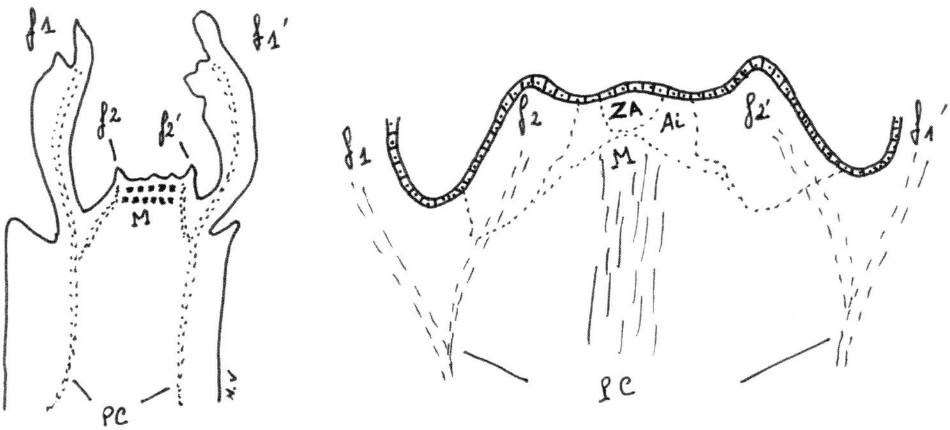

f_1, f_1' – primer par de hojas, f_2, f_2' – esbozo del segundo par de hojas.
M, meristemo primario. PC, procambium. ZA, zona apical. Ai, anillo inicial.

Fig. 2.–Extremidad apical de un tallo herbáceo de roble (brote apical).

Meristemos secundarios

Se distinguen dos meristemos secundarios cuyos papeles son distintos: inicialmente permiten la formación de ramitos que con el tiempo darán ramas y troncos; posteriormente aseguran la transformación del ramito herbáceo en madera tierna y luego dura de color marrón (Fig. 3).

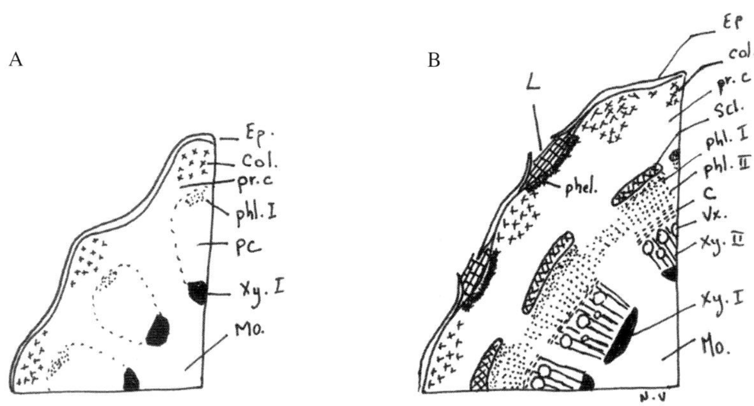

A, realizado bajo la yema apical: Ep., epidermo. Col., colénquima. Pr.c, parénquima cortical. Phl.1, floema primario. PC, procambium, Xy.I, xilema primario. Mo, médula.
B, realizado sobre una parte del brote concluido su crecimiento: L-corcho. Phel., felodermo. Sc, esclerénquima, Phl.II, floema secundario. C.-cambium. Vx, vasos. Xy.II, xilema secundario.

Fig. 3.–Corte transversal de un tallo de roble.

Cambium

El cambium permite la formación del líber en dirección centrífuga, que asegura el transporte de la savia elaborada producida por la actividad fotosintética de las hojas. En dirección centrípeta, el cambium forma el xilema o madera que asegura el transporte de la savia bruta de las raíces a las hojas. La madera está compuesta por células diferentes pero todas tienen por origen el cambium. Este genera dos tipos de células:

- Células iniciales aplanadas, alargadas, delgadas, fusiformes, que formarán los vasos y las fibras.
- Células iniciales cortas, isodiamétricas, radiales, que formarán el parénquima longitudinal y los radios.

Las divisiones del cambium que se desarrollan progresivamente son el origen de los tejidos secundarios –floema II y xilema II– y de los tejidos de sostén, o esclerénquima.

Felógeno

Bajo el epidermo, de forma no continua, ciertas células se diferencian para dar un nuevo macizo meristemático cuya actividad se generaliza a toda la capa hipodérmica. Esto constituye el nacimiento del felógeno, formado por un solo tipo de células paralelepipédicas aplanadas, productoras de tejidos en dirección centrifuga y acumuladoras de compuestos lipídicos. Con cierta regularidad el corcho es interrumpido por zonas de células flojas –las lenticelas– que permiten los intercambios gaseosos con el exterior.

Modo de funcionamiento

Tras la formación del brote y de sus tejidos secundarios, cada nuevo año la actividad del cambium permite producir capas de madera. Al mismo tiempo, al final del ciclo vegetativo anual, el felógeno se desarrolla en el floema formando una nueva capa de corcho, responsable del desecado de las capas situadas directamente encima. Estos tejidos formarán la corteza, que se agrietará y exfoliará en placas. Así, con el paso de los años, el diámetro del árbol aumenta regularmente bajo la acumulación de capas de xilema. Se constituye así la madera de corazón que será utilizada en tonelería.

Diferenciación de células meristemáticas

Las células meristemáticas se caracterizan por una pared delgada, un ectoplasma denso y un núcleo voluminoso. En el centro de su diferenciación se asiste a:

- La extensión y espesamiento de la pared celular por hiperactivación de órganos celulares específicos –los aparatos de Golgie– que transportan hasta la proximidad de la pared los polisacáridos necesarios para su edificación. Se forma así la pared primaria.
- El aumento de volumen de las vacuolas de las células. Las vacuolas aisladas se engrosan y luego se unen entre sí, ocupando todo el volumen intracelular y desplazando al núcleo a la periferia, contra la pared celular.
- La diferenciación celular se produce sea para generar tejidos de sostén, sea tejidos de reserva, sea tejidos clorofilófilos.

DESCRIPCIÓN DE LOS PRINCIPALES TEJIDOS CONSTITUTIVOS DE LA MADERA DE ROBLE

Los parénquimas son tejidos de reserva compuestos de una gran vacuola de reserva; se encuentran en las hojas, los tallos herbáceos, la madera y las raíces.

Las células secretoras presentan abundancia de aparatos de Golgie (células secretoras de polisacáridos y almidón) o de retículos endoplasmáticos (células secretoras de compuestos fenólicos, aromas y resinas).

Las células de los tejidos de sostén presentan paredes espesas y duras. Se trata de colénquimas de naturaleza celulósica; si están impregnadas de lignina, se las denomina esclerénquimas. Cuando son muy alargadas y afiladas se las llama fibras.

Los tejidos conductores están constituidos por un conjunto heterogéneo de células. Se diferencian tubos tamiz en el floema y las traquéidas y vasos en el xilema; pueden encontrarse parénquimas longitudinales y fibras.

Infraestructura del xilema

Estudio por microscopía de los diferentes tejidos constituyentes de la madera de corazón

Se utilizarán las abreviaciones siguientes: MET (microscopía electrónica de transmisión, para la observación del interior de células y tejidos), MEB (microscopia electrónica de barrido, para la observación de la superficie de muestras) y MP (microscopía fotónica por microscopio binocular de aumento débil y medio).

Caracteres anatómicos de los vasos

Los vasos están constituidos por la disposición axial de varias células (lámina II, n.° 1) cuyas paredes transversales han sido parcialmente hidrolizadas durante el proceso de lignificación.

En las paredes longitudinales se observan vestigios de la pared transversal que separaba dos células (lámina II, n.° 2). El residuo de la pared –llamado perforación única– presenta una estructura lamelar en cuyo centro se encuentra la pared primaria (lámina II, n.° 3). La prueba de la existencia de varias células axiales originales la aporta, por un lado, el aspecto dilatado de las paredes longitudinales y por otro la presencia de un estrechamiento a nivel de la primitiva pared (lámina II, n.° 4). La diferencia de diámetro entre estas dos zonas varía de 0,7 a 0,9; a veces es difícilmente observable. En la madera de primavera, el tamaño de los vasos es de 5 a 10 veces mayor que el de los vasos en la madera de verano (lámina II, n.° 5).

Caracteres anatómicos de las fibras

Existen dos tipos de fibras: traquéidas y libriformes. Ambos tipos tienen una estructura bastante similar, pero se las diferencia gracias a las punteaduras que cubren sus paredes: las fibras traquéidas tienen punteaduras areoladas con orificios generalmente lenticulares (lámina III, n.° 1), mientras que las fibras libriformes poseen punteaduras simples (lámina III, n.° 2). Las fibras traquéidas se agrupan con frecuencia próximas a los vasos (lámina III, n.° 3) y mezcladas entre las fibras libriformes (lámina III, n.° 4). Globalmente, las fibras libriformes son más abundantes que las traquéidas (lámina III, n.° 5 y 6). En un conjunto de 60 clichés diferentes de zonas fibrosas de madera de verano, las traquéidas representan entre 15 y 30 %; corresponden a un tipo primitivo de células y su proporción en los tejidos es un índice de la evolución de la especie considerada.

Caracteres anatómicos del parénquima y los radios

Aunque se trata de tejidos con funciones y actividades comparables, se distingue entre parénquima longitudinal y radios.

a) En el parénquima longitudinal de *Q. robur y Q. petraea* se encuentra el parénquima en fila, constituido por series axiales de células (lámina IV, n.° 1). Cada célula posee una pared transversal (lámina IV, n.° 2). Estas células son cortas y de paredes delgadas (lámina IV, n.° 3) y tienen numerosas punteaduras sobre las paredes radiales (lámina IV, n.° 4). Algunas de estas punteaduras carecen de microporo; mientras que otras tienen uno (lámina IV, n.° 3 y 4) lo que permite los intercambios celulares.

b) Las playas de radios aparecen según el plano de observación, ya sea bajo forma de masa esponjosa (plano tangencial; lámina V, n.° 1), ya sea en forma de serie axial de células cortas (plano tangencial, lámina V, n.° 2), ya sea como enmallados característicos (plano radial, lámina V, n.° 3). Los radios se encuentran en la proximidad de los grandes vasos de la madera de primavera, en cuyo caso son uniseriados (lámina V, n.° 4). También se les encuentra en la zona fibrosa de la madera de verano, agrupados en forma multiseriada o aislados según la misma disposición que en la vecindad de los grandes vasos (lámina V, n.° 5). Los radios se definen como homogéneos, es decir formados por células tumbadas. Con relación a las fibras, las células de los radios son perpendiculares (lámina V n.° 6, 7 y 8). Las paredes transversales están cubiertas por abundantes punteaduras, algunas de ellas con microporo (lámina V, n.° 9).

Origen y características anatómicas de los tilos

Los tilos son proliferaciones de tejido cuyo origen es discutido. Según algunos autores, proceden de las paredes de los vasos; según otros, proceden de células parenquimales adheridas a los vasos. El estudio de su origen parece, pues, interesante.

Los tilos están ausentes de los anillos de crecimiento reciente situados en la albura. A medida que se penetra en madera más profunda, duramizada, los vasos aparecen llenos de esta membrana (lámina VI, n.° 1, 2 y 3). Según estas observaciones, los tilos se formarían en el curso de la duramización. Inicialmente se forman a partir de la pared del vaso (lámina VI, n.° 4) por desescamado de ésta (lámina VI, n.° 5) que pasa a ocupar el volumen vacío del vaso (lámina VI, n.° 1). En otros clichés se observa claramente que los tilos proceden de la pared del vaso y no de células parenquimales vecinas (lámina VII, n.° 1, 2 y 5). En la madera de corazón de *Q. robur y Q. petraea* se encuentran distintos grados de tilos (lámina VII, n.° 3, 4 y 5).

Ultraestructura de las paredes y de los elementos de intercambio intercelulares

Organización de la pared de las células de la madera

Las paredes de las diferentes células lignificadas de los tejidos de la madera de corazón tienen una estructura común. Las paredes de fibras y radios tienen una organización similar (lámina VIII, n.° 1). La lamela media está bien individualizada por un aspecto más contrastado (lámina VIII, n.° 2). Se observa que, generalmente, la capa S2 es la más importante y que las S1 y S3 son poco espesas (lámina VIII, n.° 3 y 5). A menudo, la pared primaria se confunde con la lamela media, pero en otros casos se diferencian claramente (lámina VIII, n.° 4).

El análisis de cortes finos bajo el microscopio electrónico, después de coloración con azul de toluidina, permite apreciar, con aumentos más débiles, vistas de conjunto del medio ambiente histológico (lámina IX, n.° 1 y 2). En la transición de madera de primavera a madera de verano, el grosor de las paredes aumenta y la proporción de lumen celular disminuye (lámina IX, n.° 3). Este fenómeno puede estar ligado, por una parte, al aumento de la proporción de células libriformes en la madera de verano (lámina IX, n.° 4) cuyas paredes son más gruesas que las de los otros elementos anatómicos. En corte transversal (lámina IX, n.° 1) las células del parénquima longitudinal se diferencian de las fibras por tener una pared más delgada, un lumen más importante y una forma rectangular. Este tipo de tejido se encuentra frecuentemente próximo a los grandes vasos de la madera de primavera. Los radios poseen, en corte radial, un aspecto característico (radios pluriseriados: lámina X, n.° 2; radios uniseriados: lámina X, n.° 3).

Caracteres anatómicos y funciones de las punteaduras intercelulares

Las punteaduras juegan un papel muy importante en los intercambios intercelulares mientras los tejidos están vivos en la albura (Bailey, 1932; Jacquinot, 1973). Son también importantes durante la duramización, en particular como vía de las sustancias polifenólicas sintetizadas por los radios y parénquimas, que impregnarán las paredes de los distintos elementos de la madera (Séller, 1992). Las punteaduras se definen como zonas donde solo persiste la pared celulósica; durante la lignificación la pared secundaria no se constituyó. Los plasmodesmos son elementos de intercambio entre células vivas (Catesson, 1980). Las punteaduras son, o bien abiertas, o bien obstruidas.

En la madera se distinguen dos grandes categorías de punteaduras, fácilmente reconocibles por sus formas:

- Punteaduras simples, que se encuentran en los vasos (lámina XI, n.° 1), en las fibras libriformes, en el parénquima longitudinal (lámina XI, n.° 3).
- Punteaduras areoladas, que se encuentran sobre todo en las fibras traqueídas (lámina XI, n.° 3) y más raramente en los vasos (lámina XI, n.° 2).

Generalmente las punteaduras simples son abiertas; contrariamente, las areoladas pueden no presentar microporos y por lo tanto no ser funcionales (lámina XI, n.° 4). La forma de la punteadura areolada está dada por una amplia separación circular de la pared secundaria que permite distinguir la pared primaria y la lamela media (lámina XII, n.° 1, 2 y 3; lámina XIII, n.° 1). La ruptura de continuidad de la lamela media permite la creación de un microporo (lámina XII, n.° 4). En las punteaduras simples, la pared secundaria no se ensancha, de forma que la punteadura aparece como una grieta o una perforación (lámina XII, n.° 5, 6 y 7; lámina XIII, n.° 2). En algunos casos el microporo puede estar obturado por un depósito calloso que muestra un aspecto muy diferente de la lamela media en MET (lámina XII, n.° 8).

Los plasmodesmos son considerados como sistemas activos de intercambios intercelulares, a la inversa de las punteaduras que permiten intercambios pasivos de líquidos. Por costumbre se dice que los plasmodesmos se encuentran entre las células vivas. Las células, una vez concluido su proceso de lignificación, están vacías y provistas de una pared secundaria importante (lámina XIV, n.° 1). Sin embargo, en el curso de la duramización, ciertas células especializadas (radios y parénquima longitudinal) producen sustancias fenólicas que deberán ser transferidas a los diferentes tejidos (vasos y fibras) impregnándolos (lámina XIV, n.° 2). Esto indica que los plasmodesmos existen en los tejidos de duramen, incluso aun no siendo funcionales. En tal situación corresponden a vestigios de la fase de duramización, cuando los tejidos de xilema murieron antes de finalizarse tal proceso. Pueden también encontrarse células aún llenas de sustancias de impregnación en los radios leñosos; de acuerdo con Nepveu (1991) se trata probablemente de taninos (lámina XIV, n.° 3 y 4). Los plasmodesmos carecen de perforación (lámina XIV, n.° 3), por lo que no permiten los intercambios gaseosos y probablemente no intervienen en la porosidad de la madera. Sin embargo, son importantes para comprender los mecanismos de difusión de los compuestos fenólicos de la madera en el curso de la crianza de vinos en barrica. Los plasmodesmos de la madera de corazón de *Q. robur* y *Q. petraea* son ramificados y frecuentemente se encuentran en las zonas donde la pared secundaria no se constituyó, señal de una lignificación incompleta. Algunos plasmodesmos no son funcionales como consecuencia de quedar recubiertos por la pared secundaria (lámina XIV, n.° 4).

En términos generales, parece que la mayoría de los plasmodesmos se mantienen abiertos y en el curso del proceso de empapado de los tejidos pueden permitir la difusión del contenido de las células en el medio. En corte longitudinal (lámina XIV, n.° 5) estos elementos parietales se caracterizan por la presencia de desmotúbulos que juegan el papel de canalización entre dos células (Gourret, 1987). Son a modo de cisternas de retículo endoplasmático que suministran las sustancias a transportar (Alibert *et al.,* 1977; Herdt y Wierman, 1978). El corte transversal muestra el canal formado por el microtúbulo en el centro del plasmodesmo (lámina XIV, n.° 6).

Morfología de los robles

Yemas

El roble posee tres tipos de yemas que determinan la forma que adoptará el árbol durante su edificación:

- Las yemas terminales, o yemas apicales, situadas en el extremo de los brotes o ramitas, acompañadas en su base de yemas secundarias que pueden desarrollarse si el brote terminal es dañado por secarse, caerse, ser arrancado o afectado por el hielo. Estas yemas son las responsables del aumento de la anchura de la copa del árbol y de su altura.
- Las yemas axilares, situadas a lo largo de los brotes o ramitas, a veces ocultas en la corteza de las ramas más viejas, pueden desarrollarse después de una poda severa del árbol.
- Las yemas adventicias, que aparecen después de heridas o en los tocones de árboles talados. Forman chupones.

Según las especies, las yemas son globulosas, ovoides, cónicas o fusiformes y de coloraciones variadas: marrón, rojo, amarillo. El interior de la yema está protegido por escamas espesas y duras.

Brotes (Ramitas del año)

Los brotes o ramitas son un buen medio de identificación de las especies. Para ello se observa la angulosidad, la separación de médula continua y discontinua, su coloración, su textura y el aspecto de las cicatrices foliares. En el género *Quercus,* el punto de unión de brotes demasiado delgados acaba por romperse; la ramita cae por su peso o el de un pájaro posado o bajo el efecto de la lluvia o del viento violento. En los jóvenes brotes del año puede apreciarse la presencia de vellosidad; algunas especies tienen brotes lisos.

Hojas

Como en viticultura, la hoja es un excelente medio para la identificación de la especie. Las hojas de roble son siempre simples y de tamaño medio. Algunas especies raras, como el *Q. denta* tienen hojas grandes, de 700 a 1.000 cm^2; otras, por el contrario, tienen hojas muy pequeñas: *Q. coccifera* posee hojas cuya superficie es inferior a 5 cm^2.

La forma de la hoja es variable entre especies e incluso entre clones. Las hojas de plantas jóvenes producidas por bellotas germinadas son también diferentes a las de los árboles adultos. Las hojas de individuos plantados en zonas secas y soleadas son más duras y pequeñas que las de individuos de zonas húmedas y sombreadas.

La mayoría de las especies europeas tienen hojas lobuladas, con lóbulos redondeados. Las especies americanas tienen hojas lobuladas (*Q. alba)* o dentadas (robles rojos).

Las hojas pueden ser lisas, como las de *Q. petraea,* o vellosas, como en *Q. lanuginosa.*

Prácticamente todos los *Quercus* poseen un peciolo que asegura la fijación del limbo a la ramita: muy corto en el *Q. robur* (2-8 mm), más largo en el *Q. petraea* (10-30 mm), muy discreto en *Q. farnetto* (< 5 mm) o particularmente desarrollado en *Q. grandis* (50-60 mm).

Flores

Las inflorescencias de los robles son complejas. Los amentos masculinos están dispuestos sobre la parte inferior de las yemas del año: es decir, en la base de los brotes o ramitas. Los amentos femeninos ocupan la parte superior, en la base de las hojas jóvenes formadas (Fig. 4).

Las flores masculinas, habiéndose formado en la yema durante la estación precedente, son colgantes. Los amentos femeninos son formados en el mismo año de su aparición y son menos abundantes que los masculinos.

En las especies europeas, *Q. petraea* y *Q. robur* en particular, los amentos son filiformes y amarillentos. Las flores femeninas son poco aparentes y provistas de tres estigmas rojos.

Frutos

El tamaño y forma de las bellotas son muy variados. Están contenidas en una cápsula coriácea, asentada *(Q. petraea)* o pedunculada *(Q. robur).*

Raíces

Los robles, por lo general, tienen un sistema radicular muy desarrollado, formado por una raíz principal pivotante y numerosas ramificaciones. Las raíces del roble son *micoríceas,* lo que permite al árbol recibir un complemento de sustancias minerales obtenidas del suelo por los hongos, los que reciben como intercambio agua y sustancias carbonadas producidas por la fotosíntesis (Fig. 5).

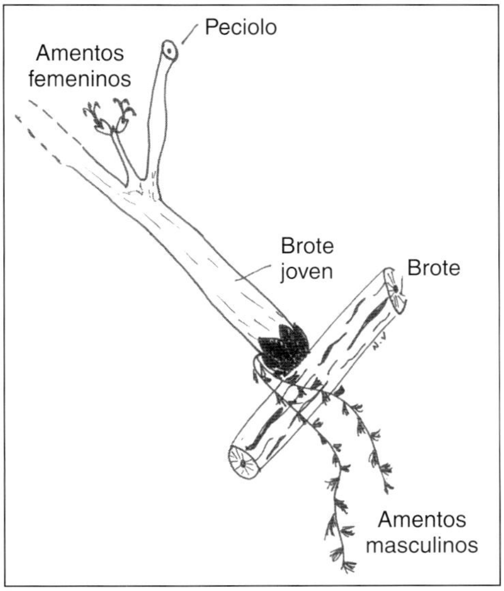

Fig. 4.–Morfología de la flor de roble. Disposición de las partes masculina y femenina.

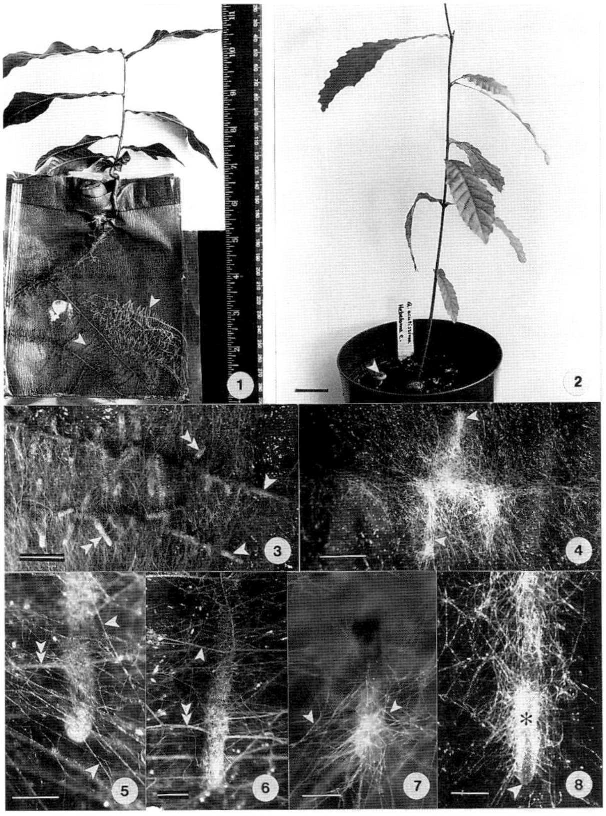

1,2, Morfología de las dos especies en estadio juvenil; 2 a 8, observaciones del afieltramiento micelar alrededor de las raíces (según Oh *et al.*, 1995, en *Trees structure and function*).

Fig. 5.–Micorización en *Q. acutissima* y *Q. serrata*, dos especies asiáticas.

El sistema radicular no presenta características distintivas; es el común a la mayoría de los árboles. Las plantas jóvenes forman inicialmente una raíz pivotante que permite el anclaje al suelo; en este estadio, el desarrollo piloso es escaso y la planta teme la sequía. Tras varios años, la raíz pivotante emite raíces laterales que rápidamente se hacen abundantes; el sistema piloso se desarrolla. El árbol puede entonces explotar convenientemente las disponibilidades minerales e hídricas del suelo y esto tanto mejor cuanto más importante sea la micorización.

FISIOLOGÍA DEL ROBLE

RITMO DE DESARROLLO Y ETAPAS FENOLÓGICAS

El roble es una planta perenne que debe asegurar tres funciones esenciales a su vida y a la perpetuación de la especie:

- **Ciclo vegetativo.** Cada año el roble da una biomasa vegetal compuesta por las ramas del año, las hojas, sistema radicular y alargamiento de las ramas existentes. Se trata de una expansión del individuo que coloniza el aire y el suelo.
- **Lignificación.** Es la etapa que marca el límite del crecimiento, el endurecimiento de las ramas herbáceas que toman un tinte marrón y se recubre de una corteza protectora. Se denomina, también, agostamiento. Durante esta fase el árbol constituye las reservas esenciales para su supervivencia a los rigores del invierno y para su desarrollo el año siguiente en tanto el sistema foliar no sea autónomo y capaz de suministrar los sustratos carbonados a toda la planta.
- **Ciclo reproductor.** Comprende la formación y desarrollo de las inflorescencias, la floración y la fecundación, seguidas por el crecimiento del fruto hasta que sea fisiológicamente apto para germinar.

Conviene precisar que estas etapas están en estrecha dependencia de las condiciones climáticas, del suelo y del cultivo y que cada una depende del buen desarrollo de la precedente.

En nuestros climas templados, el roble presenta un crecimiento caracterizado por etapas fenológicas muy importantes de conocer. Por orden de desarrollo se diferencian:

- **Etapa A:** letargo.
- **Etapa B:** inicio del crecimiento:
  - B1: crecimiento de las yemas.
  - B2: brotación.
  - B3: despliegue de las primeras hojas.
- **Etapa B*:** aparición de las inflorescencias femeninas y masculinas.
- **Etapa C:** crecimiento vegetativo:
  - C1: alargamiento de las ramas herbáceas.
  - C2: desarrollo de las hojas.
- **Etapa D:** detención del crecimiento.
- **Etapa E:** deshojado (amarilleamiento de las hojas).

La sucesión de etapas fenológicas en climas templados del hemisferio norte se representa en la figura 6. Para el hemisferio sur, las etapas están desplazadas seis meses. Respecto a los climas tropicales, se desarrollan durante todo el año, siendo el ciclo vegetativo continuo.

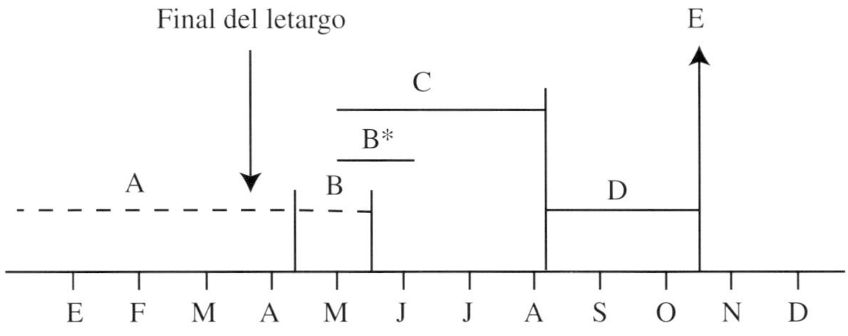

Fig. 6.–Ciclo vegetativo medio de los robles europeos en situación templada.

CICLO VEGETATIVO

Brotación

Es la primera manifestación visible del reinicio de la actividad del árbol. A diferencia de otras especies en las que la brotación se presenta ordenadamente desde los brotes inferiores a los más altos, en el roble se produce una aparición homogénea de todos los brotes sin orden aparente; no se produce en una sola vez sino escalonadamente durante 5 a 10 días en un mismo árbol. Similarmente, en un conjunto local de robles, hay individuos más precoces que otros. La fecha de brotación viene condicionada por la dulzura del clima y las condiciones de temperatura de la primavera determinan la precocidad del año. En regiones septentrionales europeas la brotación se produce a mediados de mayo, mientras que en las meridionales tiene lugar a mediados de abril.

Los brotes durmientes sólo inician la brotación tras una etapa previa de finalización del letargo invernal que ocupa varias semanas de exposición a temperaturas inferiores a 10° C. En los climas ecuatoriales y tropicales, la interrupción del letargo que permita el desarrollo de las ramas, es simulada por un periodo de sequía. Los robles adaptados a condiciones climáticas continuamente favorables al crecimiento no interrumpen su ciclo vegetativo. Estas especies no son de utilidad en tonelería.

Crecimiento y desarrollo

Son dos conceptos complementarios. El primero puede definirse como el aumento del árbol en talla y peso, función de la alimentación mineral e hídrica, de la competencia entre cepas y de las temperaturas durante el ciclo vegetativo. El crecimiento es medible; tiene en cuenta la parte herbácea superior y el crecimiento del diámetro del tronco. El segundo concepto es más cualitativo, caracterizado por la sucesión de las etapas fenológicas antes descritas, repartidas entre las fases A a E. El crecimiento y las condiciones de desarrollo son factores que dictan la edificación del árbol y su porte. Influyen en su desarrollo parámetros tales como la alimentación hídrica.

Crecimiento rítmico

Durante su periodo vegetativo, el roble presenta etapas de crecimiento separadas por varias semanas de interrupción del alargamiento de las ramas. Los periodos de crecimiento duran una media de 1 a 3 semanas. La figura 7 muestra el perfil de crecimiento de un lote de plantas jóvenes de *Q. lanuginosa* en 1993. Cada onda de crecimiento consta de tres periodos:

- **Organogénesis,** que asegura la formación de los tejidos, con una actividad meristemática intensa. Esta etapa está condicionada por la calidad alimentaria mineral, de agua y del estado sanitario del individuo.
- **Alargamiento del tallo,** que, a partir de la zona neoformada en las yemas apicales de cada rama, despliega sus dimensiones normales. Para el alargamiento de las ramas es vital la actividad fotosintética pues esta etapa es costosa en azúcares para la planta.
- **Crecimiento de las hojas** tras el estadio de plegado juvenil. Esta etapa exige materias proteicas por lo que se precisa una alimentación conveniente en nitrógeno.

Durante estos tres periodos, la organogénesis debuta para permitir la formación de un nuevo brote de rama herbácea. El número de varas depende de la edad del árbol, de la calidad de los factores climáticos y edafológicos, así como de la importancia de la producción de retoños a partir de yemas adventicias. En los árboles adultos las ramas solo presentan a menudo una sola fase activa bastante limitada, mientras que en los jóvenes se producen de 2 a 4.

Pasado el mes de julio, las ondas de crecimiento son raras, aunque el crecimiento llamado de San Juan puede ser más intenso que los demás.

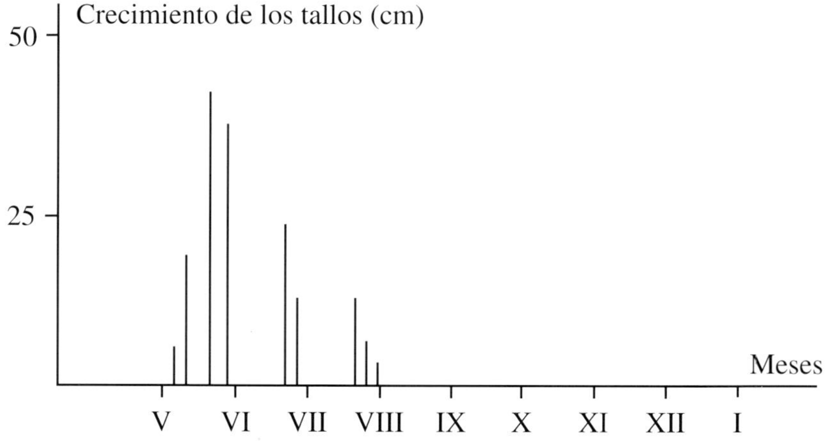

Fig. 7.–Crecimiento de plantas de *Q. lanuginosa* en tiesto.

Ramificación

El crecimiento de las plantas se efectúa a partir de las yemas apicales y laterales. Según su posición aseguran la exploración del espacio libre o la del espacio ya colonizado.

- **Las ramas de exploración** presentan una yema terminal y numerosas yemas laterales. El crecimiento da tallos herbáceos con entrenudos largos. Así las ramas de este tipo se ramifican activamente y ocupan el máximo de espacio.
- **Las ramas de explotación** tienen yemas laterales no viables y una yema apical. El único brote herbáceo es vigoroso, con un follaje denso y activo.

En el curso de la vida del árbol cada rama pasa por tres estadios obligatorios. Inicialmente, es la rama de exploración; el año siguiente, la rama de explotación; finalmente, alcanza el estadio de estabilización. La rama va haciéndose cada vez más gruesa o bien se deseca y cae: es el desramado natural. En los individuos muy viejos las ramas de exploración son infrecuentes. En forma esquemática se considera que en la fronda del árbol la parte superior está en fase de exploración, la parte media en fase de explotación y la parte inferior, cercana al tronco, en fase de estabilización y desramado.

Arquitectura de los robles

Los robles utilizados en tonelería presentan una estructura conforme al modelo de Rauh, botánico alemán propulsor de esta teoría común a varias plantas leñosas (chopo, fresno, etc.). Define la estructura de la fronda leñosa de los árboles acrótonos con crecimiento monopodial rítmico, con ramas ortótropas y floración lateral (Fig. 8).

La acrotonía da preeminencia a la brotación de yemas de la parte apical de las ramas; las yemas situadas más abajo se desarrollan más tardías o se mantienen inhibidas. Asimismo, en el gradiente de crecimiento, las ramas de la parte superior de la copa del árbol se desarrollan prio-

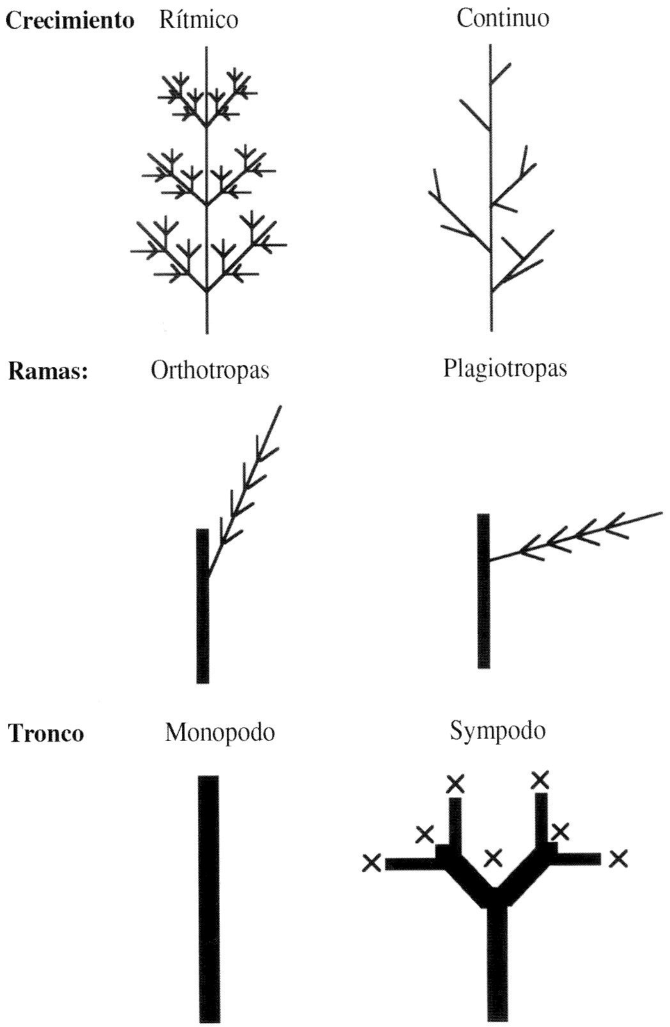

Fig. 8.–Representación esquemática del modelo de Rauh.

ritariamente. Se observa así en el curso del desarrollo del árbol un gradiente de brotación y de alargamiento de las ramas inferiores de la copa hacia arriba, de tal manera que las ramas más bajas acaban por degenerar y secarse; es el desramado natural. El copete, por su parte, continúa creciendo en dirección axial, siempre hacia la luz. En el crecimiento monopodial de los robles, las yemas apicales permanecen viables de un año al siguiente y permiten un desarrollo prioritario en altura, al contrario de los árboles de crecimiento simpodial, como los castaños, en los que la yema apical cae cada año favoreciendo el crecimiento lateral.

Las ramas herbáceas tienen una tendencia natural a desarrollarse en dirección próxima a la vertical, en dirección al sol. Por ello, aunque se produzca la decapitación de la parte alta de una rama, la yema situada justo debajo toma el relevo y da nuevamente a la ramificación una dirección próxima a la de la rama original. Es decir, cada rama del roble reproduce en pequeña escala la estructura del árbol que la soporta; la construcción se realiza por duplicación de este modelo; es el principio de la reiteración.

Dado que las yemas apicales se dedican a la edificación de la ramificación, la floración es el objeto de las yemas laterales y se denomina floración lateral.

El crecimiento rítmico corresponde a una ramificación por etapas; el crecimiento da un aspecto difuso a la estructura del árbol.

Desarrollo del sistema radicular

Las raíces de los robles no presentan carácter rítmico como el crecimiento de la parte aérea. Sin embargo, se aprecia un fenómeno de represión del crecimiento de las raíces durante el periodo de crecimiento activo de los brotes, ligado a un fenómeno de competencia y modificación del equilibrio hormonal.

El crecimiento radicular es función de la temperatura del suelo. Se retrasa respecto a la época de la brotación pero puede prolongarse hasta noviembre.

La micorización constituye una forma de simbiosis indispensable para el desarrollo del roble.

AGOSTAMIENTO

Lignificación

La lignificación se manifiesta por la parada más o menos rápida del crecimiento del árbol. Durante toda la fase de agostamiento, la actividad fotosintética de las hojas que se mantienen viables y exportadoras permite la acumulación de fuentes energéticas, principalmente de almidón que representa una forma interesante de almacenamiento de azúcares. Las partes del xilema reciente de la madera (albura) y de las raíces reciben un flujo de savia elaborada y acumulan azúcares (almidón). La coloración con yodo de cortes de ramitas permite visualizar la importancia de estas reservas de almidón (coloración azul intensa).

La mayor parte de los tejidos tiernos y herbáceos se lignificará y el espesor de las paredes celulares aumentará sensiblemente. Ya fue comentada anteriormente la interpretación histológica.

La activación del felógeno en el floema permite la impermeabilización de la parte de la ramita expuesta a la intemperie. La parte aislada por el corcho se seca progresivamente y los tejidos verdes del ramo herbáceo amarillean y se vuelven marrones. En las ramas más viejas y en el tronco se forma una capa de corteza suplementaria, desprendiéndose eventualmente las capas inferiores.

En la frontera entre albura y duramen se desarrolla un fenómeno importante y complejo, la duramización, que permite la acumulación de polifenoles en las partes muertas e inutilizables del tronco, asegurando una barrera contra el desarrollo de hongos y los ataques de insectos. Este fenómeno será estudiado en el apartado reservado a la composición de la madera de corazón.

Deshojado

Señala el final del agostamiento y el inicio de la fase de letargo. El envejecimiento de las hojas se produce entre final de septiembre y mediados de octubre, según las temperaturas y condiciones hídricas. Aunque las hojas amarilleen más o menos rápidamente, no se desprenden espontáneamente de la ramita. La caída es provocada por la lluvia o el viento. En algunos casos las hojas amarillas se mantienen hasta la primavera siguiente.

Ciclo reproductor

Formación de las inflorescencias

El roble es hermafrodita: posee las flores femeninas y masculinas en un mismo pie. Cuando el roble concluye su estadio juvenil, su fase activa de exploración, la actividad metabólica general del árbol se hace excedentaria; entonces puede empezar a fructificar. Ciertas zonas meristemáticas, bajo el efecto de equilibrios hormonales adecuados, se transforman progresivamente en inflorescencias. Es la iniciación floral. El mecanismo es complejo, condicionado por las circunstancias de vigor, temperatura, clareado, fertilidad propia de la especie, etc., hasta alcanzar una variable intra-población específica; incluso la posición de las yemas en la rama puede determinar su fertilidad.

En el plano histológico, la pre-manifestación floral aparece en la zona apical del meristemo de una yema lateral. El primordium, compuesto por un pequeño macizo de células con grandes núcleos, entra en multiplicación activa para formar la inflorescencia. La formación de las flores masculinas es anterior a la de las flores femeninas que son neoformadas en la reanudación del crecimiento vegetativo.

Fecundación

Cuando el ovario es fecundado, por ejemplo, en el caso del *Q. robur* un óvulo se desarrolla en detrimento de otros cinco. El grano formado engrosa desplazando a los otros óvulos no fecundados. En el *Q. rubra,* Cecich (1994) realizó un estudio detallado de la fecundación, señalando que se produce en dos tiempos que se inician en mayo del año n con la emisión del polen:

- El tubo polínico detiene su crecimiento cuando alcanza el estilo y los óvulos interrumpen su desarrollo: julio, año n.
- En mayo del año n+1, los óvulos reemprenden su desarrollo; en junio n+1 la fecundación tiene lugar, seguida por el desarrollo de uno solo de los embriones; los cotiledones engrosan y la bellota madura hasta septiembre n+1.

Las bellotas

La maduración de las bellotas se produce en otoño. Una vez maduras caen, dejando una cicatriz en el ramo. Antes de su germinación deberán experimentar un periodo de exposición al frío para permitir salir del letargo. Son necesarios unos 3 ó 4 meses a 4° C. La rehidratación es también indispensable y se practica al mismo tiempo que el salir del letargo, en un local húmedo, o por empapado tras el letargo a 20° C durante 48 horas.

ALGUNOS ELEMENTOS DE ECOLOGÍA DE LOS MACIZOS FORESTALES

NOCIONES DE ECOLOGÍA

La ecología es una ciencia que toma en cuenta todos los factores del medio y de sus diversas inter-relaciones. Los dos grandes bloques que constituyen los ecosistemas (sistemas naturales complejos y equilibrados estudiados por la ecología) son los factores abióticos, suelo y clima, y los factores bióticos, animales y vegetales.

El bosque es una de las formas más completas de un ecosistema. Representa, además, uno de los motores de la evolución del conjunto. Con frecuencia se olvida en la definición de estos medios naturales el factor tiempo, aun cuando juega un papel esencial. Los ecosistemas están en constante movimiento, evolucionando hacia una forma estable llamada clímax. Este concepto es definido por los fitosociólogos como una vegetación estable (a menudo un macizo forestal) característica de un medio ambiente dado (clima y suelo) no alterada por la influencia del hombre. Los cinco factores que definen este movimiento evolutivo son los siguientes:

- *El clima:* la sucesión de periodos fríos y cálidos y el volumen de las precipitaciones orienta la evolución climática y determina la velocidad de progresión hacia el clímax. Los climas extremos, demasiado frío o demasiado cálido y seco, corresponden a evoluciones lentas, lo contrario de los climas cálidos y húmedos que confieren mayor actividad al ecosistema.
- *Influencia de la roca madre:* afecta a un tipo particular de evolución, sobre todo en los suelos jóvenes. Cuanto más envejece el suelo más profundo se hace y menos influencia en su evolución tiene la roca madre.
- *El relieve:* condiciona los mecanismos del flujo de las aguas, formación de arroyos, así como, en menor medida, la temperatura (favorece las zonas mejor o peor expuestas al sol).
- *La vegetación:* determina en forma importante la naturaleza del suelo, del tipo de humus producido, sobre todo cuando se trata de una vegetación bien implantada en un suelo suficientemente evolucionado. Así, un bosque de árboles frondosos da una materia orgánica más dulce que un bosque de árboles resinosos, que produce un humus ácido.
- *El tiempo:* es decir, la sucesión de estados de evolución y su respectiva duración.

Estos factores fueron puestos de relieve por Dokutchaiev, que mostró en la ex URSS la sucesión de suelos en bandas casi paralelas, repartidas en función de las condiciones climáticas y del tipo de vegetación característico. En Francia pueden diferenciarse tres grandes clímax climáticos. El primero, bajo la influencia oceánica, ocupa una gran parte del territorio. La vegetación está representada principalmente por los robledales, sobre suelos marrones con humus neutro o sobre suelos marrones lavados. El segundo, bajo la influencia mediterránea, posee una vegetación de robles verdes o robles de corcho (alcornoques) esparcidos sobre suelos marrones o rojizos. El tercero, el tipo montañero, es más variable al estar influido por la altitud: primero, el hayedo sobre suelo marrón lavado; más alto, el pinar sobre podzol.

Importancia de las condiciones edáficas

Es sabido que la vegetación influye en la naturaleza de los suelos por la intermediación del tipo de materia orgánica que produce; pero también la roca madre participa en la evolución del conjunto suelo/vegetación. Incluso en los suelos antiguos, en los que la influencia directa de la roca madre es limitada, ésta puede influir por la topología. Así, el relieve local influencia simultáneamente la radiación global recibida, la temperatura, la humedad y los movimientos de agua en el suelo. Ciertas rocas madres son más activas que otras sobre el suelo y la vegetación. Una roca madre calcárea orienta rápidamente la naturaleza de la vegetación, más bien calcífola y de humus muy alcalino. Una roca madre particularmente impermeable, con un perfil cóncavo, favorecerá el estancamiento del agua y una vegetación pantanosa o palustre; la materia orgánica resultante será la. turba o humus obtenidos en situación anaeróbica. Por lo tanto, la primera clave para la obtención del clímax es la asociación roca madre/humus producido por una vegetación particular.

La roca madre y la formación del humus

El clima moderado, sobre suelos ácidos o semi-ácidos (pH agua 4,5-5,5) bajo frondosas, produce humus forestal mullido cuya velocidad de formación (humificación) es rápida –sin acumulación de pajaza, como es el caso de los suelos ácidos bajo resinosas– y cuya velocidad de mineralización, igualmente rápida, es consecuencia de una excelente actividad microbiana del suelo.

En este tipo de humus, el hierro liberado de la alteración de los silicatos en forma de cationes metálicos, se fija sobre coloides electronegativos del humus y de la arcilla. Esto favorece el proceso de humificación por insolubilización de sustancias pre-húmicas y formación precoz de ácidos flúvicos y húmicos. Similarmente, la formación del complejo arcillo-húmico se inicia por el puenteo entre el hierro en forma de hidróxido, la arcilla y los compuestos húmicos. De todo ello resulta la formación de suelos color marrón característico.

La presencia de calcáreo activo modifica sensiblemente la evolución de la materia orgánica. El calcáreo activo ($CaCO_3$) actúa principalmente secuestrando compuestos del humus; ralentiza el proceso de humificación y protege eficazmente el humus de procesos de desmineralización; así, el humus se acumula en el suelo en una forma descrita como «mull» cálcico.

En función de valores de pH intermedios, se encuentran todos los casos posibles entre los dos extremos descritos:

- Sobre suelo muy ácido ($pH_{agua} < 4,5$): Humus Mor (pH < 4), Moder (pH 3,5-4,5).
- Sobre suelo calcáreo (pH > 5,5): Mull mesótropo (pH 5,5), Mull eutrofo (pH 6,5), Mull cálcico (pH 7,5), Mull carbonatado (pH > 7,8).

La vegetación y la formación de humus

Los vegetales se clasifican en tres categorías: especies mejorantes, que producen restos ricos en nitrógeno, tales como aliso, falsa acacia, fresno, o las gramíneas y leguminosas y que tras humidificación producen mull; especies acidificadoras, que dan restos pobres en nitrógeno y ricos en sustancias insolubles, tales como las especies resinosas y ericáceas (brezo, arándanos) cuya descomposición lenta da lugar a humus tipo «mor» o «moder»; especies intermedias, como el roble y las hayas, que según las condiciones del medio dan humus «mull», «moder» y a veces «mor» (las hayas).

El sistema radicular, el agua en el suelo y los minerales

El último factor edáfico, indirecto, está ligado a la explotación del suelo por el sistema radicular del árbol. Comprende el agua y los minerales. La primera es función de la compacidad y el relieve del suelo; los segundos son función de la naturaleza de la roca madre. Ambos factores están ligados al contenido en arcilla y humus.

A fin de confirmar la calidad de la explotación del suelo por el sistema radicular de los árboles, es indispensable recurrir a catas pedológicas suficientemente profundas. Incluso, cuando es posible, se recurre a examinar los árboles caídos tras una tormenta. En el caso de tempestad, los árboles caen en una zona bien delimitada. El examen atento del suelo rebela la existencia de capas más o menos profundas, de un lecho que constituye un obstáculo para las raíces. Sobre la masa salida de la tierra junto con el árbol, se observa el diámetro y dirección de las raíces más gruesas y la eventual existencia de una dirección dominante. Se observa, asimismo, si el enraizamiento es pivotante o trazador. Cuando existe un obstáculo para el enraizamiento a poca profundidad, la masa radicular es difusa y no se visualiza un pivote dominante. Pero los perfiles pedológicos son mucho más informativos. En particular permiten conocer la proporción de raíces por horizonte (zonas de humus, zonas arcillosas, zonas de grava o guijarros, zonas impermeables, bolsas arenosas filtrantes, acumulaciones de concreciones férricas o calcáreas, etc.), determinar la intensidad de la explotación del suelo y de los horizontes más o menos ricos, y estimar los fenómenos de competición entre árboles o la influencia de una zona especialmente rica o pobre en minerales.

Además del estudio de las condiciones estáticas de la sucesión de capas constitutivas del suelo, es posible estudiar un fenómeno más puntual, la hidromorfía: después de grandes precipitaciones, en el suelo se acumula agua libre estancada durante días o semanas. Este fenómeno está en relación con la existencia de una capa impermeable o de un suelo especialmente compacto o rico en compuestos hidrófilos, tales como arcillas y limos. Si la hidromorfía se repite regularmente, el enraizamiento resulta afectado. La masa radicular se localiza bajo esta zona de agua para beneficiarse sin estar afectada por las consecuencias; asfixia, por ejemplo. Pero en un periodo seco, como las raíces no explotan el suelo suficientemente, el árbol puede sufrir de falta de agua, incluso morir. También hay que considerar que la hidromorfía reorienta la evolución de los suelos con la creación de capas de reducción a arcilla azul y amorotamientos característicos de estos horizontes, ligados a la presencia de hierro reducido que da su coloración a la arcilla.

Autoecología de los robledales

Los robles son especies sociales, reagrupadas en vastas masas forestales, ligadas en parte al modo de diseminación. Cada especie posee exigencias propias, por lo que las condiciones climáticas y el suelo son los principales factores limitantes de su extensión. El hombre también ha contribuido a limitar la existencia del robledal al haberlo utilizado para sus necesidades.

Si se toma en su conjunto la familia *Quercus,* se observa que se trata de un grupo muy bien adaptado a las necesidades del medio, puesto que se encuentran especies en terrenos pantanosos *(Q. palustris, Q. phellos o Q. velutina)* o en terrenos secos, casi áridos *(Q. suber, Q. prinus).* Se la encuentra también en zonas tropicales de Asia o de América central *(Q. lindeni, Q. erioclada, Q. chevalieri)* e igualmente en zonas montañosas, hasta altitudes de 2.700 metros. En la cordillera de los Andes son frecuentes *Q. tolimensis y Q. irazuensis.* En la misma región, autores como Camus identifican la presencia de *Q. citrofolia* a 2.600-2.900 metros. Así pues, los robles se adaptan a todos los grandes tipos de clima y a los principales clímax.

Limitaremos nuestro estudio a los principales robles europeos, particularmente *Q. robur* y *Q. petraea.* El roble pedunculado es más propiamente un árbol de llanura, en tanto que el roble sessile es más propio de situaciones más elevadas, encontrándose en mesetas, colinas o a poca altura en montañas mezclado con las hayas. Estas especies están adaptadas al clima medio caracterizado por temperaturas altas y bajas no extremas. En las zonas donde el relieve es importante, los robles se encuentran preferentemente en las vertientes soleadas. Estas dos especies no están adaptadas a la sequía, particularmente el pedunculado que es especialmente sensible a ella. En los últimos años, en que se han dado condiciones de precipitación escasa varios años seguidos, un gran número de robles pedunculados han muerto. En el caso de replantaciones de roble en Europa occidental es más recomendable el roble sessile por ser menos exigente que el pedunculado y por tanto más generalizable en diversidad de medios. Una de las aptitudes más notable del roble sessile es su capacidad de enraizar en suelos arcillosos; pocas maderas tienen esta capacidad, pues estos suelos son pesados en su mayor parte, con frecuentes riesgos de asfixia o de reducción. De hecho, el roble sessile se adapta a todos los medios, independientemente de su equilibrio mineral, a poco que exista reserva de agua disponible durante su ciclo vegetativo. Sin embargo, en terrenos arenosos o limosos profundos, en los que las reservas de agua están muy limitadas, cualquier déficit pluviométrico continuado varios años puede tener un efecto nefasto; en tal situación, el roble sessile puede decaer rápidamente. Al contrario que el roble sessile, el roble pedunculado es mucho más exigente; en particular, su alimentación de agua debe ser constante; toda interrupción, aunque solo sea de unas semanas, puede ser nefasta. Es más exigente en minerales y prefiere suelos de pH 6; aunque soporta bien los suelos calcáreos, se adapta mal a los contenidos elevados en carbonatos; por ello, los suelos con calcáreo activo elevado no son terrenos adecuados. El roble pedunculado tiene un crecimiento más rápido que el sessile, básicamente por sus exigencias en agua y minerales asimilables.

Resumiendo, las condiciones favorables para estas dos especies son, respectivamente:

- Para el roble sessile, terrenos secos a húmedos, una materia orgánica (humus) de tipo «moder» (ácida, pH_{agua} 3,5-4,5) a tipo «mull» carbonatado (calcícola, pH_{agua} 7,5-7,8).
- Para el roble pedunculado, terrenos medios frescos y húmedos, sin exceso de agua; una materia orgánica tipo «mull» carbonatado (suelo débilmente calcícola, pH_{agua} 5,5-7,8).

El papel de los pájaros (arrendajos) en la diseminación de las bellotas

El arrendajo de los robles *(Garrulus glandarius)* mantiene relaciones privilegiadas con el roble, particularmente con el roble pedunculado; los árboles le proveen de sustento y cobertura y en contraprestación el pájaro asegura su regeneración en varios kilómetros.

Los robles no tienen posibilidad de migración importante por sí mismos; la caída de las bellotas al suelo sólo permite desplazamientos de unos pocos centímetros. Sin embargo, su distribución geográfica se ha modificado notablemente en el curso de los siglos. Han sido necesarios 6.000 años para que los robles sessile y pedunculado, partiendo de las zonas refugio de los periodos glaciares (sur de España, Italia y Turquía) recolonizaran toda Europa hasta Escandinavia y las llanuras pre-urálicas de Rusia. Un cálculo simple permite estimar el desplazamiento en unos 7 km/año, teniendo en cuenta las variaciones entre años y el hecho de que el roble sólo es fértil cumplidos quince años.

Para explicar la rapidez e importancia de la expansión, la simple caída de las bellotas resulta insuficiente, como lo es también la diseminación por los pequeños y grandes mamíferos. Los primeros (ardillas, ratones de campo...) entierran las bellotas en la proximidad de los árboles, bajo un tronco o una piedra que impiden el desarrollo normal de una planta; los segundos destruyen completamente la bellota en la masticación y digestión. Entre los pájaros hay un primer grupo (faisanes, palomas) que consume directamente las bellotas y las destruye; un segundo grupo dispersa las bellotas ya sea escondiéndolas en el subsuelo o bajo la superficie del suelo en zonas despejadas. En este último grupo se encuentran algunos córvidos, entre ellos el arrendajo europeo y americano.

El pájaro selecciona las bellotas que almacenará. Su atención es atraída por el color: elige las bellotas maduras marrones y aparta las verdes; rechaza las enfermas y demasiado pequeñas y parece preferir las de roble pedunculado a las de roble sessile. Las bellotas largas y afiladas son sus preferidas. Está claro que el arrendajo realiza una verdadera selección de semillas de calidad (peso y forma) aptas para germinar (maduras y sanas).

DIVERSIDAD DE ROBLES EN EL MUNDO

El roble pertenece al género *Quercus* que agrupa más de 250 especies de árboles y arbustos correspondientes a 800 taxonomías. La mayor parte de las especies se distribuyen en las zonas templadas del hemisferio norte (Fig. 9).

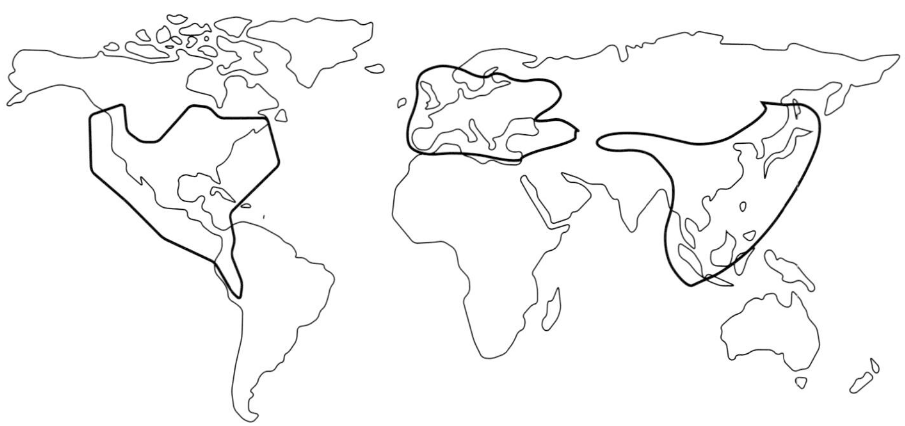

Fig. 9.–Área natural de distribución del género *Quercus*.

POSICIÓN SISTEMÁTICA

Los robles se agrupan dentro de la rama de los espermatofitos, subrama de las angiospermas dicotiladas y en la familia *Quercus.*

El género *Quercus* se subdivide en subgéneros cuya repartición geográfica se da en la figura 10.

- Subgénero *Cyclobalanopsis,* que comprende las especies tropicales y algunas especies originarias de Asia y Malasia. Los *Cyclobalanopsis* tienen una cúpula provista de escamas concéntricas, óvulos abortados situados en la parte inferior del fruto.
- Subgénero *Euquercus,* presente en Asia central, India, Afganistán, Irán, además de la periferia mediterránea; se le encuentra también, desde Canadá hasta Colombia.

El subgénero *Euquercus* comprende seis secciones *(Cerris, Mesobalanus, Lepidobalanus, Macrobalanus, Protobalanus* y *Erythrobalanus).*

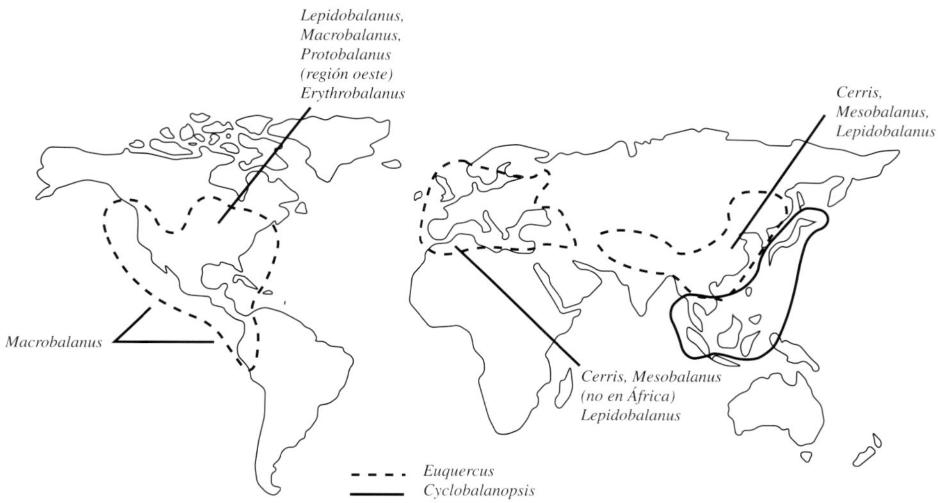

Fig. 10.–Área natural de distribución de los subgéneros *Cyclobalanopsis* y *Euquercus*.

Claves de subgéneros y secciones

A continuación se dan las claves de reconocimiento establecidas por Camus (1936) para las secciones del subgénero *Euquercus:*

A. Cúpula provista de zonas concéntricas; endocarpio muy tomentoso:
Óvulos apicales abortados .... s/género *Cyclobalanopsis.*

B. Cúpula provista de escamas .... s/género *Euquercus.*
Óvulos abortados basilares o laterales.

- Estilos alargados, lineales; escamas de la cúpula alargados; endocarpio a menudo tomentoso .... Sec. *Cerris.*
- Estilos hinchados en la cúspide.
  - Estilos largos a mediocres .... Sec. *Mesobalanus.*
  - Estilos cortos o inexistentes.

    Endocarpios nada o poco tomentosos.

    Cotiledones iguales; radículo vertical .... Sec. *Lepidobalanus.*

    Cotiledones desiguales; radículo oblicuo .. Sec. *Macrobalanus.*

    Endocarpios tomentosos .... Sec. *Protobalanus.*

Óvulos apicales abortados.

- Estilos alargados, espatulados en la cima.

  Endocarpio muy tomentoso .... Sec. *Erythrobalanus.*

Caracteres generales de los *Quercus*

Son árboles o arbustos con raíces que penetran profundamente el suelo, trazadoras en algunas especies. Su tronco es recto y elevado, ramificándose a cierta altura o desde la base, adquiriendo entonces un aspecto de matorral.

Las yemas laterales son redondeadas u ovoideas, más o menos alargadas. Las yemas apicales son más gruesas y grandes. Las yemas están protegidas por escamas dispuestas en 4 ó 5 series longitudinales desnudas o pubescentes.

Las hojas son más o menos alargadas, pecioladas, dobladas longitudinalmente en la yema, alternas y en espiral según un índice de filotaxia 2/5 para las plantas jóvenes, como la viña; es decir, hay que dar dos vueltas completas alrededor del tallo para reencontrar una hoja exactamente superpuesta a la tomada como referencia y que hacen falta 5 hojas para llegar a esta superposición. Las hojas son persistentes o caducas, de formas variadas, desnudas o pubescentes.

Las flores son unisexuadas, a veces incompletamente hermafroditas, anemófilas, dispuestas en amentos. Los amentos son unisexuados, raramente andróginos.

La cúpula que rodea primero el ovario y luego la glándula (bellota) está formada por escamas de forma y disposición diversa.

El fruto es ovoideo, obovoideo, oblongo, elipsoidal o turbinado, a menudo umbilicado. Es apiculado en su cima, unido a la cúpula por una base o por un umbilico aplanado.

Las plántulas están unidas a la cara interna de los cotiledones; su germinación es frecuentemente hipogea.

Algunas especies comunes

Entre las numerosas especies del género pueden señalarse algunas identificadas en Francia y otros países; algunas son utilizadas en tonelería en Francia (subrayadas) en Europa (subrayado doble) y en EE.UU. (subrayado discontinuo):

- S/género *Cyclobalanopsis: Q augustinii, Q. glauca, Q. semiserrata, Q. stenophilla.*
- S/género *Euquercus:*
  - Sec. Cerris: *Q. cerris, Q. suber, Q. coccifera.*
  - Sec. Mesobalanus: *Q. dentata, Q. pontica.*
  - Sec. Lepidobalanus: *Q. alba, Q. garryana, Q. illex, Q. lanuginosa, Q. macrocarpa, Q. petraea, Q. robur, Q. stellata.*
  - Sec. Macrobalanus: *Q. insignis, Q. oocarpa.*
  - Sec. Protobalanus: *Q. chriysolepsis, Q. vaccinifolia, Q. wilcoxii.*
  - Sec. Erytrobalanus: *Q. agrifolia, Q. falcata, Q. velutina, Q. rubra, Q. shumardii, Q. wislizeni.*

Así pues, las principales especies de robles utilizadas en tonelería pertenecen al subgénero *Euquercus* y a la sección *Lepidobalanus*. Otras especies potencialmente utilizables en tonelería deberán buscarse en esta sección. Debe indicarse que *Q. rubra (Erythrobalanus)* es utilizable para la construcción de fudres de gran capacidad, pero impropia para la crianza de vinos.

Clasificación de* Quercus *basada en la forma de las hojas

Según Camus (1936) la forma de las hojas puede clasificarse en 5 tipos fundamentales:

- El tipo acebo de hojas duras, a menudo perennes, de bordes internos enteros o dentados, con dientes vulnerantes.
- El tipo hoja de laurel, enteras, persistentes, con nervaduras a distancias regulares, curvadas, casi paralelas (casi todo el subgénero *Cyclobalanopsis* y algunas especies de la sección *Erythrobalanopsis).*
- El tipo castaño, de hojas con dientes agudos, regulares, con nervaduras laterales paralelas, a menudo rectilíneas, igualmente distantes (frecuente en la sección *Cerris, Mesobalanus* y algunas especies de la sección *Lepidobalanus* pertenecientes a la subsección *Prinoideae*).
- El tipo de hojas caducas, lóbulo-dentadas, con dientes largos, nervaduras laterales desigualmente distantes (frecuente en la sección *Erythrobalanus*).
- El tipo de hojas recortadas, caducas, con nervaduras a menudo desigualmente espaciadas y con nervaduras intercaladas (frecuente en la sección *Lepidobalanus).*

La figura 11 recoge el perfil de algunas hojas de *Quercus.*

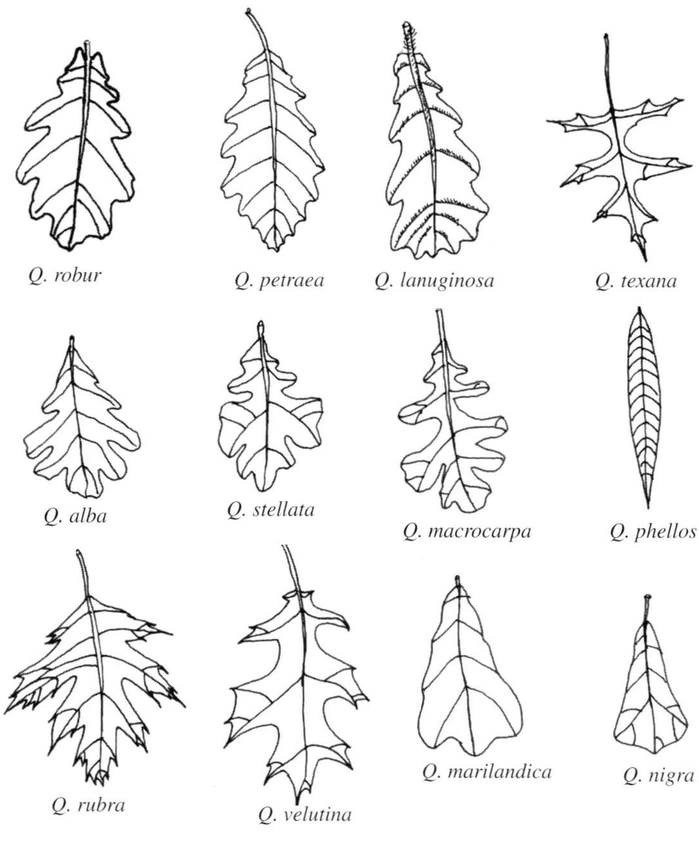

Fig. 11.–Hojas adultas de algunas especies de robles.

Caracteres distintivos de los robles y de los géneros próximos

El estudio atento del género *Quercus* revela a veces una gran similitud morfológica con géneros próximos. Así ocurre con los géneros *Castanea* (castaño), *Castanopsis* y *Lithocarpus*. Esta similitud se explica parcialmente por su proximidad filogénica. Sin embargo, en la mayor parte de los casos, las especies europeas son muy fáciles de distinguir, lo que no ocurre con las asiáticas en las que es fácil equivocarse y para las que los especialistas encuentran dudas en la clasificación de algunos individuos.

A título informativo, las grandes características que permiten distinguir los robles de los géneros próximos son:

• *Quercus*

Hojas caducas o perennes, amentos masculinos colgantes, flores femeninas posicionadas en partes diferenciadas, cúpulas aisladas, simétricas, con escamas o con playas salientes, ovarios con 3 celdillas (en el estudio particular de este género se darán más detalles).

• *Castanea*

Hojas caducas, amentos masculinos en panículos, flores femeninas en la base de los amentos masculinos, cúpulas envolviendo 7 flores simétricas, ovarios con 6 celdillas.

• *Castanopsis*

Hojas persistentes, amentos masculinos frecuentemente en panículos, flores femeninas frecuentemente en partes diferenciadas, cúpulas rodeando de 1 a 3 flores, de forma asimétrica, provistas de aguijón espinoso o con salientes ondulados con pequeñas espinas, ovarios con 3 celdillas.

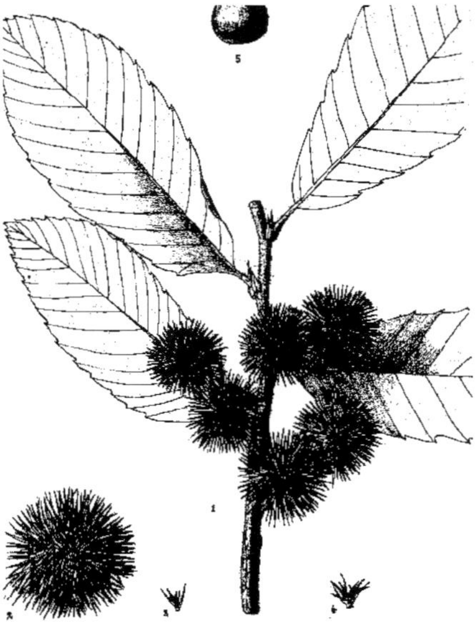

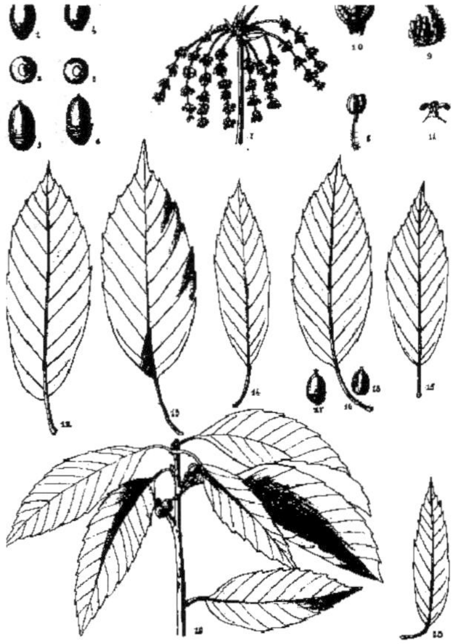

Láminas extraídas de las monografías de *Quercus* (1934) y de *Castanea* y *Castauopsis* (1929) de Camus.

Fig. 12.–Ilustración de las posibilidades de confusión entre géneros próximos. Ejemplo de *Castanea* (izquierda) y *Quercus* (derecha).

• *Lithocarpus*

Hojas persistentes excepto raros casos, amentos masculinos frecuentemente en panículos, flores femeninas en zonas diferenciadas, cúpulas de 3 a 6 flores soldadas, raramente aisladas, de formas simétricas, provistas de salientes o de escamas, ovarios de 3 celdillas.

Para constatar las posibilidades de confusión entre géneros –aparte la observación de los frutos– se reproducen en la figura 12 diseños realizados por Camus (1934) de *Castanea mollissima* y *Quercus glauca.*

Género *Quercus*

Quercus (TURNEFORT, *Inst.* I, 582, t. 349, 1700) L. *Syst. pl.* ed. 2, II, p. 994 (1753); WILLD. *Spec.*, IV I; p. 423; GAETNER *Fruct.*, I, t. 37; LAMK *Dict.* I, p. 715; *Suppl.*, II, p. 209; Ill., t. 779; SCHKUHR *Handb.* t. 301; 302; NEES *Gen.*, II p. 23; SPACH *Suites à Buffon,* XI, p. 145; ENDL. *Enphiridion Botanicum,* n° 1845, p. 160; *Mantissa botanica Suppl.*, IV, p. II, p. 24 (excl. *Indicae, Sundaicae, Chlamydobalanus, Cyclobalanus*); SCHACHT *Beitr.*, I, p. 36, t. 3; *Der Baum,* t. 3; PAYER *Fam. nat.*, p. 164; A. D.G., in SEEM. *Journ. Bot.* (1863), p. 182; in *Ann. Sc. Nat.* ser. 4, XVIII, p. 49; PRODR. XVI, part. II, p. 2 (excl. sec. *Panasia, Cyclobalanus, Lithocarpus*); BAILLON *Histoire des plantes,* VI, p. 227, 256 (1877) (excl. syn. *synaedris, Lithocarpus); Diction.* I, p. 776; BENTHAM & HOOKER *Genera,* III, I, p. 407 (excl. sec. *Panasia, Synaedrys, Cyclobalanus, Chlamydobalanus, Lithocarpus*); DURAND *Ind. gen. phaner.*, p. 381 (excl. sec. *Panasia, Chlamydobalanus, Lithocarpus*); PRANTL in ENGLER & PRANTL *Die naturlichen pflanzenfamilien*, III; I, p. 55 (1894); SCHEIDER Ill. *Handb. Laubh.*, I, p. 161 (1906); ASCHERS. & GRAEBN. Synops., IV, p. 445; BOISSIER *Fl. orient.*, IV, 2, p. 1162; POST & KUNTZE *Lexic. gen. Phanerog.*, p. 474 (excl. sec. *Panasia, Lithocarpus, Cyclobalanus, Chlamydobalanus*); LEMÉE *Diction. genres,* V, p. 719; *Erythrobalanus et Macrobalanus* SCHWARZ in *Notizbl. Bot. Gart. u. Mus. Berlin*, XIII, n° 116, p. 8 (1936); CAMUS *Mon. genr. Quer.*, I, II, III (1934-1949); JACQUIOT, TRENARD & DIRIOL *Atl. ana. bois angios.*, p. 114-123 (1973).

ESTUDIO DE ALGUNAS ESPECIES IMPORTANTES

La importancia de la especie está dada ya sea por la extensión de la masa forestal o por el empleo que se hace de ella en tonelería. Se considerarán cuatro grandes grupos definidos por su origen geográfico: robles franceses, robles de la Europa del este, robles americanos y robles asiáticos. En el capítulo dedicado a la «selección y preparación de las maderas destinadas a tonelería» se verá un modo de clasificación de los robles basado en el grano (velocidad de crecimiento del árbol), en cierta manera una aplicación tecnológica de los conocimientos adquiridos.

Los robles franceses

En el resto de la obra se comentará prioritariamente la calidad de las maderas francesas y los modos de explotación silvícola. Asimismo, los robles franceses se utilizarán como referencia comparativa de otros macizos forestales mundiales.

Bajo un punto de vista más bien botánico, se analizan las especies principales.

El roble sessile

Nombres científicos: antiguamente *Quercus robur* L.; *Quercus petraea* Liebl., sin. *Q. sessiliflora* Salib., *Q. sessilis* Ehrh.

Nombres comunes: Roble, Roble sessile, Roble macho (Fr.); Sessile oak, Durmast oak (G.B.); Traubeneiche (Al.); Roble albar, Roble albero, Roura (Esp.); Rovere (It.).

Nombres regionales: Roble sessile, Roble ramilletes, Roble negro, Drille o Drillard (en Compiègne).

El roble sessile se extiende por la mayor parte de Europa; se encuentra más frecuentemente en el norte del continente que en el sur, donde es menos frecuente, aunque algunas poblaciones se encuentran en Turquía, Crimea, Cáucaso y sudeste de Córcega. Se encuentra hasta 1.600 m de altura.

El roble pedunculado

Nombres científicos: antiguamente *Quercus robur* L.; *Quercus robur* L. sin. *Q. pedunculata* Ehrh.

Nombres comunes: Roble pedunculado, Roble femenino (Fr.); Common oak, Pedunculata oak (G.B.); Steileiche (Al.); Roble común, Roble pedunculado, Carballo (Esp.); Farnia (It.).

Nombres regionales: Roble blanco (Gascuña y Picardía), Châgne (Centro).

El roble pedunculado tiene un área de repartición más amplia que el roble sessile; cubre Europa casi completamente, desde Irlanda a los Urales. Se le encuentra hasta una altitud de 1.600 m.

El roble pubescente

Nombres científicos: antiguamente *Quercus robur* L. var. *pubescens; Quercus pubescens* Willd.; *Q. lanuginosa* Thuill.

Nombres comunes: Roble pubescente (Fr.); Pubescent oak (G.B.); Flaumhaarige Eiche, Flaum eiche (Al.); Encina pubescente (Esp.); Roverella, Quercia pubescente; Suercia lanuginosa (It.).

Nombres regionales: Roble blanco (en Provenza); Roble trufero.

El roble pubescente es más bien una especie mediterránea, localizada principalmente en el sur de Europa, en España e Italia. Se extiende hacia Crimea y Asia menor. En Francia se localiza en los Alpes meridionales, Alpes de la alta Provenza, Provenza, Vaucluse, Languedoc-Rosellon, incluso en la región parisiense. Puede desarrollarse hasta altitudes de 1.500 m.

Principalmente implantado en terrenos secos y pobres, se adapta a los terrenos calcáreos más cálidos que los silíceos. En las zonas más cálidas del Mediterráneo es reemplazado por el roble verde *(Q. ilex)*. Exigente en luz, sólo crece correctamente en poblamientos diseminados y clareados; produce fácilmente ramas desde la base. El árbol adulto tiene una altura máxima de 20 metros, un porte desplegado y de crecimiento irregular, por lo que su madera es muy irregular. Es fácil confundirlo con el roble sessile.

La madera obtenida de esta especie es de mediocre calidad. Los troncos son irregulares y nudosos. Sus dimensiones son a menudo limitadas y tienen bajo rendimiento en el hendido. Los bosques de mejor calidad son los de los Apeninos en Italia central. La madera es rica en tejido fibroso (madera de verano abundante), por lo que es densa y poco porosa (densidad 750 a 800 kg/m^3 a 12 % de humedad).

El roble piloso

Nombre científico: *Quercus cerris* L.

Nombres comunes: Roble velludo (Fr.); Turkey oak (G.B.); Zeirreiche, Burgunder eiche (Al.); Encina velluda (Esp.); Cerro (It.).

Nombres regionales: Roble de Borgoña, Lombardo (en el Doubs), Roble cerris.

A diferencia de las tres especies anteriores, se trata de un roble rojo europeo. Este roble se encuentra en el sudeste de la Europa meridional, de España a Italia, prolongándose su presencia hasta los Balcanes y Asia menor. En Francia se localiza en el Doubs (región de Besançon) a veces mezclado con los robles pedunculados y sessiles en el Jura y Alpes marítimos.

Es un árbol alto (30 m) de tronco recto y copa muy desarrollada. Su madera tiene una coloración rojiza muy pronunciada. Con frecuencia el grano es muy grueso por lo que la madera es muy dura y de elevada densidad (hasta 900 kg/m^3, a 12 % de humedad). Su secado es muy delicado, pues la madera se agrieta fácilmente.

El roble tauzin

Nombres científicos: *Quercus toza* L.; *Quercus toza* Bosc; *Q. pyrenaica* Willd.

Nombres comunes: Roble tauzin, Roble de los Pirineos (Fr.); Pyrenean oak (G.B.); Pyrenaish eiche (Al.); Carballo, Cerquino, Tucio (Esp.); Quercia lanosa (It.).

Nombres regionales: Roble rojo, Roble dulce, Roble de Angulema, Roble negro (Landas).

Al igual que el roble velludo, es un roble rojo europeo, concentrado principalmente en el oeste europeo: sudoeste de Francia, España y Portugal. Se le encuentra en tierras pobres y poco calcáreas. Retoña abundantemente. Es un árbol de tamaño medio, de madera densa y nudosa. Durante el secado se deforma y agrieta con facilidad. Su corteza es rica en taninos.

Los robles del este europeo: comparación con los robles sessile y pedunculado franceses

Antes de la segunda guerra mundial, los troncos destinados a tonelería procedían de los macizos forestales de Europa del este. Muchos países producían sus barricas con los robles regionales. Posteriormente la mayoría de las barricas se construyeron con robles franceses. Actualmente se ha reiniciado el consumo de robles del este europeo, siendo recomendable verificar el origen botánico de los robles, pues, para una determinada estructura de la madera, pueden encontrarse varias especies. A continuación se presenta un estudio multiparamétrico de los principales macizos forestales europeos de *Q. petraea* y *Q. robur,* examinando la posibilidad de utilizar algunos de ellos como fuente de abastecimiento regular, siempre y cuando el volumen de troncos sea suficientemente importante para construir cantidades apreciables de barricas de un tipo nuevo.

Se sugiere que las barricas poseerán propiedades diferentes a las de roble francés o americano; se trata de otra alternativa para la crianza de vinos.

Metodología experimental y parámetros cualitativos de discriminación

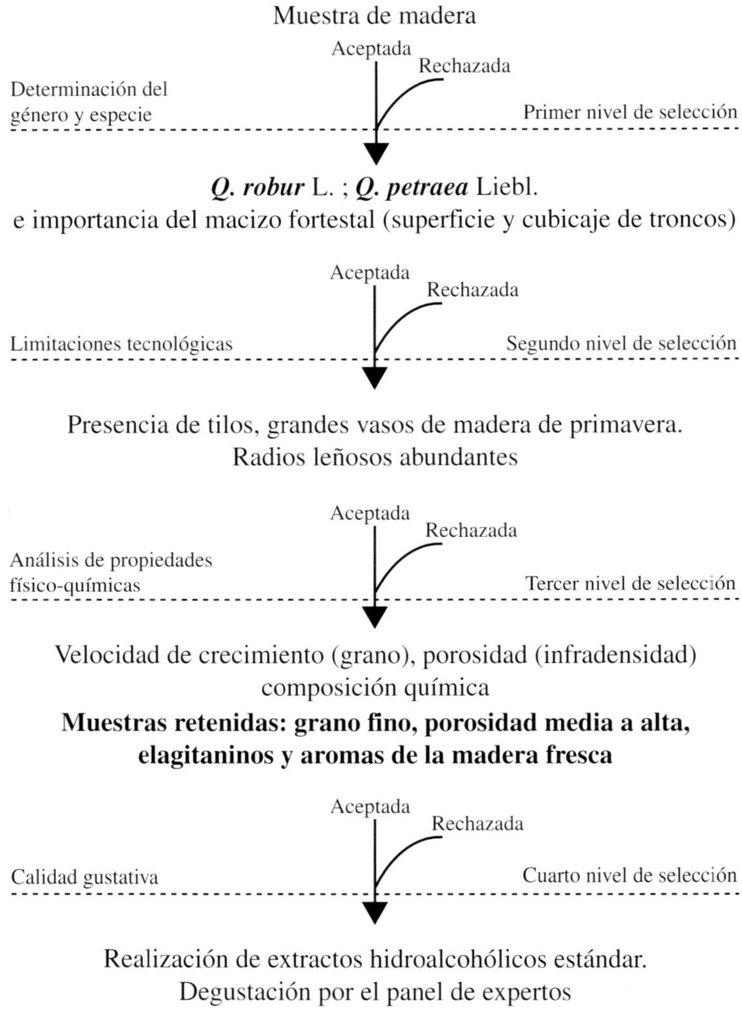

Fig. 13.–Planificación experimental y criterios discriminantes de macizos forestales.

La selección de roble destinado a la fabricación de barricas precisa el respeto a un cierto número de criterios en relación, primero, con las exigencias técnicas de la tonelería y a continuación con las exigencias enológicas de la crianza de vinos. En su aspecto práctico se definió un plan experimental de selección de bosques y de especies cumplimentando tres criterios discriminantes. Para empezar, género y especie: por simplificación sólo se retienen *Q. robur* L. y Q. *petraea* Liebl., que se encuentran por toda la geografía europea y ampliamente utilizados en Francia. A continuación, sólo las masas forestales importantes son tenidas en cuenta; aquellas que pueden suministrar volúmenes sustanciales de madera. Por último, se procede a la selección en función de parámetros a los que ya se ha hecho referencia, para solo conservar al final aquellos bosques cuyas maderas obtienen buenas calificaciones después de degustación de sus extractos alcohólicos hechos de forma estándar. La planificación seguida se recoge en la figura 13.

Localización de las masas forestales estudiadas

Durante los últimos diez años se ha hecho un amplio muestreo mediante intercambios con jardines botánicos y centros de investigación a través de Europa. Es conocida la necesidad de la identificación de las especies antes de contemplar el análisis de sus características bajo el punto de vista tonelero y vinícola. En una primera etapa se ha considerado la evaluación general de las potencialidades de los principales macizos forestales europeos (Fig. 14).

Fig. 14.–Localización de las zonas de recogida de muestras.

Se retuvieron un número limitado de orígenes que cumplían los criterios cualitativos de discriminación y superficie explotable. Sobre ellos se realizó un estudio más completo y detallado.

Así fueron seleccionados los macizos forestales de: Alemania, Bélgica, Bulgaria, Rusia, Croacia, España, Lituania, Polonia, Portugal, Rep. Checa, Rumanía y Suiza. Los bosques de referencia fueron los de Limousin, Vosgos y Allier. Tras el primer criterio de selección se retuvieron: Alemania, Bulgaria, Rusia, Croacia, Lituania, Polonia, Rep. Checa y Rumanía. Se descartaron las masas forestales de España, Portugal y Suiza por ser con frecuencia insuficientemente extensas. Los factores limitantes son: superficie mínima plantada de robles 100.000 ha, con una producción de troncos de 5.000 m^3 por país.

Características físicas de las muestras de madera; grano e infradensidad

En la crianza de vinos los aspectos relacionados con la porosidad y la intensidad de los intercambios gaseosos son la primera preocupación. En las muestras retiradas en los bosques seleccionados se realizaron un conjunto de mediciones descritas en detalle en otra publicación (Vivas, 1997). Si se toma únicamente el valor medio de los resultados, aparecen notables diferencias entre masas forestales, en parte atribuibles a su origen botánico (Tabla 3).

Tabla 3.–Elementos de caracterización de la estructura y porosidad de muestras de los bosques europeos. Resultado medio

Origen		Especie [h]	Número	Velocidad crecimiento		Ultrastructura			Porosidad		Seleccion [f]
País	Regiones [g]			Lc [a] (mm/año)	Textura [b] (Índice)	Grandes vasos [e]	Fibras [c]	Tilos [d] (% superficie g. vasos)	Infradensidad (kg/m^3)	Porosidad [e] (%)	
Francia	Limousin (1)	*Q. robur*	49	4,2	0,76	14	39	78	723	7	()
	Vosgos (2)	*Q. petraea*	48	2,6	0,74	16	36	87	695	9	referencia
	Allier (3)	*Q. petraea*	39	1,2	0,70	18	32	90	620	17	referencia
Alemania	Emstein (4)	Híbrido p. *robur* [i]	12	0,9	0,69	17	32	89	634	15	***
	Kempelhorn (5)	Híbrido p. *robur* [i]	16	1,1	0,71	16	34	87	618	18	***
Bulgaria	datos no comunicados	*Q. petraea*	9	1,7	0,75	13	38	82	710	11	*
Croacia	Motovunska suma (6)	*Q. robur*	11	1,9	0,72	13	37	87	654	14	**
	Skakavac (7)	*Q. robur*	13	2,2	0,78	12	38	77	745	5	*
	Okucani (8)	*Q. robur*	18	2,4	0,72	14	34	79	730	8	*
Lituania	Sur (10)	*Q. robur*	16	1,1	0,52	16	32	79	617	16	***
Polonia	Czarna (11)	*Q. petraea* + *Q. robur*	13	0,8	0,65	15	36	76	604	17	***
	Swidwin (12)	*Q. robur*	8	1,3	0,67	18	38	77	621	14	**
	Piaski (13)	*Q. petraea*	10	1,2	0,62	18	39	84	617	15	**
Rumanía	datos no comunicados	*Q. petraea*	7	1,4	0,48	12	41	73	735	6	**
Rusia	Cáucaso (9)	*Q. robur*	9	2,7	0,76	15	37	77	739	8	0
Rep. Checa	Sur (14)	*Q. petraea*	5	1,6	0,72	14	39	76	718	10	*

a. Anchura del anillo.
b. Textura T: Anchura madera final/Anchura anillo.
c. Observación en microscopio electrónico de barrido y cálculo hecho por analizador de la imagen.
d. En microscopio electrónico de barrido y estimación del porcentaje de obturación del lumen de los grandes vasos.
e. En microscopía electrónica de barrido: porcentaje de vacío evaluado sobre clichés normalizados.
f. Selección según criterio N.° 3 (fig. 13): 0 rechazado; * calidad media; ** buena calidád; *** muy buena calidad.
g. Localización figura 14.
h. Según la morfología de los ramilletes fructíferos y la estructura del duramen.
i. Híbridos próximos a *Q. robur*.

El *Q. robur* no siempre da maderas de grano grueso, como se opina generalmente en Francia. Lituania y Polonia dan maderas de grano fino a medio con esta especie. En Alemania, híbridos próximos al *Q. robur* en el aspecto morfológico poseen maderas de grano muy apretado que presentan numerosos puntos comunes con el *Q. petraea* de Allier en varios aspectos físicos: textura, % de fibras y vasos gruesos, tilos, infradensidad.

Para intentar visualizar la dispersión estadística de los diferentes lotes de madera, se realizó un análisis cluster de las características físicas (Fig. 15)

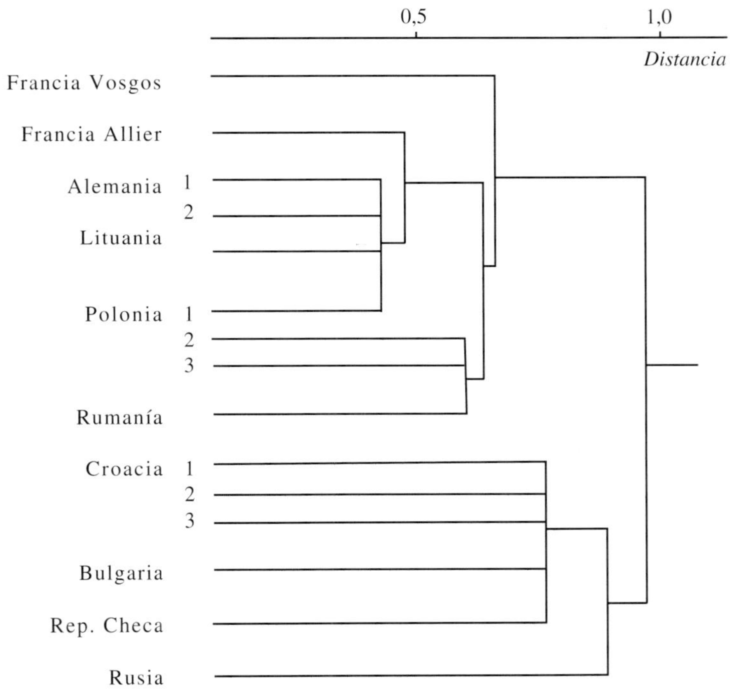

Fig. 15.–Dendrograma de análisis cluster del muestreo de maderas de diferentes países europeos.

Comparativamente con las referencias francesas –*Q. petraea* de grano fino (Allier) y medio (Vosgos)– se observa que las maderas procedentes de Alemania, Lituania y el Lote 11 de Polonia, son muy próximas a la madera de Allier. Opuestamente, las maderas de Croacia, Bulgaria, Rep. Checa y Rusia constituyen un conjunto cuyo grano y porosidad se corresponden más con velocidades de crecimiento rápido y con maderas porosas. Estas observaciones corresponden a muestras analizadas, sin poder generalizar las observaciones a la totalidad de la masa forestal de estos países.

Composición química y calidad gustativa de los extractos alcohólicos

Los análisis químicos practicados a las muestras de madera se agrupan en la tabla 4. Se indican los valores medios; las desviaciones respecto a la media son importantes y representan de 15 a 47 %. A pesar de ello se observan varios hechos a destacar. Para empezar, las estructuras de grano fino son menos ricas en polifenoles y más ricas en compuestos aromáticos. Las muestras procedentes de Alemania, Lituania y Lote 11 de Polonia, son muy cercanas a las maderas de

Allier, como ocurría en los análisis de características físicas; se confirma así su pertenencia al grupo de robles de grano fino.

Tabla 4.–Composición química media de extractos hidroalcohólicos en muestras de madera de diferentes macizos forestales

Origen		Especies	Número muestras	Extractos secos hidrosolubles (mg/g)	Elagitaninos totales [a]	Eugenol	Whisky-lactonas (µg/g)
País	Región						
Francia	Limousin (1)	*Q. robur*	49	123	65	0,9	6,4
	Vosgos (2)	*Q. petraea*	48	95	71	0,8	43
	Allier (3)	*Q. petraea*	39	72	42	8,5	94
Alemania	Emstein (4)	Híbrido p. *robur* [b]	12	68	36	10,3	102
	Kempelhotn (5)	Híbrido p. *robur* [b]	16	74	32	9,8	92
Bulgaria	datos no comunicados	*Q. petraea*	9	112	74	0,3	7,3
Croacia	Motovunska suma (6)	*Q. robur*	11	97	64	0,7	7,3
	Skakavac (7)	*Q. robur*	13	103	67	0,5	9,2
	Okucani (8)	*Q. robur*	18	116	73	0,8	11,5
Lituania	Sur (10)	*Q. robur*	16	94	39	5,4	23
Polonia	Czarna (11)	*Q. petraea + robur*	13	61	32	11,3	67
	Swidwin (12)	*Q. robur*	8	87	68	6,3	34
	Piaski (13)	*Q. petraea*	10	94	76	7,2	28
Rumanía	datos no comunicados	*Q. petraea*	7	98	77	0,5	7,3
Rusia	Cáucaso (9)	*Q. robur*	9	105	83	0,2	2,6
Rep. Checa	Sur (14)	*Q. petraea*	5	126	85	0,3	1,2

a) Índice de fenoles totales (DO 280 nm); b) Híbridos próximos a *Q. robur.*

La tabla 5 agrupa las degustaciones hechas de los extractos hidroalcohólicos. Antes de comentar los resultados conviene aclarar la metodología seguida. Tras haber constatado la posibilidad de utilizar la madera para la fabricación de barricas, conviene verificar que los extractos secos de estas especies presentan cualidades gustativas que permiten su uso para la crianza de vinos. Los ensayos directos de crianza en barrica precisan de volúmenes importantes de vino que no se justifican en la primera etapa de selección de maderas. Por ello se diseñó un ensayo simple, rápido y fácil de realizar con grandes series de muestras. El objetivo es realizar degustaciones de extractos secos de madera en medio hidroalcohólico modelo por un grupo de personas entrenadas previamente. El grupo, constituido por 12 personas, fue entrenado para percibir diferencias y describir las sensaciones percibidas en la degustación de productos puros y de extractos de madera. Las soluciones hidroalcohólicas se prepararon a razón de 1 g de copos por 100 ml de líquido, 5 días de maceración en recipiente cerrado, bajo nitrógeno, a 20°, en agitador. Los resultados de las experiencias de degustación confirman las observaciones precedentes, mostrando la superioridad –para los criterios seleccionados– de las maderas procedentes de Alemania, Lituania y Lote 11 de Polonia, con notas estadísticas comparables a las registradas para maderas de Allier. Las maderas de Bulgaria, Rumanía, Rusia y Rep. Checa, fueron sistemáticamente rechazadas. Las degustaciones pusieron de manifiesto que, con relación a la madera francesa, las maderas claramente seleccionadas están marcadas por notas de vainilla, ligeras, más que por matices especiados o de coco, habitualmente encontrados en las maderas de grano fino de los bosques franceses. Esto indujo a continuar el estudio de la tipología aromática de los macizos forestales más interesantes.

Tabla 5.–Comparación de la calidad organoléptica de diversos extractos hidroalcohólicos de roble

Origen		Especies	Número muestras	Color (N/5)	Nariz	Boca		Nota
País	Región					Astringencia (N/5)	Amargor (N/5)	General (N/10)
Francia	Limousin (1)	*Q. robur*	49	1,5a	1,9a	2,3a	1,1a	4a
	Vosgos (2)	*Q. petraea*	48	1,8a	3,4b	2,8a	1,1a	6b
	Allier (3)	*Q. petraea*	39	3,2b	4,6c	1,2b	1,1a	7b
Alemania	Emstein (4)	Híbrido p. *robur**	12	3,9c	4,4c	1,1b	1,3a	8c
	Kempelhotn (5)	Híbrido p. *robur**	16	3,4b	4,2c	1,2b	1,2a	8c
Bulgaria	datos no comunicados	*Q. petraea*	9	2,2a	1,4	2,2a	1,4a	3a
Croacia	Motovunska suma (6)	*Q. robur*	11	2,1a	3,9b	2,2a	1,3a	6b
	Skakavac (7)	*Q. robur*	13	1,8a	4,3c	2,4a	1,2a	7b
	Okucani (8)	*Q. robur*	18	1,3a	4,2ab	2,1a	1,1	5ab
Lituania	Sur (10)	*Q. robur*	16	4,1c	3,9c	1,1b	1,1a	7b
Polonia	Czarna (11)	*Q. petraea + robur*	13	4,2c	3,4b	1,3a	1,2a	7b
	Swidwin (12)	*Q. robur*	8	2,2a	2,7b	1,1a	1,3a	6b
	Piaski (13)	*Q. petraea*	10	1,9a	2,8b	1,4a	1,2a	8b
Rumanía	datos no comunicados	*Q. petraea*	7	1,2a	2,4a	2,4b	1,7b	3a
Rusia	Cáucaso (9)	*Q. robur*	9	1,5a	1,3a	3,1c	1,2a	3a
Rep. Checa	Sur (14)	*Q. petraea*	5	1,7a	1,8a	2,9c	1,6b	2a

Letras idénticas indican que los resultados, para el criterio seleccionado, no son significativamente diferentes con un umbral de confianza del 5 %.
* Híbridos próximos a *Q. robur.*

Tipología aromática de las muestras poseedoras del mejor potencial cualitativo

Para estimar las diferencias registradas en las degustaciones, se procedió a construir aromagramas en los que se midió en segundos la persistencia aromática de los principales grupos de moléculas odorantes de la madera fresca. Para comparar los perfiles aromáticos de las muestras, los resultados se expresan porcentualmente. La figura 16 representa los resultados de los análisis.

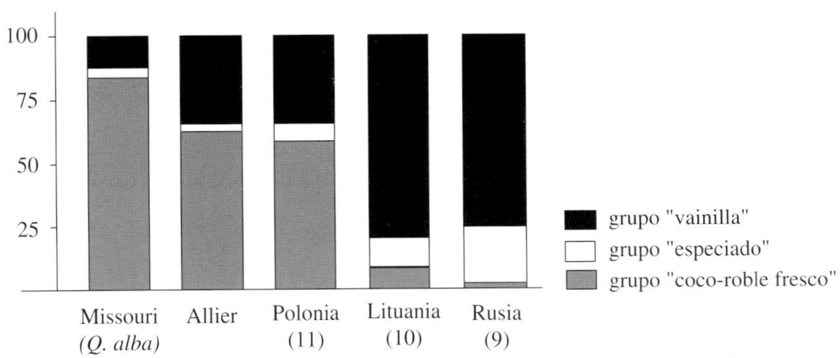

Realizado por odorimetría. Las cifras hacen referencia a la localización geográfica de las muestras. C.f. Fig 14.

Fig. 16.–Distribución centesimal de la persistencia aromática de los principales grupos de moléculas odorantes.

Se constata sobre estas muestras (constatación confirmada por otros análisis realizados sobre un muestreo más amplio) que las maderas son más marcadas por notas avainilladas, excepto la muestra de Alemania que presenta caracteres convergentes con el tipo de grano fino francés.

Los robles norteamericanos

Como con los robles europeos, se tratarán inicialmente algunas especies consideradas importantes; a continuación se estudiará el *Q. alba,* principal especie empleada para la fabricación de barricas de roble blanco americano. Como en el caso de los robles franceses, se encontrará más adelante un estudio y clasificación aplicables en tonelería, además de información sobre las condiciones de producción de las barricas de calidad en roble *Q. alba* (cf. Clasificación general de las maderas de roble americano).

Origen botánico de los robles americanos

En sentido estricto la calificación «roble blanco» (sección de *Lepidobalanus)* por oposición al «roble rojo» (sección *Erythrobalanus*) reagrupa el conjunto de las siguientes especies (Timbal y Kremer, 1994): *Q. alba, Q. stellata, Q. lyrata, Q. macrocarpa, Q. prinus, Q. muehlenbergii, Q. michauxi, Q. bicolor, Q. lobata, Q. garryana* (América del norte), *Q. robur* y *Q. petraea* (Europa). Así pues, el roble blanco no es sinónimo de *Q. alba,* ni siquiera de roble blanco de Norteamérica. Esta denominación que da lugar a confusión debe ser abandonada a favor del nombre de la especie. La figura 17 indica la repartición de las especies americanas.

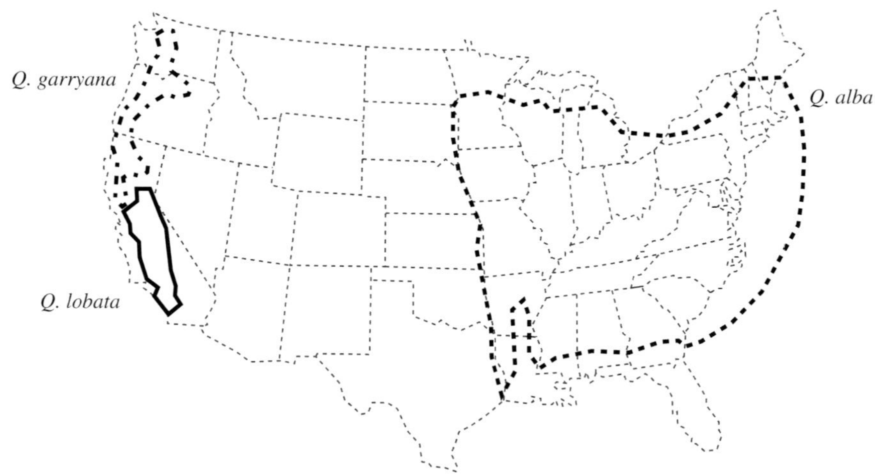

Fig. 17.–Área de distribución de las principales especies de roble blanco americano explotables en tonelería.

En tonelería el nombre de la especie no siempre es correctamente utilizado, pues numerosas especies son utilizables en asociación con *Q. alba* que es la mayoritaria. En esta situación se encuentran *Q. prinus, Q. bicolor, Q. muehlenbergii, Q. stellata, Q. macrocarpa, Q. lyrata, Q. durandii* (Singleton, 1974; Philp, 1989) que son generalmente asimilables a *Q. alba.* Es recomendable verificar escrupulosamente el carácter distintivo de estas especies (Camus, 1936-1952; Denison y Palmer, 1994). *Q. alba* puede ser identificado por sus hojas, compuestas por siete lóbulos separados; la extremidad del lóbulo medio es plana; los dos primeros lóbulos laterales son más anchos que el tercero y su extremo es plano, mientras que el del tercero es redondeado. La corteza está formada por pequeñas placas de suber poliédrico de color amarillo ceniza. El color de la madera es muy pálido. A título comparativo la figura 18 muestra los dibujos de hojas de robles blancos americanos, entre ellos el *Q. alba* y de robles rojos, entre ellos el *Q. rubra.*

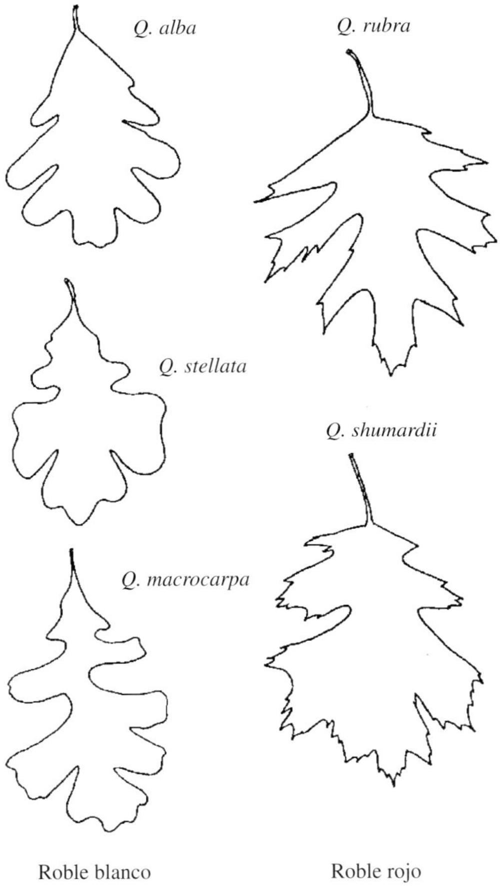

Fig. 18.–Presentación de la morfología del limbo de algunas especies de roble blanco y roble rojo americanos.

Estructura y composición del roble blanco americano Q. alba

Q. alba posee una ultraestructura similar a 1a de *Q. robur* y *Q. petraea.* Sin embargo, tiene un carácter distintivo que puede conferirle propiedades particulares: sus tilos son más espesos que los de *Q. robur* y *Q. petraea.* El espesor de los tilos del *Q. alba* varía entre 2 y 4 µm, mientras que los de *Q. robur* y *Q. petraea* son al menos diez veces más débiles. Esta particularidad es importante, pues explica la posibilidad de producir barricas estancas con madera aserrada. Por otra parte, según los trabajos de Graff y Techelitscheff (1969) y de Venet (1986) esta propiedad permite reducir las pérdidas por evaporación y los intercambios gaseosos con el exterior. Este mismo carácter se encuentra en otras especies, incluidas algunas europeas. El grano de la madera es también un parámetro importante, pues condiciona la intensidad de los intercambios oxidativos, función de la porosidad. El *Q. alba* ha sido considerado hasta años recientes como una especie de crecimiento rápido, que da lugar a grano grueso, con frecuencia más grueso que el de la madera de Limousin. Dado que el grano influye directamente en el porcentaje de vasos (zona de porosidad) y de fibras (zona de rigidez) (Fig. 19), la relación entre estos dos tipos de tejido participa en la porosidad de la madera, estimada aquí por su densidad (Fig. 20).

Comparando el *Q. alba* procedente de distintas regiones de EE.UU., se constata que en Missouri y Ohio existen grandes posibilidades de encontrar maderas porosas, ricas en vasos. Las

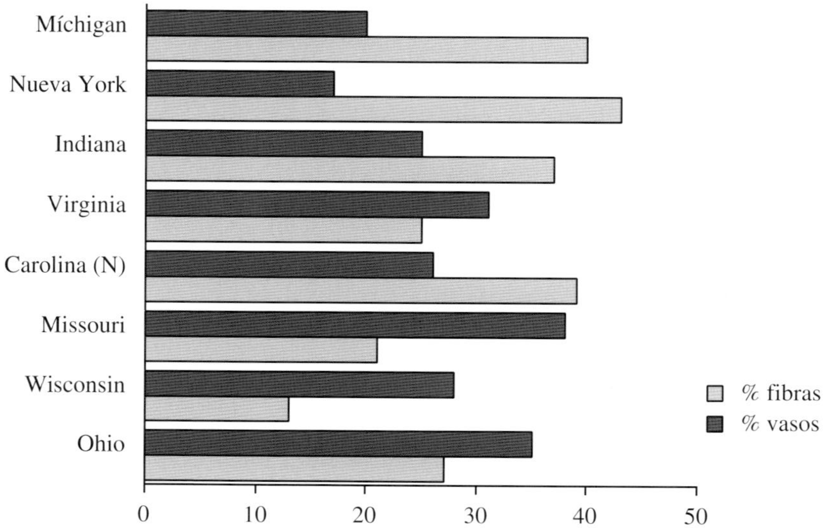

Fig. 19.–Proporción de fibras y vasos en el duramen de *Q. alba* de diferentes procedencias en EE.UU.

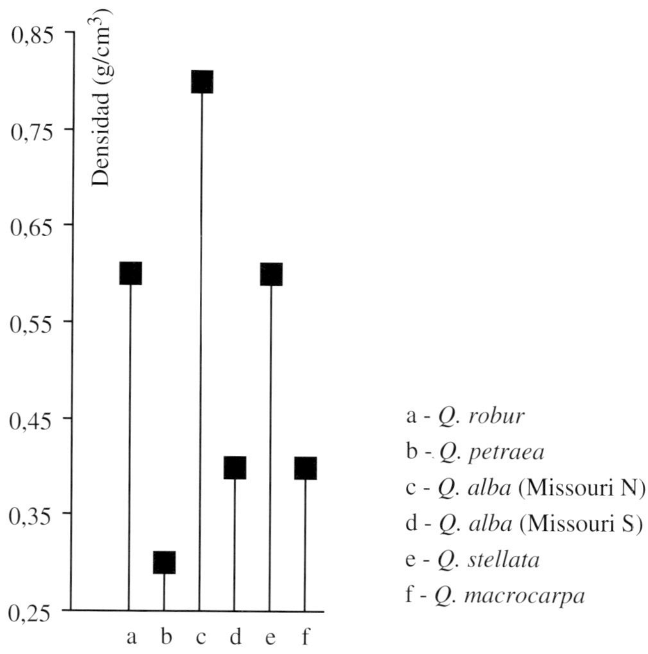

Fig. 20.–Densidad del duramen de algunas especies de robles blancos americanos y franceses.

medidas de densidad en diversas especies de robles confirman que en el sur de Missouri los robles de *Q. alba* tienen una porosidad próxima a la de *Q. petraea* y lo mismo ocurre con otras especies próximas al *Q. alba,* como son *Q. stellata* y *Q. macrocarpa.*

El *Q. alba* tiene una composición bastante bien conocida. Comparado con las dos especies francesas, la especie americana tiene un contenido en extracto seco, polifenoles totales y elagitaninos netamente inferior y un contenido en whisky-lactonas claramente superior (tabla 6). En este ejemplo *Q. alba* contiene de 2 a 3 veces las whisky-lactonas de *Q. petraea.* Puede señalarse que *Q. alba* posee una gran cantidad de compuestos norisoprenoideos (Sefton *et al.,* 1990). Gustativamente, los extractos de *Q. alba* son juzgados más amargos y agresivos que los de *Q. robur* y *Q. petraea;* olfativamente es con frecuencia muy odorante, «agresivo». En realidad se conoce poco sobre los compuestos responsables de estos caracteres. Nuestros trabajos han permitido identificar en *Q. alba* cantidades variables de galotaninos y de depsidos tales como el ácido digálico, considerados como duros y amargos en solución hidroalcohólica.

Tabla 6.–Variabilidad de la composición de maderas de robles de diferentes orígenes botánicos y geográficos

Origen maderas	n	Extracto seco (mg/g)	Fenoles	Elagitaninos totales	Eugenol (µg/g)	Whisky-lactonas (µg/g)
Francia						
Q. robur	30	109 ± 5,9	22,4 ± 4,8	62,5 ± 15	1,1 ± 0,57	5,5 ± 3,0
Q. petraea	90	87 ± 17,1	18,5 ± 5,1	54,6 ± 19,1	6,1 ± 1,86	69 ± 13,2
Missouri (EE.UU.)						
Q. alba	10	43 ± 4,5	6 ± 1,2	48 ± 9,7	3,8 ± 1,38	174 ± 48,72

Una especie particular: Q. garryana *de Oregón*

Q. garryana es una especie perteneciente al grupo del roble blanco; su repartición geográfica se limita a las zonas montañosas próximas al río Oregón en el estado de Washington, norte de California y zonas montañosas del interior de este estado. La permeabilidad de esta especie es débil, consecuencia de tilos muy desarrollados, comparable a las especies europeas, *Q. petraea* en particular, de tal manera que al igual que las maderas francesas, el *Q. garryana* puede ser hendido. La tabla 7 recoge comparativamente algunas propiedades mecánicas de la madera; se aprecia que las características de esta madera se aproximan a las de *Q. petraea* y *Q. alba* de grano fino. Los primeros resultados analíticos muestran que esta especie posee propiedades físico-químicas comparables a las del *Q. petraea* francés (Fig. 21)

Tabla 7.–Características físicas de *Q. garryana* con relación a otras especies utilizadas en tonelería

	Q. petraea	*Q. robur*	*Q. alba*		*Q. garryana*
			Grano grueso	Grano fino	
Densidad (g/cm^3)	0,6	0,8	0,9	0,6	0,7
Permeabilidad (g/cm^3/día)					
• tangencial	100	75	80	95	110
• radial	55	50	65	50	55
Tensión de ruptura (kg/cm^2) o aptitud al hendido	20	40	55	25	20

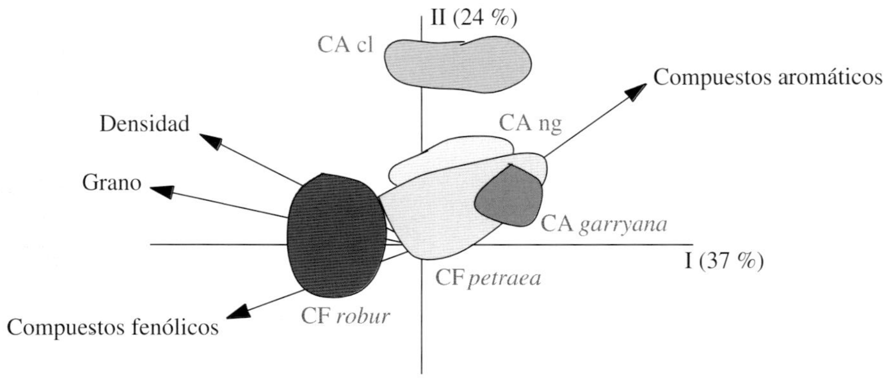

CA cl: Roble americano (*Q. alba*) clásico, grano grueso.
CA ng: Roble americano (*Q. alba*) nueva generación, grano fino.
CF: Roble francés.

Fig. 21.–ACP de las especies de robles francesas y americanas utilizadas en tonelería.

Queda por precisar que esta especie ha sido utilizada en tonelería sólo recientemente; la dificultad de aprovisionamiento y el rigor de selección (sólo del 5 al 8 % de la masa forestal presenta troncos con diámetros compatibles con el hendido) hacen de esta madera un producto de coleccionista de alta gama y elevado precio, lo que limita su expansión.

Robles asiáticos

Los robles asiáticos no son prácticamente utilizados en tonelería; excepcionalmente pueden encontrarse barricas construidas con roble japonés o chino. Por otra parte es conocido que puede haber riesgo de confusión con ciertas especies *Quercus* asiáticas e incluso con otros géneros. La Asia templada y tropical posee numerosas especies de robles. Cabe citar el roble de Japón, *Q. mongolica* var. *grosserrata* o los robles de la India y el Himalaya, tales como *Q. glauca, Q. incana, Q. lamellosa.* En Camboya, Birmania, Vietnam y Tailandia es frecuente encontrar el roble *Q. fenestrata* que da una madera dura comparable a la del roble verde. En las Filipinas y Célebes, el *Q. caudatifolia* y el *Q. celebica* están bien implantados. En China, particularmente en el norte, se encuentran grandes masas forestales de roble homogéneas; se trata de *Q. henryi, Q. mongolica, Q. acutissima* y *Q. aliena*. Otros géneros han podido ser empleados y haber sido atribuidos erróneamente a roble, para facilitar su venta a bajo precio; sus maderas poseen aspectos visuales muy próximos a los del roble. Cabe mencionar el Malayan oak (*Castanopsis acuminatissima*) de Malaya y el New Guinea oak (*Lithocarpus perclusus*).

Roble blanco chino

Nombre científico: *Quercus acutissima* Carr., falsamente clasificado como *Quercus serrata* Thunb.

Nombres comunes: Kunigi (Japón); Hwa-Li; Hung Hwa-Li; Ching-kiang (China).

Q. acutissima Carr. pertenece a la sección Lepidobalanus, que también incluye parte de las especies: *Q. robur petraea, lanuginosa, alba, stellata, garryana* y *macrocarpa*, ampliamente utilizadas en tonelería. Es un árbol de talla media (15 m); su tronco es de diámetro amplio, con copa ancha. En forma aislada forma fácilmente ramas laterales que deprecian su utilidad tonelera. Es posible su aclimatación en Europa, donde fue aclimatado en Sussex (Inglaterra); existe un ejemplar en la Escuela Forestal de Barres (Loiret). Tiene preferencia por los suelos silíceos ligeros más bien secos y se adapta a los terrenos arcillosos y arenosos si están drenados. La madera tiene una ligera coloración rojiza. El grano es entre fino y muy fino (0,5 a 1 mm/año) con una densidad media de 600 kg/m^3, cercana a la de *Q. petraea* (400 a 700 kg/m^3).

El examen de muestras de roble procedentes del noreste de China manifiesta una estructura heterogénea acorde con la estructura del duramen de la mayor parte de los robles; la observación visual pone de manifiesto las maderas de primavera y verano, por lo que la noción de grano es plenamente aplicable. La velocidad media de crecimientos de 1 mm/año, con una variación de ± 0,3 mm/año; se sitúa, por tanto, en la categoría de grano fino. En suelos pobres y con elevadas densidades de plantación, esta especie crece lentamente en altura y diámetro, dando madera de buena calidad tonelera. La repartición de tejidos está de cuerdo con las observaciones realizadas en las especies utilizadas en tonelería. Se observa la abundancia de playas de células de radios multiseriados que garantiza potencialmente una buena estanqueidad de la madera a los líquidos. Los tilos presentan los caracteres comunes a las maderas europeas: abundantes y finos (0,7 a 1,2 μm), por lo que el tronco debería ser hendido para la obtención de duelas.

Los extractos hidroalcohólicos muestran las siguientes características:

- Extracto seco débil a medio, comparable a los obtenidos para el *Q. petraea* de crecimiento lento (< 100 mg/g; media 60 mg/g de madera seca).
- El gusto de estas soluciones es tánico, sin agresividad particular, apreciándose también notas clásicas a roble fresco.
- Los compuestos fenólicos extraídos tenían una composición más compleja que la de las especies europeas. Los ensayos químicos de base indican la presencia de elagitaninos (el ensayo al ácido nitroso es positivo) y de estructuras tipo flavano (los ensayos con la vanillina y dimetilaminocinamaldehído son positivos). Los taninos que responden en LSIMS (modo negativo) a 1207 no fueron identificados. Pueden existir también formas galoilglucosa.

Roble de Japón

Nombres científicos: *Quercus crispula* Blume; *Quercus mongolica* Fish.; *Quercus denta* Thumb.

Nombres comunes: Roble japonés (Fr.); Japanese oak (G.B.); Japanische eige (Al.); Ohnara, Mizu nara (Japón).

Son especies de Mongolia y Japón. Es un árbol alto (30 m) de copa amplia. Como masa forestal importante se le encuentra en la isla de Hokaido. Se desarrolla bien en terrenos pobres y secos, arenosos y de arenas volcánicas. Su hábitat es la montaña y mesetas elevadas. En Europa fue aclimatado con éxito en varias zonas: Bocas del Ródano, Gard, Saona y Loira. Camus cita en 1935 un ejemplar de este roble localizado en Normandía. La estructura de la madera es muy similar a la de los robles europeos; está caracterizado por grano fino y regular, de coloración amarillo claro. La densidad de la madera es del orden de 650 kg/m^3; su madera es tierna y el secado fácil.

DIFERENCIACIÓN DE LOS ROBLES Y DE SU PROCEDENCIA

Existe un número de especies diferentes de roble cifrado entre 250 y 400, según autores. Para tener una visión de la diversidad de los *Quercus* basta citar el monumental estudio de Camus publicado entre 1934 y 1949, compuesto de tres volúmenes de 800 páginas cada uno, con tres atlas y cientos de ilustraciones. Aún hoy, la taxonomía de este género es objeto de controversias. Sin duda la metodología genética permitirá en el futuro aclarar muchos aspectos.

A continuación se hará una exposición simplificada que, aunque imperfecta, ayudará a tener una visión de síntesis.

Aunque la mayoría de las especies pueden ser diferenciadas por métodos fenotípicos simples, algunas requieren de métodos más finos. En el ámbito tonelero francés se opina que el procedimiento de identificación es simple, puesto que sólo afecta a dos especies: pedunculado (*robur*) y sessile (*petraea*). Sólo el marchitamiento del roble pedunculado, principalmente debido a su extrema sensibilidad a la sequía y a las lluvias ácidas, ha permitido poner en evidencia su existencia en el bosque de Tronçais (Becker y Levy, 1982) reputado como bosque sessile de grano fino. Otros ejemplos han sido citados en la literatura: bosques de Harth en el Alto Rin, desde 1992 y en el Centro de Francia, desde 1995. Por tanto, incluso entre profesionales forestales y toneleros pueden darse confusiones. Sin embargo, estas dos especies tienen una composición química y cualidades suficientemente diferenciadas como para ser percibidas en la degustación del vino criado en barricas de estas maderas. Aún más problemático puede ser el caso en EE.UU., donde pueden cohabitar especies diferentes en la construcción de una barrica, bajo el nombre genérico de roble blanco.

Aparte de la dificultad de distinguir dos o más especies, deben tenerse en cuenta sus variabilidades morfológicas respectivas que llevan a considerar subgrupos formados por variedades (subespecies) o por intermediarios (híbridos). Para las especies más similares es necesario fijar límites de diferenciación que permitan, para un cierto nivel predefinido, atribuir los individuos a uno u otro de los grupos (especies). Se trata pues del concepto arbitrario de definir fronteras.

La trazabilidad es, actualmente, un criterio global de aseguramiento de la calidad. Para cumplir con este compromiso es necesario disponer de métodos que permitan garantizar el origen geográfico de la madera constitutiva de las barricas. Los métodos que emplean ensayos genéticos, recientemente incorporados al sector de la madera, permitirán responder a aquella necesidad. Los resultados más recientes confirman que el ADN residual en la madera podrá ser utilizado para determinar su origen geográfico, identificar la especie e incluso los clones. El poder discriminante de esta técnica augura que en plazo corto existirá la solución para problemas espinosos de diferenciación y procedencia de las maderas.

DESCRIPCIÓN DE LOS PRINCIPALES MÉTODOS DE IDENTIFICACIÓN

Se acostumbra a reagrupar los métodos de clasificación en tres grandes categorías. Para empezar, los métodos morfológicos o fenotípicos, que son los más antiguos. Se refieren al aspecto visual de las diferentes partes de la planta, llamando la atención sobre los elementos que sean más diferenciadores, generalmente las hojas y las flores. A lo largo del tiempo, estos métodos empíricos han sido codificados y se han dotado de medidas biométricas y de referencia; por ejemplo, la relación de la anchura a la longitud de la hoja, o la relación entre los ángulos formados por las nervaduras principales. Estos métodos han permitido establecer las primeras claves dicotómicas de reconocimiento y clasificación de numerosas familias de vegetales. Es conocido el estudio de las plantas vivaces y el nacimiento de la ampelografía.

Posteriormente, como consecuencia de la aplicación de métodos tales como la cromatografía de gases o líquida de alta resolución y métodos espectrofotométricos tales como la espectrometría de masas y la resonancia nuclear magnética, fue posible identificar y cuantificar grupos de moléculas significativas características sea de una familia, de un género o, lo que es más interesante, de una especie. Se trata de la quimio-taxonomía, cuyo inconveniente radica en la limitación que impone el carecer de marcadores varietales.

Por último, los nuevos métodos genéticos representan actualmente la metodología más refinada para diferenciar individuos, a veces muy próximos. Seleccionando correctamente el ADN es posible diferenciar las especies, las variedades y los clones; es decir, partiendo de un conjunto particularmente homogéneo, llegar a distinguir al individuo aislado. La dificultad reside en la elección de los fragmentos de ADN informatizados y suficientemente específicos para la información buscada, así como la necesidad de contar con referencias.

MÉTODOS MORFOLÓGICOS

La identificación de muestras de madera y hojas procedentes de masas forestales separadas centenares de kilómetros y compuestas por especies muy distintas no plantea problemas. Las medidas o la forma de la hoja son suficientemente diferentes. Algunos ejemplos se expusieron en la figura 11 (pág. 67).

Por el contrario, la observación de un conjunto de árboles de una masa pura o mezclada, revela una cierta homogeneidad en su aspecto general: corteza y ramificación. Sin embargo, una detenida observación, desde la hoja hasta los frutos, pone de manifiesto un gran polimorfismo, tal es el caso de los robles europeos. Ante esta heterogeneidad visual deben plantearse ciertas preguntas:

- ¿Cuál es la forma típica de la o de las especies de referencia?
- ¿Dentro de qué ámbito de desviación deben situarse las variedades de la o de las especies?
- ¿A partir de qué nivel de variabilidad cabe adscribir las muestras a diferentes clones?

La figura 22 resume esquemáticamente estos aspectos particularmente complejos.

Para ilustrar el procedimiento morfológico seguiremos el estudio demostrativo seguido por Badeau y Dupouey. Estos autores eligieron para el muestreo un robledal del Norte de Francia, consistente en 80 poblamientos puros y mezclados, en 8 bosques. Se seleccionaron 10 árboles dominantes de los que se retiraron una docena de hojas, frutos (pedúnculos, copas y bellotas) y de ramilletes del año, para su análisis en laboratorio. Se midieron ochenta variables, entre ellas: longitud del peciolo y del limbo; perímetro y superficie de la hoja; anchura máxima de la hoja; relación altura máxima a anchura máxima; número y longitud de las nervaduras intercalares; ángulo de las nervaduras secundarias, sinus y lóbulos; número, altura, longitud y espesor de los lóbulos; formas del ápice lobular; longitud y espesor del pedúnculo; número de cúpulas fructíferas; tamaño de los frutos; densidad y longitud de la pilosidad de las hojas, pedúnculos y ramilletes...

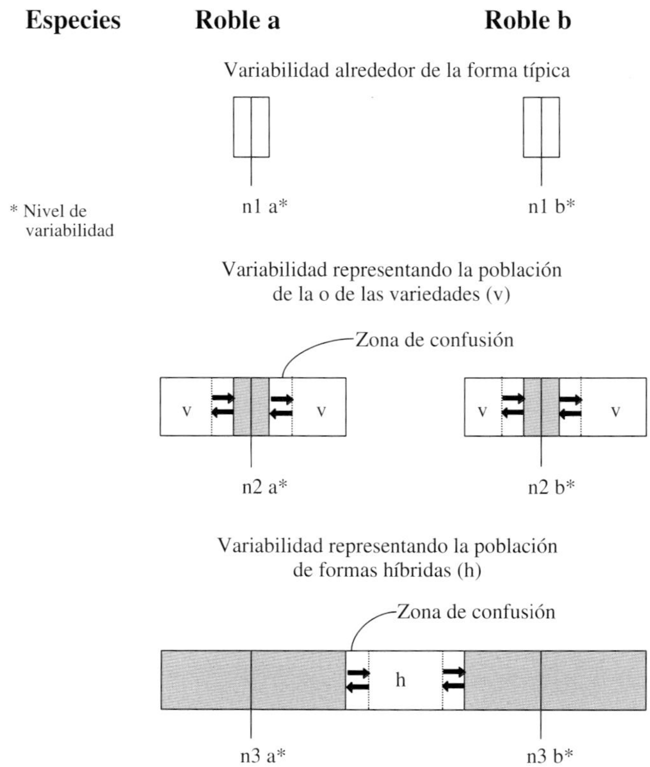

Fig. 22.–Representación esquemática de los niveles de variabilidad que permitan distinguir las especies tipo, las variedades y las formas híbridas.

El tratamiento estadístico utilizado fue el análisis por componentes principales (ACP) y el análisis factorial de correspondencias múltiples.

Llama la atención hasta qué punto los análisis centran su interés en la hoja y sus características visuales y en particular, la pilosidad y los ángulos formados por sus diversos componentes (Fig. 23). Es interesante constatar la gran similitud con el procedimiento seguido por P. Galet en sus célebres estudios ampelográficos. Estos dos sectores de la taxonomía reflejan la misma elección de parámetros discriminantes.

La aplicación de los tratamientos estadísticos al conjunto de caracteres referidos, condujo a los autores a separar la población compuesta por 761 robles:

- Por el primer eje AFCM, en dos clases: de un lado un conjunto agrupando los sujetos cuyas hojas tienen un peciolo corto y desnudo, la zona de sinus abundantemente provista de nervaduras intercalares y pedúnculos largos portadores de glándulas; por otro lado, un agrupamiento de sujetos cuyas hojas tienen un peciolo largo, pilosidad más bien importante, raras orejitas en la base del limbo, elevado número de lóbulos y pedúnculos cortos. Se separan así el grupo pedunculado del grupo sessile, sin visualizar las formas intermedias. Según los autores, la frecuencia de éstas sólo supone entre 3 a 5 % del muestreo total.
- Por el segundo eje AFCM, se pone de manifiesto un tercer grupo, compuesto de sujetos cuyas hojas son fisiológicamente cercanas a las de los robles sessile, aunque con lóbulos

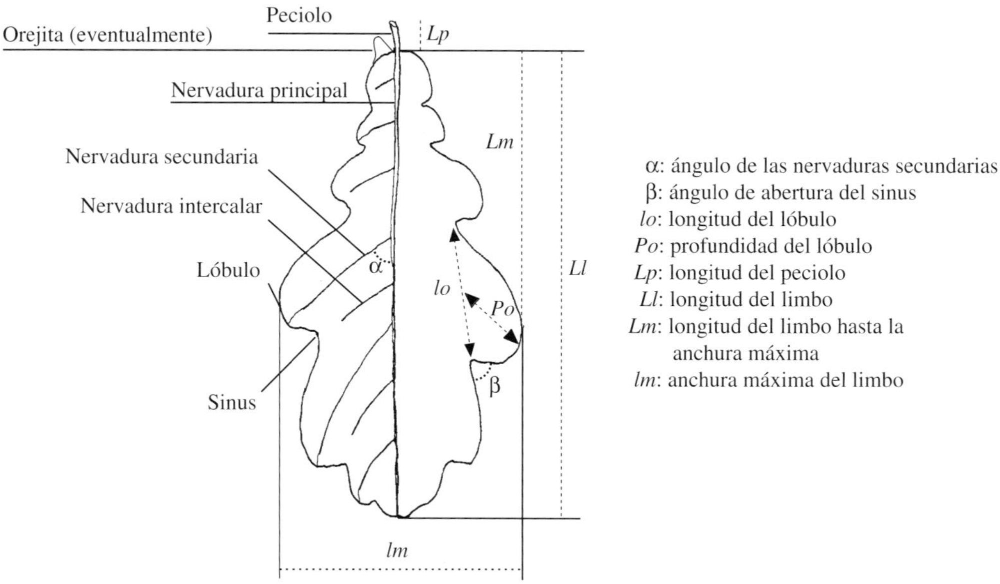

Fig. 23.–Hoja de roble y medidas características utilizables para la identificación.

más agudos, más abundantes y muy pilosos. Se trata del grupo de robles pubescentes. Existe una gran variabilidad morfológica para estas dos especies, haciendo menos clara la distinción (entre sessile y pubescente) que respecto a los robles pedunculados (figura 24). El análisis del conjunto de resultados no permite identificar sujetos intermedios entre las formas típicas de pedunculados y pubescentes.

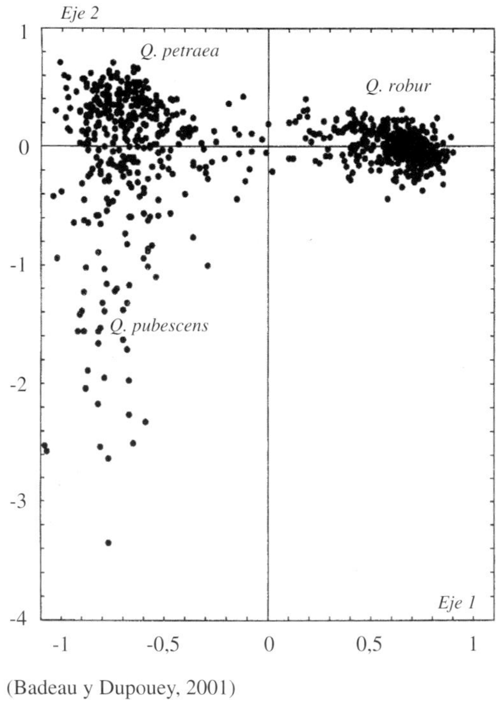

Fig. 23.–Repartición de los robles sobre el primer plano del análisis factorial de correspondencias múltiples de características morfológicas foliares.

(Badeau y Dupouey, 2001)

Los autores pusieron, asimismo, de manifiesto, para los robles pedunculados, un factor de variabilidad interesante relacionado con la disponibilidad de agua en el suelo, mientras que la variabilidad para los robles sessile está influida principalmente por la acidez del suelo. Así pues, el concepto de «forma» debe ser empleado con prudencia y, por lo menos, debe tener en cuenta las fuentes abióticas de la variabilidad morfológica.

La síntesis de los resultados permitió a Badeau y Dupouey (2001) proponer una ecuación sencilla que asegura una distinción satisfactoria (98 %) de los grupos roble pedunculado y roble sessile + roble pubescente:

Índice de especie = (407 × número medio de nervaduras reticulares) – (130 × longitud media del peciolo) + 357

Un índice > 0 corresponde a un roble pedunculado y un índice < 0 corresponde a un roble sessile (o pubescente) (Fig. 25).

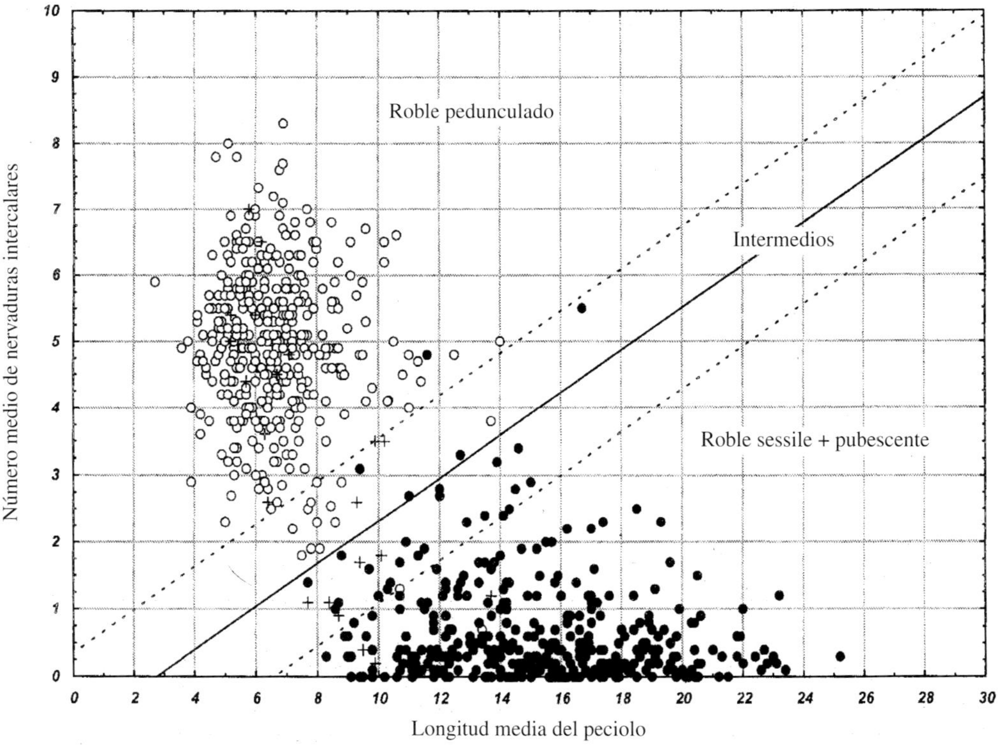

Repartición de 384 robles pedunculadoses (○), 286 robles sessile (●) y 24 robles intermedios (+) procedentes del Norte de Francia, por muestreo de 10 hojas. (Badeau y Dupouey, 2001).

Fig. 25.–Ejemplo de utilización de la función discriminante.

Los resultados del trabajo permitieron a los autores concluir la rareza relativa de formas híbridas. Otros autores llegaron a la misma conclusión (Sigaud, 1984; Breda *et al.*, 1998; Aas, 1990) al considerar que las formas híbridas representan del 3 al 5 % de individuos intermedios. Retomando trabajos anteriores (Dengler, 1941) los cruces entre sessile y pedunculado son poco rentables. La rareza de la forma híbrida puede ser interpretada como consecuencia de una floración más precoz del roble sessile adelantada unos quince días respecto al pedunculado.

MÉTODOS ANALÍTICOS UTILIZANDO MARCADORES QUÍMICOS

Numerosos autores, químicos y analistas, han intentado aplicar a fin de identificar las especies, los resultados de análisis de diferentes compuestos, practicados sobre tejidos vegetales variados (frutos, flores, corteza, madera, ramas, etc.). Se trata de la quimio-taxonomía, que va cobrando una importancia creciente impulsada por el interés en buscar nuevas sustancias activas de interés farmacológico. El interés por el tema ha llevado a la creación de una revista especializada *–Biochemical systematics and ecology–* enteramente dedicada a este segmento de la investigación.

Distinción entre marcadores varietales y marcadores geográficos

Existen diferentes elementos químicos que ayudan a la caracterización de muestras anónimas. Según que estén subordinados a una aptitud genética o a las condiciones abióticas, permiten diferenciar especies o identificar la zona en donde la planta se ha desarrollado.

- La mayoría de los grupos de plantas poseen la capacidad de sintetizar cantidades variables de compuestos químicos particulares. Si esta aptitud solo se encuentra en un número limitado de especies, o mejor aún, en una sola especie, tales compuestos pueden ser utilizados como marcadores varietales discriminantes. Se cuenta así con diferentes niveles de diferenciación. Primero, los compuestos de amplio espectro, tales como β-metil-γ-octalactona, eugenol, que diferencian bien los robles blancos (sec. Lepidobalanus) de los otros robles y del castaño. Luego, otros compuestos menos ampliamente extendidos, que permiten distinguir especies, como oxo-α-ionol, que diferencia los robles blancos americanos (particularmente *Q. alba*) de los robles europeos (*Q. robur*; *Q. petraea*) y la γ-nonalactona que diferencia estos dos grupos respecto a las especies asiáticas de la sección Lepidobalanus (por ejemplo: *Q. acutissima*).
- El medio de cultivo, y en particular la naturaleza de la roca madre subyacente, permite atribuir al suelo un cierto perfil mineral más o menos característico de una zona geográfica delimitada. Los árboles consumen anualmente agua y los elementos minerales solubilizados, acumulándolos en la biomasa vegetal. Atendiendo a los aspectos selectivos y competidores de la absorción radicular de los minerales, se obtiene un perfil representativo de una impronta mineral bastante fiel del lugar de procedencia del árbol o de su madera.

Los taninos

Los compuestos fenólicos son, debido a su diversidad, una fuente amplia de marcadores. En este capítulo solo se abordará el tema de los taninos. Existen dos grupos de taninos:

- Los taninos hidrolizables, que por hidrólisis ácida en caliente dan mayoritariamente ácido elágico se definen como elagitaninos; si dan mayoritariamente ácido gálico, se les denomina galotaninos.
- Los taninos condensados, que por hidrólisis ácida en caliente dan un antociano (colorante de color rojo). En este caso, el tanino se define como protoantocianidólico (implicando que produce un antocianidol). La naturaleza del antociano permite diferenciarlos: si es un cianidol –como en la pepita de la uva– se hablará de cianidoles; si se trata de un delfinidol, se calificarán como prodelfinidoles.

En el *Quercus* se encuentran, generalmente, las tres clases de taninos. Con frecuencia se presentan simultáneamente, pero siempre aparece como dominante una de las tres clases. Es fundamental precisar la naturaleza del material vegetal analizado, pues según se trate de hojas, ramas, corteza o madera, no se tiene el mismo tipo de tanino. Por ejemplo, en *Q. robur* y *Q. petraea* se encuentran grandes cantidades de galotaninos en las hojas y partes herbáceas, mientras que de la corteza se extraen proantocianidoles y en la madera de corazón elagitaninos. Puesto que la madera está destinada a tonelería, nos interesaremos únicamente por los taninos del duramen.

Q. cerris, también llamado Roble de Turquía, presenta proantocianidoles y trazas de elagitaninos. *Q. rubra,* llamado comúnmente Roble rojo, contiene mezcla de galotaninos y elagitaninos, según un trabajo de Seikel *et al.* de 1971. Algunas especies asiáticas han sido muy estudiadas en las universidades japonesas por su interés fitoquímico y farmacéutico. A título de ejemplo se puede citar la tesis doctoral de K. Ishimaru (1987) donde se realiza un estudio sistemático de los extractos fenólicos de 18 especies asiáticas de las secciones Ciclobalanus y Lepidobalanus. En su trabajo sobre algunas especies americanas y europeas confirma lo esencial ya conocido de estos dos grupos de robles. Más interesante es que establece con certeza la existencia de hamamelitanino (un galotanino dímero) en la madera de *Q. rubra* (roble rojo). Lamentablemente el manuscrito japonés sólo ha sido traducido parcialmente y la divulgación de sus resultados está limitada a algunos artículos parciales.

Personalmente hemos iniciado un estudio general de algunas especies de *Quercus* (sec. Lepidobalanus) con el objeto de intentar una clasificación quimio-taxonómica de sus elagitaninos, particularmente los elagitaninos conocidos (vescalagina, castalagina y roburinas) cuyas fórmulas se dan a título informativo (Fig. 26).

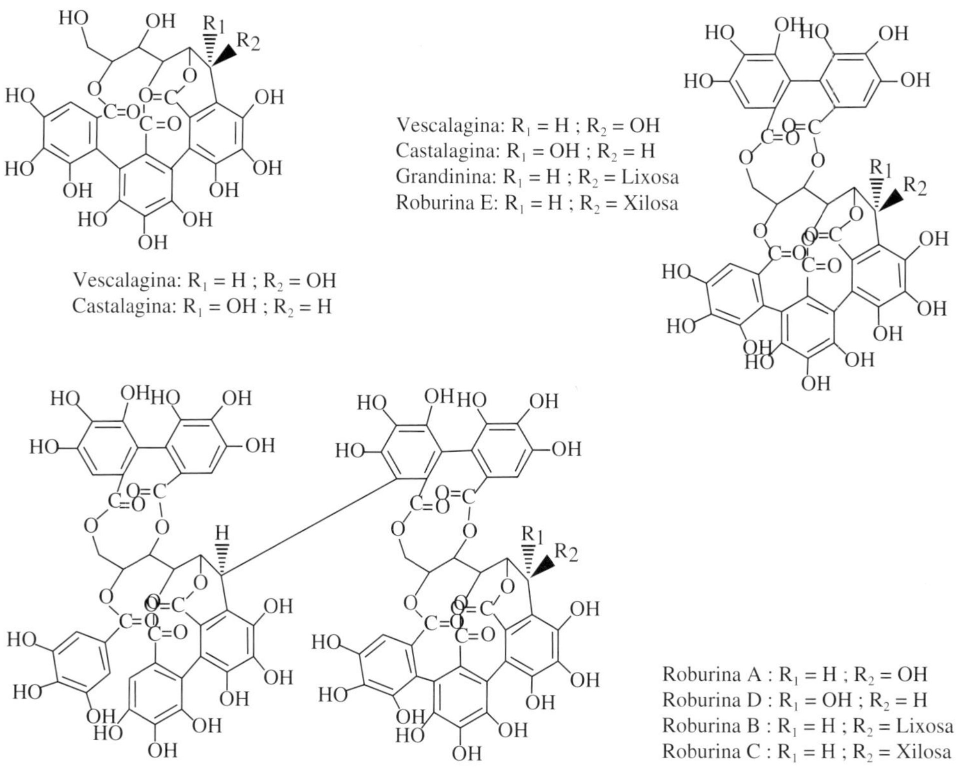

Fig. 26.–Estructura de los principales elagitaninos encontrados en la madera de corazón de algunos *Quercus* spp.

Los análisis se han referido a los elagitaninos solubles en la mezcla acetona/agua (7/3) de ocho especies cuyo origen botánico fue controlado. Las muestras se retiraron siempre del duramen del tercio inferior del árbol. Cada especie estuvo representada por 10 muestras constitutivas de todo el duramen. Las ocho especies estudiadas fueron: una especie de castaño, *Castanea sativa* (a título comparativo, dada la proximidad filogénica de los dos géneros) y siete especies de roble: *Q. rabur* y *Q. petraea* (Francia); *Q. toza* (España); *Q. farnetto* (Hungría); *Q. alba* y *Q. stellata* (USA) y *Q. oocarpa* (Costa Rica). Los análisis se realizaron por la técnica de HPLC en fase inversa. El perfil de los cromatogramas de los extractos de madera de corazón revela claras diferencias (Fig. 27).

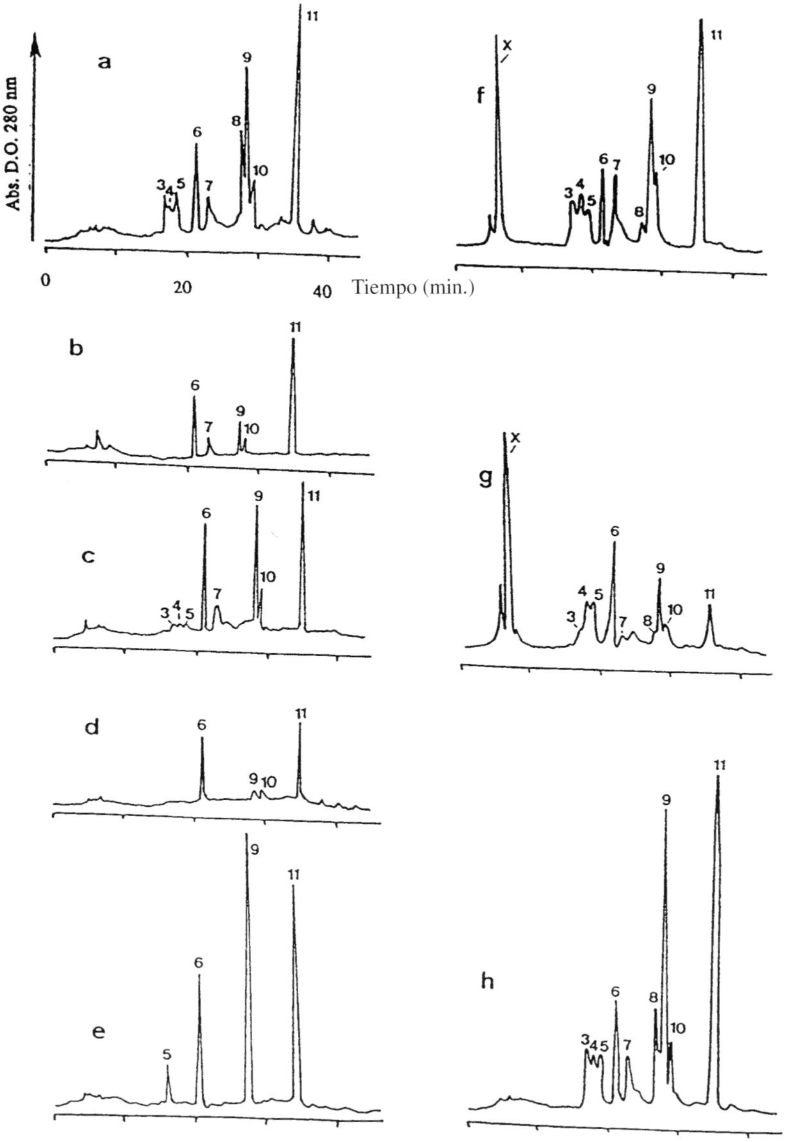

Fig. 27.–Cromatograma HPLC en fase inversa de extractos de madera de corazón en acetona/agua (7/3) de; *Q. petraea* (a); *Q. oocarpa* (b); *Q. stellata* (c); *Q. alba* (d); *C. sativa* (e); *Q. farnetto* (f); *Q. toza* (g); *Q. robur* (h).

Dichos perfiles cromatográficos permiten distinguir:

- El grupo de especies que presentan los ocho elagitaninos: *Q. robur petraea, farnetto.*
- El grupo de especies que sólo presentan monómeros: *Q. oocarpa.*
- El grupo de especies que presentan vescalagina, castalagina y dímeros de vescalagina: *Q. alba, stellata* y *C. sativa.*

Los perfiles cromatográficos son idénticos para las muestras de una misma especie. Las diferencias cualitativas observadas tienen mayoritariamente un origen específico respecto a la heterogeneidad intraespecífica.

Los cromatogramas de extractos analizados son lo suficientemente diferentes de una a otra especie como para constituir un perfil característico. La cuantificación de los elagitaninos monómeros y dímeros conocidos revela igualmente diferencias apreciables entre las especies. Solamente *Q. robur* y *Q. petraea* tienen una composición próxima (Tabla 8). Las tres especies europeas poseen los 4 elagitaninos monómeros y los 4 dímeros descritos. *Q. farnetto* se diferencia de las otras dos especies por una mayor cantidad de elagitaninos pentosilados (55 %, 22,5 % y 39 %, respectivamente, para *Q. farnetto*, *Q. robur* y *Q. petraea*) ligada a una fuerte concentración en dímeros pentosilados, roburinas B y C (Fig. 27). La relación vescalagina total/castalagina total es próxima a 2 en *Q. robur* y *Q. petraea* y 4,5 para *Q. farnetto,* para el que la vescalagina supone el elagitanino predominante.

Tabla 8.–Elagitaninos de extractos de madera de corazón de roble y castaño (resultados mg/g de madera)

	Q. robur	*Q. petraea*	*Q. farnetto*	*Q. alba*	*Q. stellata*	*Q. oocarpa*	*C. sativa*
Elagitaninos							
Monómeros							
Vescalagina	26,7	8,7	15,7	3,8	16,3	6,5	22,6
Castalagina	30,1	12,4	14	26,4	29,6	23,7	17,4
Grandinina	8,5	5,8	5,2	tra	6,4	6,2	tra
Roburina E	4	4,7	8,7	2,8	8,5	2,9	0
Dímeros							
Roburina A	8,7	2,4	12,2	tra	1,9	0	3,8
Roburina D	2,3	0,4	5,2	0	0	0	0
Roburina B	3,6	2,6	26	tra	2,3	0	tra
Roburina C	3,5	2,1	21	tra	1,9	0	0
% dímeros	21	19	58,5	< 1 %	9	0	9
% monómeros	79	81	41,5	> 99 %	91	100	91
% elagitaninos pentosilados*	22,5	39	55	9	28	23	< 1 %
Vescalagina libre/ Castalagina libre	0,88	0,7	1,1	0,14	0,55	0,27	1,3
Vescalagina total/ Castalagina total**	1,7	2	4,6	0,26	1,25	0,65	1,5

* Elagitaninos pentosilados: Grandinina + roburina E + roburina B + roburina C.
** Vescalagina y castalagina total = moléculas libres + pentosiladas + bajo formas dímeras.

Los extractos de madera de corazón de las especies americanas contienen casi exclusivamente elagitaninos monómeros (> 90 %). *C. sativa* presenta las mismas características, además de casi ausencia de moléculas pentosiladas (Fig. 27).

Los métodos quimio-taxonómicos han sido aplicados en sectores diferentes al de la madera, dando lugar a clasificaciones interesantes. Se ha prestado mucho interés al análisis de los antocianos monoglucósidos y acilados de las hojas de viváceas para distinguir sus especies (Darné, Burdeos). Otras tentativas han intentado diferenciar distintos tipos de *Vitis vinifera,* pero la gran proximidad botánica entre unas y otras sólo ha permitido diferenciar grupos de varias viníferas. Estos estudios se han centrado en los antocianos de las pieles y pepitas de las uvas maduras (Roggero, Aviñón) o sobre los ésteres tartáricos de los ácidos cinámicos de la pulpa y pieles de bayas de uvas maduras (Boursicot, Montpellier). Podrían citarse otros numerosos ejemplos de aplicaciones en otros sectores tales como horticultura (reconocimiento de azaleas por los perfiles antociánicos de las flores), arboricultura (diferenciación de variedades de frutos por los perfiles flavonoideos), etc.

Los compuestos volátiles

La identificación y cuantificación de los compuestos volátiles es interesante porque varios de ellos pueden ser odorantes y, por lo tanto, participar del olor de la madera. Esta clase de compuestos es muy amplia, lo que permite suponer que estadísticamente las posibilidades de encontrar uno o varios marcadores específicos aumentan. Son productos fácilmente analizables en una sola vez, por cromatografía en fase gaseosa, e identificable por espectrometría de masas (técnica descrita como GC/MS, utilizada rutinariamente desde hace tiempo). En el plano analítico, el estudio de estos compuestos parece más sencillo, o menos complejo, que el de los taninos, que por su elevada masa molecular y en función de su naturaleza necesitan protocolos analíticos distintos.

Una aplicación sencilla de la metodología ha consistido en cuantificar los productos volátiles procedentes de la maceración en medio hidroalcohólico de virutas de roble (*Q. robur, Q.*

Tabla 9.–Marcadores químicos típicos de diferentes especies de robles potencialmente utilizables en tonelería

	Oxo-3-retro-α-ionol	β-Metil-γ-octalactona	γ-nonalactona	Eugenol	Vanillina
Castaño					
C. sativa	–	–	–	–	+
Robles asiáticos					
Q. serrata	–	+	+	+	+
Q. mongolica	–	+	+	+	+
Q. denta	–	+	+	+	+
Robles americanos					
Q. alba	+	+	–	+	+
Q. garryana	–	+	–	+	+
Q. stellata	+	+	–	+	+
Q. macrocarpa	+	+	–	+	+
Q. muehlenbergii	+	+	–	+	+
Q. durandii	+	+	–	+	+
Q. bicolor	+	+	–	+	+
Robles europeos					
Q. robur	–	+	–	+	+
Q. petraea	–	+	–	+	+
Q. toza	–	+	–	+	+
Q. farnetto	–	+	–	+	+
Q. lanuginosa	–	+	–	+	+

petraea) y de castaño *(Castanea sativa).* Si en ocasiones las muestras de maderas distintas pueden dar lugar a confusión visual, los análisis revelan la ausencia de β-metil-γ-octalactona en los macerados de castaño. Otros marcadores pueden ser usados para diferenciar grandes grupos de robles: β-metil-γ-octalactona, γ-nonalactona y oxo-3-retro-α-ionol. La selección de estos tres marcadores permite diferenciar los grupos de robles europeos, asiáticos y americanos (tabla 9).

Actualmente esta vía de investigación es aún limitada aunque es de desear continúe el desarrollo de métodos quimio-taxonómicos basados en los compuestos volátiles.

Los elementos minerales

Los metales pesados han sido objeto de frecuentes estudios atendiendo a sus aspectos contaminantes, su papel de marcadores del origen geográfico o su efecto catalítico en los fenómenos oxidativos. El desarrollo de la técnica ICP-MS permite analizar un gran número de metales simultáneamente. Las muestras son analizadas generalmente bajo forma líquida tras extracción o mineralización completa del material; más raramente por ablación láser. La ICP-MS es una técnica relativamente reciente que permite el análisis simultáneo de hasta sesenta elementos en una muestra. El principio consiste en transportar un aerosol formado a nivel de un nebulizador u otro sistema de vaporización al nivel de un plasma (7.000° K) donde es ionizado y transmitir los iones a un spectrómetro de masas cuadrupolar. El paso desde la presión atmosférica hasta el vacío (10-6 Bar) necesita una interfase constituida por dos conos de níquel. Lentillas electrostáticas situadas ante el cuadrupolo permiten enfocar el haz de iones. A la salida del cuadrupolo un detector de iones/amplificador de electrones permite contar los iones, cuyo número es proporcional a la concentración en la muestra, que será calculada en un ordenador. Esta instrumentación permite el análisis a seis niveles de concentraciones, desde ng/l hasta centenas de mg/l. El análisis de metales pesados en la madera de roble por ICP-MS es un tema de investigación muy reciente con un doble objetivo. Por un lado, puede contemplarse que a partir de ciertos metales sea identificable el origen geográfico de la madera mediante el método estadístico de análisis discriminante por grupos; por otro lado, se trata de medir el efecto catalítico de éstos elementos en el fenómeno de oxidación del vino durante su crianza en barrica. Sin embargo, este tipo de estudio exige la previa puesta a punto de un método de preparación de las muestras, la elección de estándar y la optimización de las condiciones de ICP-MS. Los recientes trabajos de Hoffman *et al.,* muestran que la concentración de elementos minerales de muestras tomadas en el seno del mismo árbol es muy variable, según los anillos, la altura y la orientación con respecto al árbol. Las concentraciones pueden igualmente variar según que el árbol esté más o menos cercano a una carretera o a una zona urbana; por ello es conveniente en un primer tiempo realizar un estudio previo del árbol solo y sobre muestras medias representativas de los anillos de crecimiento.

A continuación se comentan los primeros resultados relativos al análisis de metales por ICP-MS y su utilidad para determinar el origen geográfico de muestras anónimas.

Principio y método

El ICP-MS utilizado fue un VG Plasma Quad (Fisons Instruments) asociado a un láser YAG:Nd que opera a una longitud de onda principal de 1.064 nm. La muestra fue colocada en una celda de ablación montada sobre un motor que permite el desplazamiento en la dirección *x* e *y*, controlado por ordenador. El enfoque se hace manualmente mediante una cámara de vídeo que permite la observación de la muestra y cuyo punto focal coincide con el del láser. Debe señalarse la versatilidad de esta técnica, pues permite variar fácilmente la cantidad de materia que entra en el espectrofotómetro ajustando la energía del láser y la velocidad de repetición de los impactos láser. Para ser cuantitativo este método precisa muestras de referencia que no existen para muchas matrices. Las condiciones experimentales están resumidas en el artículo de Alteyrac *et al.* (1995). La preparación de las muestras consiste en permitir el análisis de la madera en solución después de mineralización y en utilizar estos resultados para determinar la concentración de distintos constituyentes de una madera que será utilizada posteriormente como referencia. Esta madera de referencia es empastillada y utilizada para calibrar el aparato, ofreciendo así la ventaja de reproducir íntegramente la matriz madera. Inicialmente se utilizaron una serie de muestras de roble francés para verificar la posibilidad de clasificación en función de su región de procedencia: Allier (4), Limousin (3), Vosgos (4). Posteriormente se compararon los resultados obtenidos con los robles del este europeo (Croacia, Polonia, Bulgaria).

Mineralización de las muestras

La primera parte del trabajo consiste en la puesta a punto de un método para la mineralización de las muestras. Se realizaron varios ensayos con ácido nítrico solo (60 % v/v, Suprapur, Merk), con agua oxigenada sola (30 % v/v, Normapur) y con una mezcla de ácido nítrico/agua oxigenada. Este último fue el método de mineralización elegido, pues permite obtener una destrucción completa de la matriz lignocelulósica de la madera, que puede apreciarse a simple vista. La toma de muestra es de 0,3 g de madera en forma de serrín tamizado (63 μm) a fin de obtener una mejor homogeneidad, a la que se añaden 5 ml HNO_3. Después de 12 horas a temperatura ambiente se añade 1 ml de H_2O_2 y el conjunto se dispone en un baño maría (80° C) durante 4 horas. Tras enfriamiento, se añade el rodio hasta una concentración final de 100 μg/l y se completa con agua ultrapura hasta un volumen final de 45 ml. La elección del rodio (m/z = 103) como patrón interno obedece a su posición central en la gama de masa estudiada, a su ausencia en las muestras a estudiar y a la ausencia de interferencias en esta masa. La toma de muestra para el análisis por absorción atómica es de 1 g mineralizado por 10 ml de HNO_3; y 1 ml H_2O_2, siguiendo el mismo procedimiento.

Preparación de la pastilla de referencia

El serrín es molido en un mortero después de haber añadido nitrógeno líquido a fin de hacer la madera más rompible y luego tamizado (63 μm). En un tubo de ensayo se mezclan 0,7 g de serrín y 7 ml de una solución de rodio a concentración de 100 μg/l recubriendo el serrín. La mezcla obtenida se seca (2 horas a 40° C) y comprimida en pastilla en una empastilladora para IR (8 toneladas/cm^2, durante 1 minuto). Se obtiene una pastilla de 13 mm de diámetro y 2 a 3 mm de espesor, relativamente homogénea y de una buena resistencia a los tiros del láser.

Aplicación del método de análisis ICP-MS a las muestras de madera mineralizadas

Los análisis practicados sobre la serie de robles franceses muestran que existen marcadores susceptibles de permitir una clasificación en función del origen geográfico (tabla 10).

Tabla 10.–Resultados del análisis de muestras de roble francés por ICP-MS tras mineralización
(en negritas se indican los elementos discriminantes)
(resultados en µg/l de solución de mineralización, conteniendo 10 mg de madera/ml)

	Allier				Limousin			Vosges			
	1	**2**	**3**	**4**	**5**	**6**	**7**	**8**	**9**	**10**	**11**
Na	346	260	669	366	310	400	407	536	384	355	452
Mg 24	121	80	107	98	225	260	114	74	61	169	203
Al	111	102	105	148	100	105	109	261	119	98	88
Ca	3.871	1.755	4.267	3.839	3.366	3.508	2.143	**13.783**	**10.490**	**5.987**	**5.123**
Fe 54	117	121	99	143	126	100	106	**263**	**230**	**213**	**157**
Ni	13	206	36	5	6	5	8	13	9	12	68
Cu	68	54	71	68	89	57	64	93	60	95	69
Zn 68	19	13	16	18	24	12	21	**49**	**18**	**20**	23
Rb	2	1	3	1	7	6	12	3	2	13	11
Sr	19	7	20	18	14	14	9	**32**	**27**	**28**	**25**
Cs	9	6	0	0	**27**	**4**	**28**	7	0	1	4
Ba 138	48	79	47	55	36	37	36	**68**	**73**	**73**	**66**
Pb 208	7	7	13	8	9	9	8	10	9	0	10
Bi	**1,6**	**0,4**	**0,3**	0,2	0,2	0,15	0,2	0,13	0,1	0,16	0,15

En el limitado muestreo del estudio se aprecia que el Allier se distingue por un contenido más elevado en bismuto (Bi); en el Limousin parece ser el cesio (Cs) el elemento discriminante y para los Vosgos, el calcio (Ca), hierro 37 (Fe 37), cinc 68 (Zn 68), estroncio (Sr) y el bario 138 (Ba 138). Mediante análisis multiparamétrico ACP se observa cómo se dibujan clases distintivas en función del origen geográfico (Fig. 28).

Las diferencias pueden atribuirse a la diferente naturaleza del suelo de estas regiones:

- Allier: suelos marrones, abundancia de proporción calcárea, precipitación media anual 1.100 mm.
- Limousin: suelos parcialmente podzolizados, roca madre silícea, lixiviada, precipitaciones anuales próximas a 900 mm.
- Vosgos: suelos marrones y precipitaciones de 1.000 mm/año.

Pero esta información no explica el conjunto de la variabilidad manifestada en las muestras. El aspecto pedogénico debe ser tenido en cuenta; se trata de la contribución de la vegetación a la formación del suelo por una acción física, química y microbiológica. Junto a este parámetro, los aspectos relativos al complejo suelo/solución del suelo y raíces, así como la biología del suelo, participan muy posiblemente en el fenómeno.

Continuando el estudio, se realizó una segunda serie de experiencias analizando maderas de diversas regiones europeas. La tabla 11 recoge los resultados medios. Si varias muestras son claramente distintas, otras por el contrario –como el roble de Polonia– no presentan elementos característicos. El método, sin embargo, es lo suficientemente interesante como para ser generalizado a una serie de muestras más amplia.

Aparecen diferencias en las concentraciones de ciertos elementos en función de la procedencia de la madera, por lo que cabe esperar su utilización para diferenciar árboles según su origen. Este estudio forma parte de una orientación más general de identificación de diversos productos.

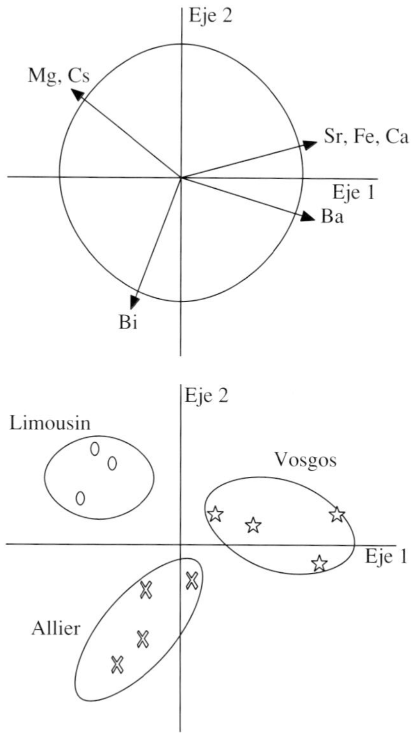

Fig. 28.–Resultados del análisis ACP de los datos de la tabla 10. Repartición de las muestras por grupos comunes de origen geográfico.

Tabla 11.–Resultados de los análisis de muestras de robles europeos por ICP-MS tras mineralización (resultados en µg/l de solución de mineralización, conteniendo 10 mg de madera)

	Limousin	**Croacia**		**Polonia**	**Bulgaria**	**Francia**				
		1	**2**			**Vosgos**	**Allier**	**Tronçais**	**Nevers**	**Centro Francia**
Na	**856**	**497**	267	236	**670**	414	283	351	377	308
Mg 24	**430**	162	142	96	122	215	135	136	165	189
Al	72	83	67	78	69	106	108	104	98	112
Ca	388	311	356	158	**740**	362	363	416	**763**	492
Fe 54	117	107	83	76	103	128	**168**	**155**	**157**	**153**
Ni	12	14	10	10	16	13	10	**25**	35	10
Cu	49	67	48	56	65	76	52	50	62	68
Zn 68	**35**	27	17	12	21	23	26	21	**41**	23
Rb	**21**	16	16	11	12	8	10	10	16	11
Sr	**72**	16	15	15	16	16	15	16	28	20
Cs	8	6	4	5	7	6	8	16	**108**	6
Ba 138	**79**	46	29	42	23	54	51	53	55	**69**
Pb 208	13	14	**24**	12	12	13	12	13	14	15
Bi	9	8	8	8	7	8	8	7	7	**17**

MÉTODOS UTILIZADORES DE TEST GENÉTICOS

Se habla mucho de tests genéticos. Hoy son aplicados en numerosos sectores y, en particular, por ser el más mediático, en criminología. La base de este método es el ADN (ácido desoxiribonucleico), contenedor de información sobre la vida, su forma, sus tejidos y los órganos que la componen, así como su modo de funcionamiento, su crecimiento y su reproducción. Es el código completo que permite la replicación de todo ser viviente sobre la tierra, vegetal o animal. Aunque todo ser viviente posee ADN en las diferentes células que lo constituyen, la naturaleza de la información puede experimentar modificaciones parciales que se traducen en variaciones visibles o más discretas entre cada individuo. Así, en el seno de una misma especie de plantas cultivadas, por ejemplo, pueden apreciarse ínfimas diferencias que se traducen en variaciones de la cantidad de producción o de su calidad, repetidas anualmente; el ADN registra esta información, que es posible transmitir en condiciones de crecimiento controlado. Así pues, si se dispone de un método de aislamiento y lectura del ADN, tales diferencias pueden ser advertidas y distinguir entre sujetos aparentemente idénticos. Este es el objetivo de los métodos genéticos que estudian muestras: sean morfológicamente muy diferentes, a fin de confirmar una clasificación establecida en criterios fenotípicos (la mayoría de los métodos taxonómicos); sean similares pero representando un conjunto de grupos (diferentes entre ellos por aptitudes particulares) más o menos amplio; o el individuo (último estadio de la diferenciación) que asegura el reconocimiento de un clon.

Principio de los tests genéticos

Se sabe cómo extraer ADN de los tejidos vegetales vivos, particularmente de los tejidos juveniles (tallos, yemas, hojas). En la madera, por el contrario, hay que enfrentarse a dos dificultades principales:

- El ADN en los tejidos leñosos, en ocasiones muy antiguos, sólo está presente a nivel de trazas. Se hace necesario recurrir a largas series de amplificación para reproducir ADN en cantidad suficiente.
- El ADN está con frecuencia degradado y la información que contiene es, en consecuencia, parcial. Es necesario elegir en el residuo una impronta discriminante y aislarla del resto, por lo que la información es inútil o incompleta y, por lo tanto, sin interés.

De hecho, el origen de las dificultades radica en el punto de muestreo: la madera de corazón. Se trata de un tejido muerto e impregnado de taninos, de lignina, cuyas paredes son gruesas y poco permeables a los líquidos. Según el punto de muestreo, la madera puede tener de 30 a más de 250 años, y en estas condiciones la búsqueda de ADN es delicada y precisa de conocimientos especiales. Los taninos, presentes por todas partes, plantean problemas durante la extracción, pues se fijan sobre las proteínas y provocan posteriormente, en el gel de electroforesis que permite la separación de los fragmentos de ADN, la aparición de arrastres que interfieren en la lectura de las bandas.

Superadas estas dificultades analíticas, el análisis de ADN permite identificar zonas del genoma, particularmente polimorfo y discriminante. Los estudios se enfocan precisamente sobre estos fragmentos informativos. En función del nivel de información buscado (diferenciación de especies, de poblaciones,

o de individuos) varía la parte de ADN o su naturaleza. Según el equipo del INRA de Burdeos-Cestas, se distingue:

- Para diferenciar especies, el ADN cloroplástico o nuclear (genómico).
- Para una población (identificación del origen geográfico), el ADN cloroplástico o mitocondrial.
- Para diferenciar un individuo (clon), el ADN genómico.

Así pues, para separar grupos o individuos, interesa que sea el ADN contenido en los órganos celulares (cloroplasto, sede de la fotosíntesis; mitocondria, sede de reacciones oxidativas tales como la respiración) o directamente en el genoma de las células el ADN nuclear. Después de haber aislado el o los fragmentos más informativos para el nivel de cuestión planteado, se procede a la replicación de los mismos para obtener una cantidad suficiente (técnica de PCR, o *polymerase chain reaction*). Los fragmentos así ampliados son separados, lo más frecuentemente sobre gel, y estudiados por comparación con perfiles obtenidos según la misma metodología, a partir de muestras o de individuos de referencia. El éxito en la identificación reside en la calidad y amplitud de la base de referencia. Si no se posee como mínimo un elemento de comparación idéntico, es imposible llegar a información concluyente sobre la sucesión de bandas electroforéticas que constituyen el perfil anónimo.

Posibles aplicaciones

Según Kremer *et al.* (2000) se distinguen tres niveles de aplicación: identificación de especies por grandes secciones (robles rojos, robles blancos americanos, robles blancos europeos y robles asiáticos); por especies en el seno de secciones (por ejemplo: roble pedunculado y roble sessile); identificación del origen geográfico de algunas especies (sessile, pedunculado, pubescente, tauzin...).

Identificación de robles por grandes secciones

Extracción de ADN de hojas, yemas, glándulas y madera; búsqueda de fragmentos cloroplásticos DT (1.722 pares de bases) y 44 especies en bancos de datos. El resultado es la distinción de robles rojos (sec. Erythrobalanus) y robles blancos (sec. Lepidobalanus) diferenciando los grupos americano, europeo y asiático.

Identificación de robles pedunculados (Q. robur) *y sessile* (Q. petraea)

Extracción de ADN de hojas, yemas, glándulas y madera; búsqueda del fragmento discriminante a partir del ADN genómico y utilización de iniciador específico. Utilización de un banco de datos de 400 robles por especie cubriendo Europa.

Identificación del origen geográfico

Para este caso particular, los autores se han servido del ADN contenido en los órganos celulares, por estar caracterizados, en la mayoría de los casos, por una herencia materna; son, pues, transmitidos por las glándulas y fuertemente relacionados a una población o a una región. El ADN fue extraído de hojas, yemas, glándulas y madera y lleva específicamente ADN cloroplástico. La referencia se compuso de 1.412 árboles cubriendo toda el área europea, pertenecientes a 345 poblaciones (muestras INRA), más 15.000 árboles procedentes de 3.000 poblaciones (muestras proyecto europeo). El resultado es la delimitación de grandes zonas geográficas.

ORIGEN DE LOS *QUERCUS:* PALEOBOTÁNICA DEL GÉNERO *QUERCUS*

La paleobotánica se enfrenta con frecuencia a la dificultad de identificar con certeza las huellas fósiles de hojas. En los últimos años, la microscopía electrónica ha permitido responder parcialmente a las exigencias de identificación mediante el estudio morfológico del polen: paleopalinología. Con tal ayuda ha sido posible reconsiderar los datos disponibles para ayudar a trazar la aparición y la evolución de las especies.

Las primeras trazas de *Quercus* aparecen en el pleistoceno bajo forma de hojas fósiles que recuerdan al *Q. rubra.* Hay que esperar hasta el mioceno (26000000 a. C.) para encontrar muestras muy diferentes de robles, de las que un cierto número cabe asimilar a formas modernas. Así pues, las diversificaciones del género se iniciaron antes de la separación de los continentes. Es en esta misma época cuando se encuentra una especie moderna, el *Q. chrysolepsis.*

Con el curso del tiempo, el clima sufrió importantes variaciones; en particular en el cuaternario, cuando largos periodos glaciares se intercalaron con periodos más templados. En el curso de las fases de glaciación, las especies experimentaron un repliegue a las llamadas zonas de refugio. De hecho todo el proceso se desarrolló en largos periodos y según los rigores climáticos. Así

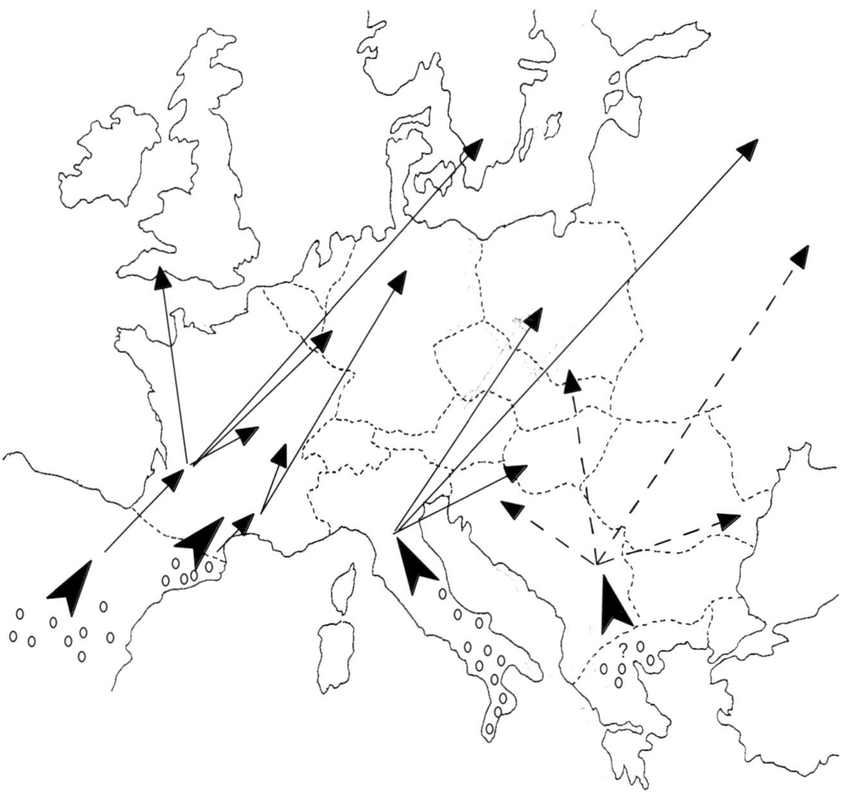

Fig. 29.–Localización de las zonas refugio (círculos vacíos) y vías re recolonización post-glacial (flechas).

la diseminación de nuevos sujetos se hizo principalmente hacia el sur, cuyas condiciones climáticas eran más favorables a buen número de especies. Durante la última glaciación, las principales zonas refugio se limitaban a la Península Ibérica, sur de Italia y los Balcanes (Fig. 29).

Cuando las condiciones climáticas se hicieron más favorables, las vías de recolonización fueron, probablemente, la Península Ibérica para los macizos forestales del oeste europeo, Italia para el centro y norte de Europa y los Balcanes –en la medida en que habían constituido una zona de refugio– para las regiones del este europeo. El estudio de los pólenes fosilizados confirma este tipo de evolución, así como la existencia de una zona de refugio en el oriente próximo (Turquía). La fase de recolonización se inició entre el 15000 a. C. y el 13000 a. C., para concluir entre 8000 y 6000 años a. C.

En Norteamérica, la escala de tiempo fue la misma. Las zonas refugio se concentraron en el sudeste de EE.UU., por debajo del paralelo 38°. La recolonización parece haber sido más larga, pues parece haber concluido hacia 3000 a. C., o en todo caso después de 4000 a. C., ya que los estudios polinológicos indican que la fase de reconquista de territorios no había concluido en tal época.

GRANOS, POROSIDAD Y PROPIEDADES MECÁNICAS DE LA MADERA DE CORAZÓN

NOCIÓN DE GRANO

CARACTERES ANATÓMICOS

El desarrollo del roble produce una capa de madera (xilema) llamada zona o anillo de crecimiento. Cada anillo representa un año de la vida del árbol. En la lámina I (n.° 1 y 2), que sirve de modelo para el esquema de la figura 30, se observan varios anillos de crecimiento. Se constata que un anillo está constituido por una estructura heterogénea, formada por vasos gruesos al comienzo del anillo y por tejidos formados posteriormente, densos, fibrosos, poco vascularizados y cuyos vasos son de menor tamaño y están en menor número. La irregularidad apreciada en un crecimiento anual corresponde a la producción de madera inicial –o madera de primavera– al comienzo del ciclo vegetativo. Cuando el ciclo vegetativo avanza, aparece la madera final o madera de verano.

DEFINICIÓN Y MEDIDA DEL GRANO Y DE LA TEXTURA DE LA MADERA

La madera de los robles es heterogénea, es decir, que está constituida por madera de primavera, más tierna y más ligera, compuesta de grandes vasos, numerosos y apretados unos a otros y de madera de verano, más dura y más densa, compuesta esencialmente de fibras, con algunos vasos pequeños y dispersos. La velocidad de crecimiento determina la anchura del anillo y está influida por las condiciones del territorio y de la especie.

El grano es muy importante para la clasificación cualitativa de las madera en tonelería; es un criterio fenotípico relacionado con la sucesión de anillos de crecimiento (Fig. 30).

> A propósito de la definición de grano: en otro tiempo se hablaba de madera «magra, nerviosa» refiriéndose al grano apretado, y de madera «grasa» para la de grano grueso. Actualmente se habla de madera magra para designar el grano fino y apretado, y de madera grasa para el grano grueso.

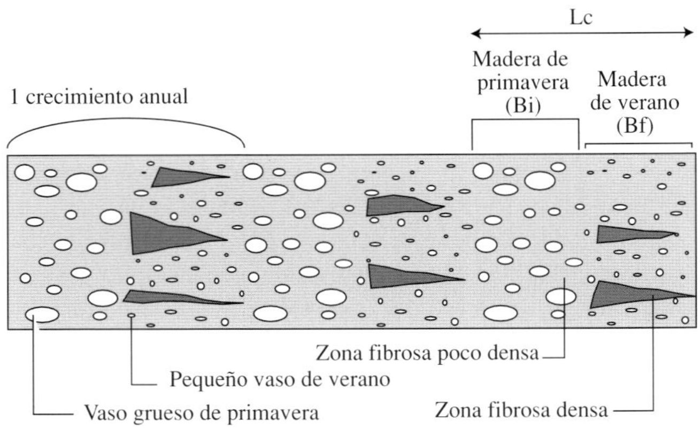

Definición del grano [(G = Lc (mm)] y de la textura (T = Bf/Lc).
Lc = anchura del anillo de crecimiento anual.
Bi = madera inicial o de primavera; Bf = madera final o de verano.

Fig. 30.–Esquema simplificado de la estructura del duramen en corte transversal.

Evolución de los términos definidores de la noción de grano

Para Gallot y Gast (1878) «las maderas nerviosas están caracterizadas por fuertes crecimientos, una capa espesa de madera de otoño, fibrosa (...). Las maderas grasas tienen capas anuales poco espesas, mostrando en su superficie la abertura de vasos de pequeño diámetro; su tejido es poroso, su grano apretado». Ya por estas fechas la noción de grano estaba relacionada con la porosidad; en esta clasificación se reconoce el tipo Limousin (madera nerviosa, fuerte crecimiento anual, ruptura fibrosa y una gruesa capa de madera de verano) y el tipo Allier (madera grasa, capas anuales poco espesas). Pero las dos definiciones son a menudo contradictorias, particularmente para la madera grasa que corresponde a la definición de un grano apretado, pero a la que se le atribuye que «su grano es poco apretado».

Mathey (1908) precisa la definición de Gallot y Gast: «se designa con el nombre de maderas magras (maderas nerviosas) aquellas que presentan una notable proporción de madera de otoño; es decir, de tejidos fibrosos. Su sección es compacta y lisa, con aspecto frecuentemente córneo. Estas maderas tienen un grano fino y adquieren un hermoso pulido. La madera pedunculada, procedente de "taillis sous futaie" de aluviones terciarios y cuaternarios, caracteriza el tipo de maderas magras (...). Las maderas grasas son aquellas en las que predominan las formaciones porosas de primavera, es decir, el tejido vascular o conductor. La sección es rasposa, el grano grueso, el aspecto siempre amarronado. El roble rouvre (sessile), que ha crecido en terrenos rocosos o procede de masas forestales tratadas en monte lleno, es el tipo de madera grasa». Aquí también, aunque la definición es precisa, refiere el tipo Limousin al grano fino y el tipo Allier al grano grueso.

Larue (1923) y Brunet (1925) invirtieron la denominación de las dos categorías, conservando la definición de Mathey; atribuyeron al tipo Allier (roble rouvre o sessile) la denominación de grano fino y al tipo Limousin (roble robur o pedunculado) la de grano grueso. Esta definición, oficializada en el *BOSP (Bulletin Officiel des Scieurs Professionels)* en 1943 (n.° 21.12.43) y retomada

por J. Venet en 1954, tras algunas modificaciones, lleva a una designación del grano contraria a la establecida por los autores del siglo anterior. En resumen:

- 1750-1920: madera magra = madera nerviosa = grano grueso y madera grasa = grano fino.
- Desde 1920: madera magra = grano fino = grano apretado y madera grasa = grano grueso.

Actualmente, la normativa francesa «NF» clasifica el conjunto de las maderas en dos categorías inspiradas en los trabajos precedentes (NF B50-002). Se distinguen:

- Las maderas de grano fino u homogéneo, cuyos vasos son de pequeña dimensión y apenas visibles a simple vista; es el caso de haya, chopo, peral.
- Las maderas de grano grueso u homogéneas, cuyos vasos son de pequeña dimensión, relativamente importantes y visibles a simple vista; es el caso del roble, castaño, fresno, falsa acacia.

Sin embargo, en el sector de la tonelería, la clase de las llamadas maderas de grano grueso se han subdividido para los robles en: grano fino, semi-fino y grueso. Los valores de cada categoría de esta subclasificación varían según las regiones y las tonelerías. No existe pues una definición clara que permita una clasificación objetiva y generalizada del roble en el territorio francés y en el seno de la Unión Europea.

Desde hace algunos años la noción de grano se ha extendido a las características anatómicas de la madera y en particular al número y dimensiones de los vasos (Feuillat, 1991). Esta concepción original viene a completar los medios disponibles que permiten el estudio de las características estructurales del roble y de la evolución de sus calidades. Por ello, la clasificación de la madera de roble necesita actualmente la combinación de las nociones de grano y textura, así como de la biometría aplicada a la descripción de los vasos. En los últimos dos siglos se ha establecido una ciencia enteramente dedicada a la madera, la xilología, cuyos fundadores fueron el botánico forestal Ph. Guinier (1876-1962), que fue director de la Escuela de Aguas y Bosques y M. Monnin (1877-1944) conservador de Aguas y Bosques e iniciador de los métodos de ensayos físicos y mecánicos de la madera. El trabajo de final del siglo XX consiste en reagrupar las diferentes nociones para extraer una clasificación general de la madera de roble en relación con su calidad.

La textura es una noción complementaria de la anterior y se define como «la relación de la anchura de la madera de verano a la anchura total del anillo de crecimiento» (NF B50002).

Factores de variación del grano y de la textura de la madera

Influencia de la especie sobre el grano y la textura

En la tabla 12 se observa que *Q. robur* tiene un grano más grueso por comparación con *Q. petraea;* aunque el coeficiente de variación sea elevado, las diferencias son significativas al umbral del 5 %. El crecimiento más rápido del *Q. robur* se traduce en una textura mayor relacionada con el aumento de la parte de madera de verano en los anillos de crecimiento. Pero este fenómeno no es general.

Tabla 12.–Variabilidad dentro de los anillos de crecimiento de maderas de corazón de *Q. robur* y *Q. petraea* procedentes de diferentes regiones
(x, media; CV %, coeficiente de variación; n, número de muestras; Lc, anchura del anillo de crecimiento en mm; T, textura; Nc, número de anillos de crecimiento por cm; Bi, anchura de la madera de primavera en mm)

		Q. robur		*Q. petraea*		
		Limousin (Fr.)	**País Vasco (Esp.)**	**Vosgos (Fr.)**	**Centro Francia (Fr.)**	**País Vasco (Esp.)**
n		180	60	180	180	60
Lc (mm)	x	4,5	1,36	2,9	1,39	1,43
	CV %	29	16	28	16	22
T = Bf/Lc	x	0,77	0,47	0,73	0,71	0,47
	CV %	23	14	32	17	24
Nc (/cm)	x	2,22	7,36	3,44	7,16	6,9
	CV %	28	21	29	14	19
Bi (mm)	x	1	0,72	0,77	0,39	0,75
	CV %	21	16	29	18	22

Influencia del origen geográfico sobre el crecimiento y el grano

Para ilustrar esta cuestión han sido comparadas regiones francesas entre sí y regiones francesas con una región del norte de España.

Caso del macizo forestal francés

Para un muestreo importante (tabla 12), se observa que *Q. robur* de Limousin tiene un grano significativamente más grueso que el *Q. petraea* de los Vosgos y Centro de Francia (significativo para un umbral del 5 % en los Vosgos y 1 % en Centro de Francia). La textura de la madera de los Vosgos y Centro de Francia es algo inferior a la de Limousin (significativa al umbral del 5 %). Sin embargo, la madera de los Vosgos no da resultados significativamente diferentes a los de la de Limousin. La anchura de la madera de primavera es mayor en el Limousin que en los Vosgos y Centro de Francia (sin significado para los Vosgos y significativa al umbral del 1 % para Centro de Francia). Parece que, en el macizo forestal francés, *Q. robur* tiene un crecimiento más rápido que se traduce en un grano más grueso, alta textura, pocos anillos por centímetro y una zona ancha de madera de primavera. El *Q. petraea* presenta mayor variabilidad; se caracteriza por un grano entre apretado y muy apretado, baja textura, número elevado de anillos por centímetro y zona de madera de primavera más estrecha. El *Q. petraea* de Vosgos parece tener una posición intermedia entre el *Q. robur* de Limousin y el *Q. petraea* de Centro de Francia.

Estas observaciones podrían interpretarse como una mezcla de *Q. robur* y *Q. petraea* en el muestreo de Vosgos, pero los caracteres distintivos de la madera de *Q. petraea* son respetados y la repartición de poblaciones da una curva unimodal (1 máximo). Si hubiera habido una mezcla de las dos especies, la repartición de la población habría dado una curva bimodal (2 máximos). La variabilidad entre especies es aquí más fuerte que la variabilidad en el seno de cada muestreo; conviene señalar que algunos individuos de cada grupo pueden presentar caracteres comunes a los del grupo vecino. Es el caso concreto de algunas muestras de Limousin que presentan similitudes con los *Q. petraea* de los Vosgos. Sin embargo, el perfil de las tres poblaciones es gausiano (medio de clase próximo a la media).

Comparación entre los macizos forestales francés y español

Los datos están recogidos en la tabla 12. Los *Q. petraea* del Centro de Francia y del País Vasco español tienen caracteres muy próximos y no son estadísticamente diferentes. Se observa, sin embargo, que la zona de madera de primavera es mayor en el *Q. petraea* español (Bi = 0,39 mm, para Centro de Francia y Bi = 0,75 mm para País Vasco español, significativa en umbral del 5 %). Esto significa que las condiciones climáticas y de suelo, asociadas a la especie, mejoran la aptitud de esta especie de producir mayor proporción de madera de primavera, para un crecimiento total del anillo comparable al de Centro de Francia. Opuestamente, los resultados más sorprendentes se dan en la comparación de *Q. robur.* En el País Vasco español, con condiciones ecológicas y silvícolas dadas, los robles pedunculados dan una madera cuyos caracteres estudiados son comparables a los del roble sessile francés y español. Solo la textura de la madera es significativamente inferior (significativa al umbral de 1 % respecto al *Q. robur* de Limousin y al 5 % respecto al *Q. petraea* del Centro de Francia y País Vasco).

Estos resultados sugieren la influencia de las condiciones de cultivo, riqueza del suelo y factores climáticos, sobre la velocidad de crecimiento y los caracteres de la madera dependientes (grano y textura).

Influencia de la velocidad de crecimiento sobre el grano y la textura

En un mismo tronco de madera se midió la proporción de madera de primavera (madera inicial, Bi), de madera de verano (madera final, Bf) y la anchura de los anillos de crecimiento (anchura de anillo, Lc). La figura 31 muestra que cuando la anchura de los anillos crece, es decir, cuando aumenta la velocidad de crecimiento, es esencialmente la proporción de madera final (Bf) la que aumenta, en tanto que la madera inicial (Bi) permanece estable.

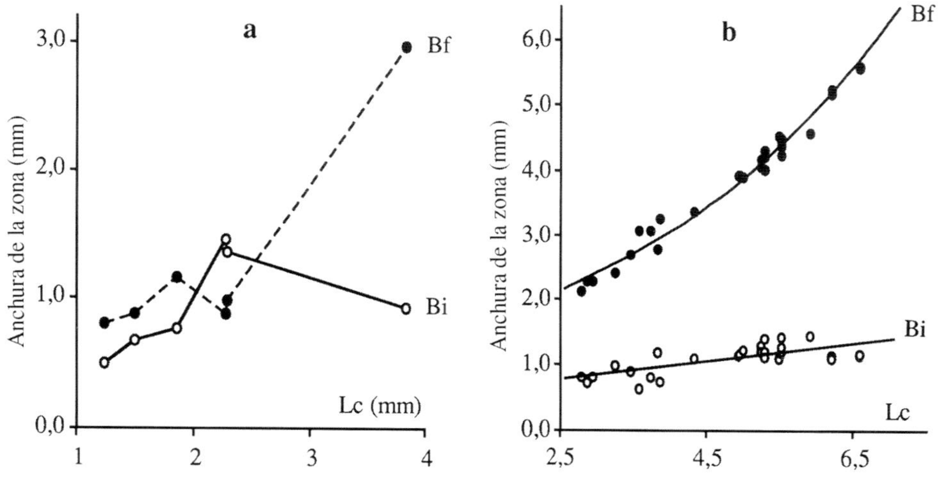

a: mediciones sobre un mismo tronco; b: mediciones en un muestreo (n = 30) de *Q. petraea.*

Fig. 31.–Influencia de la anchura de los anillos (Lc) sobre la proporción de madera de primavera (Bi) y de verano (Bf).

Pruebas practicadas sobre una mayor muestra (n = 30) de Q. *petraea* han permitido una mejor expresión de los resultados. Se confirma que, cualquiera que sea el valor de la anchura del anillo (Lc), para una misma especie, la proporción de madera inicial (Bi) varía poco. Contrariamente, el aumento de la velocidad de crecimiento se traduce siempre por una mayor proporción de madera final (Bf). Además, el mecanismo de formación de madera final se intensifica para velocidades de crecimiento superiores a 4 mm/año; por encima de esta velocidad el aspecto de la función Bf = f(Lc) toma un aspecto exponencial (r = 0,98).

Variación del grano de la madera en función de la edad del árbol

La figura 32 recoge las medidas de anchura de anillos registradas durante la duración de la vida completa de un árbol. El año 1 corresponde al anillo más interno situado junto a la médula; es pues la llamada edad medular. Las medidas se hicieron en porciones de la parte inferior del tronco, en su primer tercio de altura.

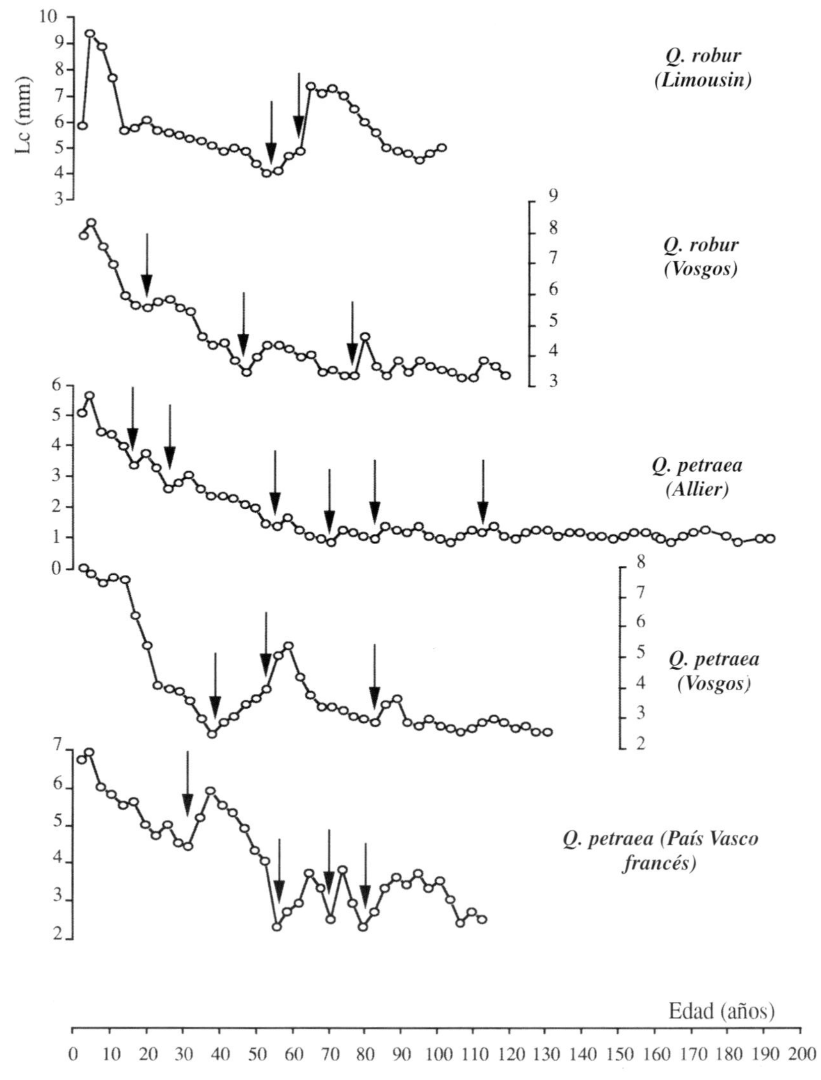

Las flechas indican talas de clareado.

Fig. 32.–Variación de la anchura de los anillos de crecimiento de diferentes troncos de madera en función de la edad medular.

Se observa que los primeros anillos son siempre más anchos y que a medida que transcurre la vida del árbol la anchura disminuye progresivamente. *Q robur* muestra anillos más gruesos que *Q. petraea*. Sin embargo, en Vosgos y con condiciones silvícolas adecuadas, pueden producirse maderas de *Q. robur* con grano más cerrado que los de Limousin. Inversamente, si las condiciones silvícolas están mal adaptadas se producen maderas de *Q. petraea* de granos menos apretados: es el caso del ejemplo de tronco procedente del País Vasco francés.

Un parámetro importante en la determinación de la calidad de la madera es la regularidad de los anillos de crecimiento. Se observa que después de las talas de clareado (representadas por flechas) la disminución de la densidad de plantación conlleva un aumento de la velocidad de crecimiento y por tanto una zona de heterogeneidad en el tronco, perjudicial para su valor comercial.

Estos mismos resultados revelan una importante fuente de variabilidad de la anchura de anillo que disminuye del centro del árbol hacia su corteza. Nepveu (1992) señaló una segunda fuente de variabilidad concerniendo a la anchura de los anillos, que aumenta desde la base del árbol hacia su altura. Debe siempre precisarse la situación de la muestra en el árbol y tener en cuenta estos dos factores de variabilidad en la interpretación de la calidad de la madera.

RELACIÓN ENTRE LA POROSIDAD Y LA VELOCIDAD DE CRECIMIENTO: MEDICIÓN Y SIGNIFICADO DE LA INFRADENSIDAD

MEDIDA EN ROBLES PROCEDENTES DE DISTINTOS ORÍGENES

La madera está constituida por un conjunto de «vacíos» y de «llenos». Los «vacíos» corresponden a los lúmenes de las células y los «llenos» a sus paredes. La infradensidad (ID) –o densidad mínima teórica– está determinada por la relación del peso anhidro (Po) al volumen saturado de agua (Vs), según concepción de Nepveu (1987). Por convención, la ID se expresa en kg/m^3 a una humedad de 15 %. Las mediciones de ID hechas sobre el mismo muestreo que el de la tabla 12, se recogen en la tabla 13.

Tabla 13.–Variabilidad del valor de infradensidad de las maderas de *Q. robur* y *Q. petraea* procedentes de distintas regiones de Francia

	Q. robur Limousin	*Q. petraea* Vosgos	Centro Francia
ID x	719,3	707,8	634,7
CV %	11	16	12

Se observa en la tabla 13 que el *Q. robur* de Limousin tiene una ID más elevada que los *Q. petraea* de Vosgos y Centro de Francia. Estos resultados vienen justificados por la mayor anchura de los anillos asociada a una proporción de madera final (Bf) igualmente mayor. Las diferencias solo son significativas estadísticamente para las comparaciones Limousin/Centro de Francia y Vosgos/Centro de Francia.

INFLUENCIA DE LA ANCHURA DE LOS ANILLOS DE CRECIMIENTO

A partir de los resultados medios de Lc (anchura del anillo) y de ID (infradensidad) del anterior muestreo, puede construirse la curva ID = f(Lc). La relación obtenida es logarítmica; a pesar de una variabilidad importante, la función trazada es significativa para un umbral de

0,1 %. Esto confirma en particular los trabajos de Polge y Kéller (1973) y los de Huber (1991) que mostraban que para crecimientos entre débiles y medios (Lc < 3 mm) el aumento de la velocidad de crecimiento se traduce por un aumento de la infradensidad (ID) y que más allá (Lc > 3 mm) las variaciones de ID se mantienen débiles.

Influencia del extracto seco hidrosoluble

La pérdida de la fracción hidrosoluble que impregna la madera, en las condiciones experimentales, disminuye sensiblemente el valor de ID. El *Q. robur* más rico en extracto hidrosoluble (Vivas, 1995) es el más afectado, ya que la ID disminuye un 21 % después de pérdida de parte de su extracto, mientras que el *Q. petraea* pierde un 11 %. La exposición al lavado por la lluvia durante el secado natural, sería susceptible de mejorar la porosidad de la madera destinada a tonelería.

Otros métodos de medida de la porosidad

Existen numerosos métodos de medición de la porosidad de la madera. Varios de ellos han sido específicamente diseñados para la madera (Polge, 1966; Polge *et al.,* 1977; Pernestal *et al.,* 1995; Zhang, 1995), pero la mayoría provienen de métodos adaptados a materiales diferentes (Threnard,1980; Feuillat, 1991) y derivan de los trabajos fundamentales de Washburn (1921).

Los métodos simples y aplicables a los análisis de grandes series de muestras, consisten en establecer una estimación suficientemente fiable de la porosidad a partir de las dimensiones de la madera a distintos niveles de hidratación. Partiendo de la infradensidad (Nepveu, 1987) se deduce la porosidad total de la madera (volumen de «vacíos» referido al volumen de «llenos») gracias a la relación establecida por Siau (1984). Según el mismo principio puede calcularse –con la ecuación de Kelwerth (1954)– el volumen poroso accesible al agua, expresado en mm^3 de agua/g de madera seca. Este último método necesita correcciones que tengan en cuenta el coeficiente de retractilidad ligado al grano.

Otras medidas densométricas son también realizables por el método de rayos X (Polge, 1966). A partir de una fuente de rayos X se realiza la radiografía de una pieza de madera de 2 mm de grosor. Se obtienen placas que muestran playas más o menos negras según la densidad de los tejidos. Las radiografías así obtenidas son estudiadas por mediciones densométricas después de contrastar la respuesta del densitómetro para transformar los resultados en kg/m^3 de madera. Este método es delicado y precisa de aparatos especiales. Permite el estudio de la repartición de zonas porosas y densas sobre la superficie de la muestra. También permite medir las variaciones finas de porosidad dentro de cada anillo.

La aplicación de analizador de imágenes o el tratamiento informático de los clichés fotográficos (Polge *et al.,* 1977; Feuillat *et al.,* 1993) permite estimar la proporción de vacío por referencia a una superficie total. Puede así cuantificarse la parte de cada elemento constituyente del tejido leñoso. También en este caso, el método es largo y precisa de equipamiento especial. La calidad de los resultados depende en gran parte del reglaje especialmente delicado del analizador de imágenes. Otros métodos más simples, basados en el mismo principio, consisten en delimitar a partir de los clichés, con un lápiz óptico, las diferentes zonas anatómicas de la superficie de la madera.

La porosidad al mercurio (Threnard, 1980; Anónimo, 1987; Roques *et al.,* 1987) consiste en hacer penetrar mercurio –líquido no mojante y no reactivo– en la estructura porosa de una muestra previamente desgasificada. Se somete el mercurio a presiones crecientes desde 0,1 a 1.700 bars. Se mide el volumen de mercurio que penetra en función de la presión y se deduce por la relación de Washburn (1921) la distribución de los poros de acceso de radios comprendidos entre 75.000 y 4,5 nm. En estas condiciones, los grandes vasos de la madera de primavera son excluidos. Este método sobrestima en mucho la porosidad de la madera y necesita de numerosas adaptaciones metodológicas (Daian, 1991).

Cálculo de la porosidad máxima a partir de la infradensidad

La infradensidad de la madera (ID medida en kg/m^3) está directamente relacionada a su porosidad, que se estima en proporción de «vacío» referido a su vez al volumen total:

$$\varepsilon = \frac{Vo}{(Vo + Vl)}$$

Siendo: ε, porosidad en %; Vo, volumen de vacíos (lúmenes celulares); Vl, volumen de llenos (paredes celulares).

La porosidad total (ε en %) viene dada por la expresión:

$$\varepsilon = 1 - \frac{(ID \times 0{,}001)}{1{,}53 \times 100}$$

Siendo: ID × 0,001, la densidad expresada en g/cm^3; 1,53 corresponde a la densidad de la materia leñosa anhidra.

Para una mayor precisión se puede tener en cuenta la humedad de la madera que influye esencialmente en el espesor de las paredes celulares; la relación pasa a ser:

$$\varepsilon' = 1 - \frac{(ID \times 0{,}001)}{1{,}53 \times 0{,}01\,h} \times 100$$

Siendo: ε' la porosidad corregida; h, la humedad en %.

Esta ecuación permite determinar la porosidad de la madera al 30 % de humedad (humedad de las duelas de una barrica llena de vino o de agua).

La ecuación ε' ha sido aplicada a los análisis de la tabla 13 y los resultados se recogen en la tabla 14. Se confirma que, para las muestras estudiadas, el *Q. robur* de Limousin es menos poroso que el *Q. petraea* del Centro de Francia. La hidratación de la madera al 30 % implica un aumento de porosidad. Por ello, en el rellenado de las barricas la rehidratación de la madera mejora su porosidad, al hincharse las paredes (de las células) y aumentar el volumen.

Tabla 14.–Cálculo de la porosidad de la madera de roble según diferentes métodos

Aplicación a muestras procedentes de diferentes regiones francesas
(h, humedad de las muestras de madera)

		ID[1]	ε[2]		IP[3] (%)
		h = 15 %	h = 15 %	h = 30 %	
Q. robur	Limousin	719 ± 79	53 ± 6	57 ± 6	6 ± 1,2
Q. petraea	Vosgos	708 ± 113	53 ± 8,5	58 ± 9	8 ± 2,4
	Centro Francia	635 ± 76	58,5 ± 7	62 ± 7,5	15,5 ± 1,5

[1] Infradensidad, en kg/m^3.
[2] Porosidad expresada en %.
[3] Índice de porosidad por análisis de imágenes.

MEDICIÓN Y SIGNIFICADO DE LA RETRACTILIDAD

La madera conserva sus dimensiones hasta un contenido de humedad próximo al 30 %, correspondiente al punto de saturación de las fibras. Al secar y disminuir su humedad por debajo del 30 %, la madera se contrae experimentando variaciones tridimensionales: radiales, axiales y tangenciales. La retracción es anisótropa, es decir, no se produce en la misma proporción en las tres dimensiones. La retracción axial es despreciable, pues es 20 a 25 veces menor que la radial y 40 a 50 veces menor que la tangencial.

Han sido realizadas medidas de retracción con una serie de *Q. robur* y *Q. petraea*, mediante deshidratación lenta en estufa (temperatura de 50° C hasta peso constante y luego 100° C en las mismas condiciones). La figura 23 representa los resultados obtenidos. Se observa que la relación entre retractilidad y humedad de la madera es lineal y parece estar relacionada con la especie. La retracción en volumen total (Rv) es más alta para *Q. robur* que para *Q. petraea.*

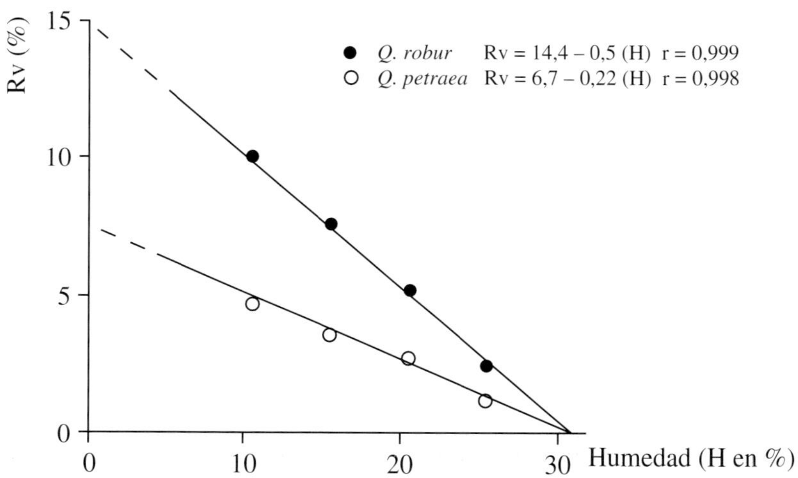

(Ensayos con *Q. robur* y *Q. petraea*).

Fig. 33.–Variación de la retracción volúmica total (Rv) en función del nivel de humedad de las muestras.

Resultados obtenidos por otras fuentes permiten generalizar esta observación: las maderas de grano grueso tienen Rv más importantes que las maderas de grano entre fino y muy fino.

Partiendo de los datos obtenidos, se propone una ecuación que permite estimar la Rv de la madera. Esta ecuación es útil para prever las deformaciones de la madera en el curso del secado y los riesgos de aparición de fugas en barricas después de almacenarlas en locales demasiado secos.

Con: **e, l,** respectivamente, espesor y longitud de la pieza de madera en mm.

h, su humedad en % después de deshidratación.

a, su coeficiente de retractilidad volúmica en % por % de humedad (a = 0,25 para las maderas de grano apretado, tipo Allier; 0,35 para los granos medios, tipo Vosgos y 0,45 para los granos gruesos tipo Limousin).

α, coeficiente ligado a la anisotropía de la retracción (de media, la relación retracción radial/retracción tangencial = 0,5).

Rv, retracción volúmica total (retracción radial + retracción tangencial) en %.

La ecuación propuesta es:

$$Rv = \frac{[1 \cdot (30 - h) + e \cdot (30 - h) \cdot a] \times a}{100}$$

La retracción volúmica total está relacionada con el grano de la madera y, por lo tanto, ligada a su infradensidad. Se entiende fácilmente que cuanto más elevada es la retractilidad más elevada es la infradensidad, en la medida en que en la expresión de ID, Po permanece constante y Vs disminuye. Esta medida es muy importante cuando se exportan barricas o han de ser almacenadas varias semanas antes de llenarlas de vino. La ecuación permite estimar los riesgos de fugas y prever una fase de rehidratación.

PROPIEDADES MECÁNICAS

La madera presenta propiedades mecánicas relativamente variables en relación con su velocidad de crecimiento y su densidad. A un 12 % de humedad, la densidad de la madera varía entre 0,45 y 0,95, como media; las especies destinadas a tonelería tienen una densidad entre 0,45 y 0,65. De forma general, la madera de roble es resistente a la compresión, resiste muy bien la flexión, es más bien elástica, fácilmente combable bajo calor, generalmente resistente a la cizalladura en el plano tangencial. La presencia de amplias playas de radios favorece su exfoliación, lo que favorece a su vez el hendido de la madera.

Los robles de tonelería tienen una abrasividad media unida a la presencia de pequeñas cantidades de sílice. Otras especies tropicales, mucho más ricas en sílice, son particularmente abrasivas. Si el aserrado es posible, se desaconseja la utilización de sierra circular, pues la madera de roble tiene tendencia a estallar transversalmente.

COMPOSICIÓN DE LA MADERA DE CORAZÓN

La madera de roble presenta una gran variedad de compuestos orgánicos y minerales. Entre ellos se encuentran los compuestos volátiles minoritarios y los compuestos fijos, que agrupan, respectivamente, las moléculas de bajo peso molecular y las macromoléculas. En el duramen, o madera de corazón, del roble los compuestos pueden clasificarse según su aptitud para ser liberados:

- Los compuestos solubles, que se liberan espontáneamente en el curso de la crianza de los vinos en barrica; son esencialmente pequeñas moléculas, tales como las cumarinas, ácidos y aldehídos fenólicos, elagitaninos oligómeros, las osas, aniones y cationes.

- Las sustancias extractibles, que para ser liberadas precisan de un proceso de hidrólisis que permita disminuir su grado de reticulación; son los polisacáridos y las ligninas, de las que ciertas cadenas se rompen y permiten su extracción.

- Las sustancias ligadas, totalmente insolubles; corresponden a las formas oxidadas y condensadas de elagitaninos, de polisacáridos y de ligninas incrustadas en las paredes celulares y ligadas de forma covalente entre ellas; se encuentran también fracciones fenólicas aprisionadas irreversiblemente en los poros de la madera. Este grupo es parcialmente accesible después de hinchar las paredes celulares con soluciones alcalinas.

Una parte de los componentes de la madera se solubiliza y pasa al vino en el curso de la conservación en barricas. Estas sustancias influyen entonces en la composición y calidad de los vinos.

COMPOSICIÓN DEL DURAMEN

Los trabajos relacionados con la repartición de los constituyentes de las maderas de árboles de hoja caduca dan resultados relativamente similares (Inquimbert, 1978; Tollier y Riquet, 1980; Ortega, 1986; Vitello, 1989; Filliatre, 1998). De media, la composición centesimal de la madera de corazón es:

- Celulosa: 40 %
- Hemicelulosa: 20 %
- Ligninas: 25 %
- Elagitaninos: 10 %
- Diversos (1): 5 %

(1) Osas, lípidos, esteroles, sustancias volátiles, sustancias minerales.

Las macromoléculas polisacáridas (celulosa y hemicelulosa) y polifenólicas (ligninas) constituyen el 85 % de la madera. Para este grupo de constituyentes se observa poca variación entre las principales especies de robles utilizados en tonelería (Peraza-Cramas, 1986). Análisis realizados sobre gran número de muestras indican que la celulosa se encuentra principalmente en forma cristalina (% C. Crist. = 45 %), las hemicelulosas están naturalmente acetiladas y la lignina se compone principalmente de unidades siringílicas y guayacílicas.

La madera es rica en sustancias hidrosolubles. En un extracto de roble realizado con una solución hidroalcohólica de composición próxima al vino, se aprecia:

- Una fracción extraíble con cloroformo que contiene pocos compuestos fenólicos; el análisis por GC-MS revela una gran cantidad de ácidos grasos y de esteroides con trazas de aldehídos fenólicos.
- Una fracción extraíble con éter dietílico que presenta, esencialmente, compuestos fenólicos de baja masa molecular: ácido gálico, ácidos elágicos y flavan-3-oles (catequina y epicatequina).
- Una fracción extraíble por acetato de etilo da un test Bate-Smith positivo, indicando la presencia de proantocianidinas, confirmada por HPLC.
- El residuo acuoso después de extracción, conserva lo esencial de los compuestos fenólicos solubles (80 %) representado por los elagitaninos. Estas moléculas no son extraíbles con los solventes orgánicos utilizados. Se componen, en forma preponderante, de elagitaninos, en segundo lugar de polisacáridos y también una débil cantidad de ligninas que representan menos del 10 % del extracto total.

ESTUDIO Y DETERMINACIÓN DE LOS COMPUESTOS FENÓLICOS

LOS ALDEHÍDOS FENÓLICOS

La identificación de los aldehídos fenólicos de la madera de roble fue hecha por Black *et al.* (1953) y por Pearl *et al.* (1957). Se trata de dos aldehídos de la serie hidroxi-benzoica (vanillina y siringaldehído) y dos aldehídos de la serie hidroxi-cinámica (coniferaldehído y sinapaldehído). Los núcleos fenólicos disustituidos con un grupo metoxi son estructuras guayacílicas (G) y los núcleos fenólicos trisustituidos con dos grupos metoxi son estructuras siringílicas (S). La cantidad y proporción de estos diferentes aldehídos varían según las especies de robles; Pearl *et al.* (1957) y Puech (1981) pusieron en evidencia diferencias interespecíficas de la relación siringaldehído/vanillina.

Sólo una fracción minoritaria de los aldehídos fenólicos es soluble en medio ácido o neutro; opuestamente, en medio alcalino, la cantidad de aldehídos extraíbles aumenta significativamente. Las cantidades medias de aldehídos extraídos con NaOH N, bajo nitrógeno, en varios ensayos, son de 30 a 60 veces superiores a las dosis encontradas en los extractos acetona-agua e hidroxialcohólicos realizados en las mismas condiciones. La maceración en sosa normal de fracciones de lignina purificadas no lleva a cantidades apreciables de aldehídos fenólicos, lo que parece indicar que se trata de aldehídos fenólicos asociados a los compuestos parietales por uniones destruidas en medio alcalino y no a ligninas; puede pensarse razonablemente en uniones covalentes, tipo éster. Monties (1992) propone como interpretación la existencia de aldehídos incrustados o atrapados en los poros de pequeño diámetro; el tratamiento con sosa conlleva un hinchamiento de las paredes y el aumento de tamaño de los poros, lo que mejora la accesibilidad de estos aldehídos. Esta hipótesis es confirmada por antiguos trabajos de Tarkov y Feist (1968) y Stone y Scallan (1968).

La valoración de aldehídos fenólicos hecha mediante HPLC en fase inversa da un contenido en aldehídos fenólicos totales próxima a 10 µg/g, para las diferentes especies de robles. Los aldehídos hidroxibenzoicos están presentes en mayor cantidad que los hidroxicinámicos (CB = 0,27 ± 0,1) y las estructuras siringílicas son preponderantes en relación con las guayacílicas (S/G = 1,5 ± 0,5). Si bien se aprecian algunas variaciones interespecíficas, una eventual clasificación de las especies en función de la repartición de aldehídos fenólicos es delicada, habida cuenta de las importantes variaciones intraespecíficas.

Ácidos fenólicos libres

El ácido ferúlico es considerado como elemento puente entre las cadenas de polisacáridos o entre polisacáridos y ligninas; a partir de este tipo de macromoléculas fue aislado en forma de diferulato. Se cree –debido a su analogía estructural– que los ácidos ferúlico y cafeico pueden ser los precursores de escopoletina y esculina. Han sido identificados seis ácidos fenólicos libres: gálico, vanillínico, siríngico, ferúlico, sinápico y la dilactona del ácido gálico, el ácido elágico. Estas diferentes moléculas pueden proceder bien de la vía biosintética de los compuestos fenólicos, o bien de la oxidación de los correspondientes aldehídos fenólicos, según el modelo de Puech.

Ácido gálico y ácido elágico son los dos ácidos fenólicos principales; están presentes en cantidades suficientes como para ser analizados directamente, sin extracción previa con solventes orgánicos. Cuantificados mediante análisis por HPLC en varias especies de robles, los resultados para *Q. robur* y *Q. petraea* son comparables. Existen diferencias intraespecies importantes a nivel de la relación ác. gálico/ác. elágico.

La existencia de ácido elágico en estado libre se explica por una hidrólisis parcial de los elagitaninos de la madera de roble. Opuestamente, el origen del ácido gálico sigue siendo incierto, aunque puede pensarse en la existencia de galotaninos en débil cantidad que podrían estar ligados a las paredes y, por lo tanto, insolubles.

Cumarinas glicosídicas y agliconas

Las cumarinas, presentes en numerosos vegetales, derivan de los ácidos σ-hidroxi-cinámicos. Las cumarinas son producidas en gran cantidad en respuesta a un ataque y parecen constituir un medio de defensa de tipo fitoaléxico. Joseph y Marche (1972) las identificaron en extractos de madera de roble. La presencia de esculina, escopoletina, umbeliferona y metil-4-umbeliferona está clásicamente admitida. Tras hidrólisis enzimática, la concentración de estas diferentes cumarinas aumenta, lo que parece indicar la presencia de formas heterosídicas en la madera de roble fresca.

El análisis de esculina, escopoletina y sus formas agliconas parece indicar que escopoletina y cumarina son las más abundantes.

Los taninos

Taninos proantocianídicos

Las proantocianidinas pertenecen al grupo de los taninos condensados (Fig. 34). Su unidad de repetición es un flavan-3-ol. Los robles, en particular *Q. robur* y *Q. petraea* son capaces de sintetizar proantocianidinas. Generalmente se encuentran grandes cantidades en las hojas, glándulas y corteza (Scalbert *et al.,* 1989). En la madera de corazón han sido encontradas dosis débiles. Las cantidades estimadas en una serie de muestras de *Q. robur* y *Q. petraea* dan unos contenidos medios de proantocianidinas solubles entre 0,3 a 0,8 mg/g de madera seca y concentraciones de flavanoles entre 0,8 y 2,7 mg/g.

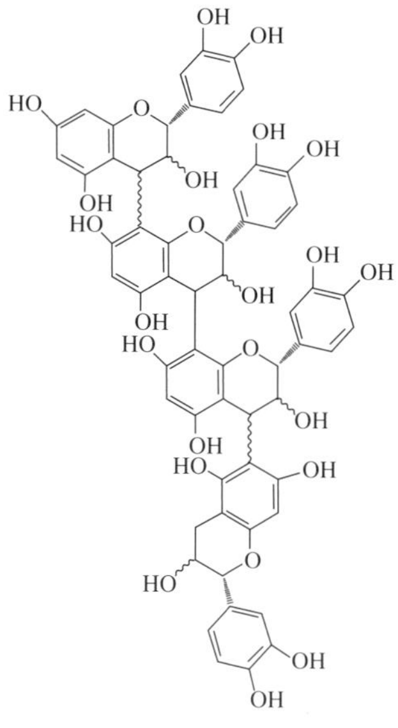

Fig. 34.–Ejemplo de proantocianidina (tetrámera).

Taninos hidrolizables

Los taninos de la madera de corazón de numerosas especies de robles pertenecen al grupo de los taninos hidrolizables. Se diferencia entre galotaninos y elagitaninos, según que por hidrólisis ácida liberen ácido gálico o ácido elágico.

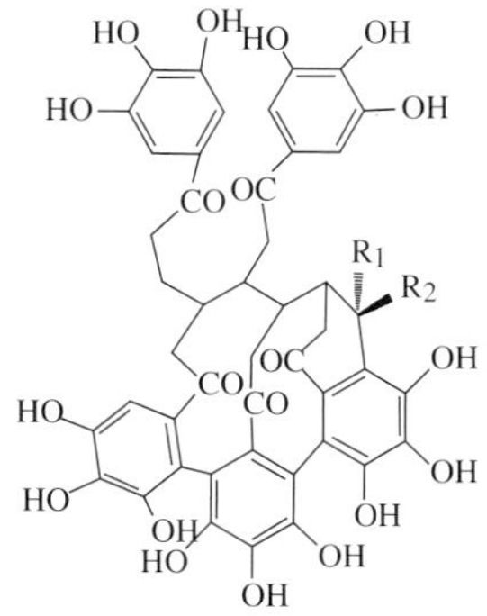

Vescalagina: $R_1 = H$, $R_2 = OH$
Castalagina: $R_1 = OH$, $R_2 = H$

Fig. 35.–Estructura de la vescalagina y castalagina.

En la madera de roble (*Q. robur* y *Q. petraea*) y de castaño (*Castanea sativa*) se encuentran mayoritariamente los dos isómeros castalagina y vescalagina (Fig. 35) (Mayer, 1977; Scalbert *et al.*, 1988; Viriot *et al.*, 1994; Vivas *et al.*, 1995a).

Más recientemente han sido descritos elagitaninos dímeros y formas pentoxiladas (Nonaka *et al.*, 1989; H. de Pentoat *et al.*, 1991a y 1991b). Se trata de roburinas A, B, C, D y E y de la grandinina. Estas diferentes estructuras aparecen constituidas por una glucosa lineal cuyos grupos OH han sido esterificados por los grupos carboxilo de formas hexahidroxidifénicas y nonahidroxitrifénicas. El *Q. rubra* presenta mayoritariamente galotaninos.

El aspecto de los cromatogramas de extractos de madera de corazón analizados, revela claras diferencias al nivel de sus perfiles en elagitaninos. Es posible utilizar esta observación para diferenciar algunas especies comunes. De acuerdo con dichos perfiles, se distinguen:

- El grupo de especies que presentan los 8 elagitaninos: *Q. rubra, Q. petraea, Q. farnetto.*
- El grupo de especies que solo presentan monómeros: *Q. oocarpa.*
- El grupo de especies que presentan vescalagina, castalagina y dímeros de la vescalagina: *Q. stellata* y *Q. alba.*

Los perfiles cromatográficos son idénticos para muestras de una misma especie. Las diferencias cualitativas observadas tienen pues, mayoritariamente, un origen varietal a la vista de la heterogeneidad intraespecífica. Los cromatogramas de los extractos analizados son suficientemente diferentes de una especie a otra como para constituir un perfil característico.

La cuantificación de los elagitaninos monómeros y dímeros conocidos rebela de la misma manera apreciables desviaciones entre especies. Solo *Q. robur* y *Q. petraea* tienen una composición cercana.

Las tres especies europeas poseen 4 elagitaninos monómeros y los cuatro dímeros. *Q. farnetto* se diferencia de las otras dos especies por una mayor cantidad de elagitaninos pentoxilados (55 %, 22,5 % y 39 %, respectivamente, para *Q. farnetto, robur* y *petraea*) ligada a un fuerte contenido en dímeros pentoxilados, roburinas B y C.

La relación vescalagina total/castalagina total está próxima a 2 en *Q. robur* y *Q. petraea* y es de 4,5 para *Q. farnetto*, en el cual la vescalagina es el elagitanino predominante.

Los extractos de madera de corazón de las especies americanas contienen casi exclusivamente elagitaninos monómeros (> 90 %).

Las ligninas

La madera de corazón (duramen) del roble es rica en ligninas. Según autores y métodos de extracción utilizados, representan 25 a 30 % del peso seco de la madera. Las ligninas impregnan la pared celular y se localizan principalmente en la pared primaria. A partir de trabajos de Klauditz (1952 y 1957) se atribuye a su hidrofobicidad su participación en las propiedades mecánicas de la madera. La heterogeneidad de las ligninas es un factor importante en cuanto a la gran variabilidad de composición y estructura entre especies, dentro de una misma especie e incluso en función de su situación en los tejidos.

Las ligninas de la madera del roble –como en todas las angiospermas– son polímeros tridimensionales constituidos por la copolimerización de dos alcoholes fenilpropenoicos: alcohol hidroxi-4-metoxi-3-cinámico (estructura guayacílica; alcohol coniferílico) y alcohol hidroxi-4-dimetoxi-3,5-cinámico (estructura siringílica; alcohol sinapílico). En el curso del trabajo y tratamiento de la madera en tonelería, numerosos factores pueden alterar la estructura de las ligninas y favorecer su degradación. Entre tales operaciones pueden citarse: el secado artificial en estufa, o el natural; el doblado seguido del tostado de las duelas. Cabe contemplar la intervención de mecanismos de orden bioquímico, químico y físico.

LOS POLISACÁRIDOS

La madera contiene mayoritariamente celulosa fuertemente cristalizada. La celulosa no es soluble en condiciones suaves de extracción (medio acuoso, hidroalcohólico, alcalino, etc.). Para extraerla es recomendable recurrir a conversiones bajo forma de nitrato, de acetato, de metil o de carboximetilcelulosa. Opuestamente, la fracción de hemicelulosa, aunque minoritaria en proporción a la celulosa, es fácilmente solubilizada y puede entonces encontrarse en los vinos criados en barricas. De ahí el interés prestado a este tipo de macromoléculas.

Las hemicelulosas se componen de cadenas moleculares más cortas que la celulosa y poseen ramificaciones salientes de la cadena principal. Las osas constitutivas son pentosas (xilosa, arabinosa, etc.), hexosas (glucosa, mannosa, galactosa, etc.), ácidos hexaurónicos (ácido glucurónico, galacturónico, etc.) y desoxiosas (ramnosa, fucosa, etc.).

LOS COMPUESTOS VOLÁTILES ODORANTES

Los compuestos volátiles de los robles

Son compuestos muy diversos en cuanto a su naturaleza y origen. Por poco que estén presentes en cantidad moderada, aportan un complemento olfativo a los vinos y aguardientes. Las notas aromáticas citadas con más frecuencia son: la nuez de coco, el clavo, la avellana, la mantequilla y la madera fresca. El contenido en moléculas que confieren olor varía según la especie considerada, el origen geográfico y las condiciones de cultivo. Sin embargo, el árbol en pie, o el tronco recién cortado son relativamente poco odorantes comparados con la madera constitutiva de las duelas listas para ser usadas.

De las etapas de trabajo y tratamiento de la madera en tonelería, las dos etapas principales durante las que el potencial olfativo aumenta de forma apreciable son: el secado natural y el tostado. En estas etapas, la degradación de polímeros parietales tales como las ligninas y los polisacáridos es el origen de este fenómeno. Así pues, parece que lo esencial del «olor a madera» conferido a los vinos y aguardientes durante su crianza procede, principalmente, de procesos de transformación de la materia prima.

LOS AROMAS DEL ROBLE FRESCO

Pocos compuestos aromáticos participan significativamente en el aroma del roble fresco. La principal molécula es la β-metil-γ-octalactona *cis* y *trans* que posee olor a nuez de coco, siendo la forma *cis* netamente más odorante que la *trans*. El segundo componente más abundante es el eugenol, con olor fenólico que recuerda al clavo. Cuantitativamente, el contenido medio de los robles americanos es elevado en β-metil-γ-octalactona y eugenol; entre los robles franceses –sin que sea sistemático– el *Q. petraea* es más rico en estas moléculas que el *Q. robur* (tabla 15).

Tabla 15.–Comparación del contenido en ciertos compuestos aromáticos de diferentes especies de madera de roble fresco
(Resultados medios de 30 muestras expresados en µg/g madera seca)

	Q. petraea	*Q. robur*	*Q. alba*
β-metil-γ-octalactonas	80 ± 12	5,5 ± 3,1	228 ± 4,1
Eugenol	11,5 ± 3,4	1,1 ± 0,6	17,5 ± 6,2
Vanillina	9 ± 4,3	7 ± 3,6	12 ± 4,1

En el plano cualitativo no hay diferencias entre las dos especies francesas. Por el contrario, el *Q. alba* se distingue de aquellas por la presencia de un compuesto paraisoprenoideo característico: el oxo-3-retro-α-ionol, bajo dos formas isómeras. Dado su bajo nivel odorante, este compuesto sólo presenta un interés quimiotaxonómico. La figura 36 muestra las estructuras de los principales compuestos.

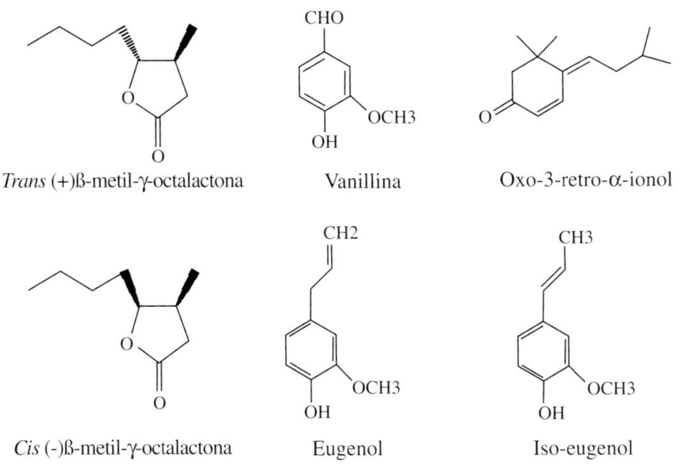

Fig. 36.–Principales compuestos odorantes de la madera de roble fresco.

COMPUESTOS SECUNDARIOS

Entre la larga lista de compuestos de la madera de corazón, se encuentra un cierto número de productos menores.

Se encuentran pequeñas cantidades de lignanas –como lioniresinol– y flavonoides, en particular la quercitina presente a nivel de trazas en numerosos robles europeos. Estas dos sustancias, de color rojo anaranjado y amarillo, participan en la coloración de la madera, aunque no sean las responsables de la misma. También se encuentran carotenoides, moléculas muy oxidables que confieren a la madera un color rosado; tras hendido y exposición a la intemperie durante algunas semanas, desaparecen.

También se encuentran terpenos, entre ellos triterpenos pentacíclicos, como el lupeol y la amirina. Se encuentran también esteroides, como el sitosterol. Una fracción, extraíble al cloroformo, contiene compuestos lipídicos. La madera posee, asimismo, ácidos grasos insaturados (C 18:1 y C 18:2) y triglicéridos.

La madera contiene una fracción mineral representada mayoritariamente por calcio, potasio y magnesio. También están presentes metales como hierro, cobre, aluminio, cinc, plomo, níquel, bario, cobalto y molibdeno.

Puede, en fin, detectarse una fracción proteica muy minoritaria y difícil de identificar.

CLASIFICACIÓN E INTERÉS TECNOLÓGICO DE LAS DIFERENTES ESPECIES

La madera, bajo el punto de vista de la crianza, no es un material inerte sino que condiciona la composición y calidad de los vinos; por ello, la calidad de la madera de roble es un factor importante. El impacto de la madera sobre el vino es función, por un lado, del grano y, por otro, de sus diversos componentes. La calidad de la madera varía en función del origen botánico del roble, de su modo de secado y de la intensidad del tostado.

Desde hace poco tiempo reaparecen nuevas fuentes de suministro, que fueron frecuentemente utilizadas al comienzo del siglo XX. En su mayoría, las especies que forman parte de dicho aprovisionamiento son diferentes de *Q. robur* y *Q. petraea* y a menudo se presentan como susceptibles de reemplazarlas. El roble blanco americano tiene una relevancia especial a causa de su tipicidad.

COLOR Y CALIDAD DE LA MADERA

El color es el primer criterio visual de apreciación de la calidad de la madera. Aunque no haya sido evidenciada ninguna relación entre color y la estructura o la composición de la madera, el criterio subjetivo del color puede ser condicionante en la opinión de un comprador o de un técnico forestal.

El color es medido gracias al sistema CIELab. Las muestras se retiran del duramen de los 20 primeros años, fácilmente distinguible de la albura vecina, más clara. A fin de tener en cuenta la variación de color en función del plano de observación, se le mide según los planos transversal y longitudinal. En el caso de una barrica, lo que se observa es el plano longitudinal. Pueden hacerse varias consideraciones generales:

- Los coeficientes de variación calculados para todos los parámetros del color, son muy bajos; del orden del 5 %, para individuos constituyentes de grupos geográficos muy homogéneos. Cuando la procedencia es diversa o no se precisa la zona de muestreo en el duramen, el coeficiente de variación alcanza el 20 %.
- En el plano transversal el color parece más claro (L), menos rojo (a^*) y menos amarillo (b^*). Es posible que el grano de la madera influya en el aspecto del color. La diferencia

entre L transversal y L longitudinal es más débil en el Limousin (Lt/Ll = 0,97) que para los Vosgos y el Allier (Lt/Ll = 0,91 y 0,92, respectivamente). El aspecto cerrado del grano refleja la luz y causa un ensombrecimiento del color.

- Los parámetros L, a* y b* pueden relacionarse a la observación bajo luz natural, por relación al aspecto visual de las muestras. Las maderas de Limousin son amarillo oscuro, las de los Vosgos se consideran más claras y las de Allier son amarillo claro. Objetivamente se constata que los criterios de color van en la misma dirección: las maderas de Limousin tienen un L de 64,7, contra 68 y 70 para Vosgos y Allier, respectivamente, lo que indica que el color de éstas es más claro. La impresión amarilla (b*) es 22; para el rojo (a*) varía de 6,5 a 7. Estas maderas tienen, pues, una coloración predominante amarilla.

- Medidas puntuales realizadas en el duramen más antiguo muestran que progresivamente L y b* disminuyen, mientras que a* aumenta; el color de la madera se ensombrece y se hace más rojo.

Medidas de color de la madera realizadas sobre muestras comparables (edad del duramen, plan de observación y altura en el tronco) procedentes de tres regiones forestales francesas dan resultados muy próximos, lo que sugiere que el color de la madera está principalmente relacionado con la edad del duramen y su localización en el tronco. Parece que la madera de Allier sea más clara que la de Vosgos y Limousin, siendo esta última la más oscura. La madera de roble blanco americano, *Q. alba,* tiene una coloración muy clara, amarillo pálido, prácticamente sin matiz rojo. *Q. rubra* tiene madera de duramen de color oscuro y tono rojizo.

RELACIONES ENTRE EL GRANO DE LA MADERA Y SU COMPOSICIÓN

A fin de determinar las eventuales relaciones entre grano de la madera (su velocidad de crecimiento) y su composición, se procedió a clasificar una serie de madera de origen francés en función de la anchura de los anillos (Lc): clase 1 (Lc < 2,5 mm), para los crecimientos lentos: clase 2 (2,5 < Lc < 3,5) para los crecimientos más rápidos y clase 3 (Lc > 3,5 mm) para los crecimientos rápidos. Se procedió a realizar extractos de cada clase midiendo posteriormente: extracto seco, análisis de elagitaninos, eugenol y β-metil-γ-octalactona. A pesar de una variabilidad importante en el seno de cada clase, la correlación entre anchura de anillo y los diferentes parámetros es significativa: en el umbral de a = 0,001 para el extracto seco, 0,01 para los elagitaninos totales y 0,005 para los compuestos aromáticos.

Sin embargo, los resultados pueden ser reflejo de la influencia del origen geográfico, ya que las clases están mayoritariamente representadas por Allier y Vosgos en la clase 1; Vosgos y Nevers en la clase 2 y Limousin en la clase 3. A fin de conocer la correlación en una misma especie y origen geográfico, el mismo estudio se realizó con muestras de Vosgos. Para esta muestra más homogénea quedó confirmada la relación entre anchura de crecimiento de los árboles y composición de la madera. Aunque la variabilidad alrededor de los resultados medios sea elevada, se aprecia una correlación significativa entre Lc y las concentraciones en taninos y whisky-lactonas.

Para los elagitaninos, la relación es del tipo (El) = f (Lc)

y para las lactonas, del tipo (WL) = f(1/Lc).

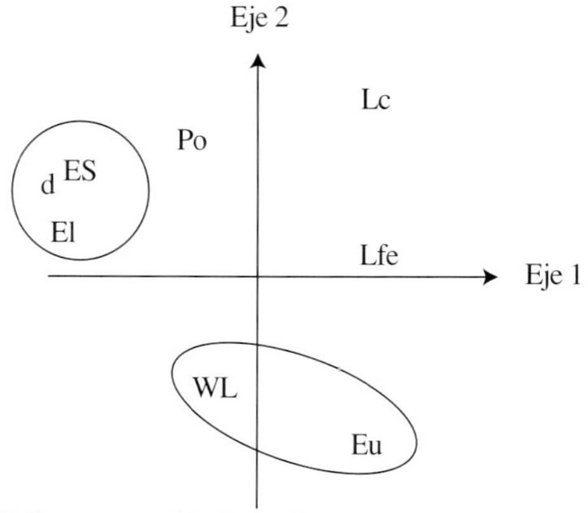

Lc, anchura del anillo; Lfe, lignina fácilmente extraíble; Po, polisacárido sólido; ES, extracto seco; d, fenoles totales; El, elagitaninos solubles; WL, whisky-lactona; En, eugenol.

Fig. 37.–Representación del análisis por componentes principales sobre los ejes 1 y 2 de la composición de la madera de roble y de la velocidad de crecimiento.

El método de análisis por componentes principales es una herramienta estadística útil para poner de manifiesto relaciones cuando se maneja un número elevado de parámetros (Fig. 37). Se confirma pues la relación entre la velocidad de crecimiento –estimada por la anchura de los anillos– y la composición de la madera. El aumento de Lc, relacionado con la aceleración de la velocidad de crecimiento, se traduce en una disminución en la producción de compuestos aromáticos y un aumento en la síntesis de compuestos fenólicos.

Además del efecto de la velocidad de crecimiento, puede igualmente contemplarse el papel de la especie y de su potencial genético.

Los polisacáridos totales (ácidos y neutros), así como las ligninas, tienen un comportamiento diferente. Los polisacáridos solubles evolucionan en el mismo sentido que Lc, mientras que la lignina fácilmente extraíble se comporta como los compuestos aromáticos.

BÚSQUEDA DE NUEVAS ZONAS FORESTALES DE ROBLES DESTINADOS ATONELERÍA

En Francia la disponibilidad de madera de roble está asegurada por la gestión de la ONF (Oficina Nacional del Bosque), pero el precio del «merrin» (tronco para tonelería) no cesa de aumentar, por lo que la relación calidad/precio disminuye. En este contexto la búsqueda de nuevas zonas de aprovisionamiento encuentra una justificación económica.

SELECCIÓN DE MACIZOS FORESTALES Y CARACTERÍSTICAS DE LAS ESPECIES

Se han seleccionado tres macizos forestales diferenciados, cuya población es representativa de un volumen de madera y una homogeneidad satisfactoria: macizos forestales húngaro, vasco-español y de Costa Rica (América central).

Los robles presentan, todos ellos, una ultraestructura comparable a la de los robles franceses, con una clara sucesión de madera de primavera y de verano, formando un crecimiento anual. La anchura de los anillos es bastante homogénea y se sitúa en la categoría de los granos apretados (Lc < 2 mm) correspondiente a un número elevado de vasos en la madera de primavera (Bp/cm > 5).

Las identificaciones botánicas se hicieron en función de la estructura de la madera, aspecto de la corteza y de las hojas, según los criterios de fenotipo definidos por Camus (1936-1952) y Jacquiot *et al.* (1973).

Las especies son:

- Robles húngaros: *Q. farnetto.*
- Robles españoles: *Q. toza* (sin. *pyrenaica*).
- Robles de Costa Rica: *Q. oocarpa.*

Estudio de posibilidades de utilización en tonelería

Dos son los parámetros a considerar como prioritarios:

- La presencia de los tilos y la importancia de la tilosa, puesto que determina la estanqueidad de la barrica y la intensidad de los intercambios con el medio externo (evaporación e intercambios gaseosos).
- La presencia de compuestos fenólicos y particularmente de elagitaninos que participan, simultáneamente, de la durabilidad de la madera y en la evolución de la composición y calidad de los vinos en el curso de la crianza.

Ultraestructura y tilosa

En los clichés de microscopía electrónica de barrido no aparece carácter distintivo evidente. En microscopía fotónica son visibles algunas diferencias constantes: el *Q. farnetto* tiene células de parénquima y fibras con paredes muy espesas; en ciertos casos, el tabique ocupa la casi totalidad del lumen; *Q. oocarpa* presenta células parenquimales y fibras con forma de gota de agua. Estas diferentes especies están provistas de tilos.

La tilosa es muy importante puesto que representa más del 90 % lo de la superficie de los vasos. En el *Q. farnetto* y *Q. oocarpa,* los tilos se reparten en alveolos superpuestos. Su espesor es importante y comparable al de los tilos de *Q. alba.*

Compuestos fenólicos

Todas estas especies contienen elagitaninos. La especie más pobre es el *Q. oocarpa*, con 55,5 mg de elagitaninos/g de madera seca y la más rica el *Q. toza* con 154 mg/g. El *Q. farnetto* ocupa una posición intermedia con 134 mg/g.

Los elagitaninos más abundantes son la vescalagina y la castalagina. Su concentración de extracto seco es de 65,5, 162 y 136 mg/g, respectivamente. La concentración de fenoles totales es de 11,29 y 23,5.

Ensayos de utilización en tonelería

Los ensayos de fabricación de barricas (225 l; 27 mm) fueron concluyentes. En el hendido las pérdidas de *Q. toza* fueron las más elevadas. En cuanto a las barricas construidas con madera de *Q. farnetto*, son mucho más pesadas y necesitan de un tiempo de calentamiento prolongado antes del doblado. Esto está probablemente relacionado con la densidad de la madera.

Calidad gustativa de los extractos de madera

Se observan tres grupos clasificados según la nota general (NG/10) representativa de la calidad global de los extractos:

- El primero, representado por *Q. petraea* (NG = 6,7) y *Q. oocarpa* (NG = 6,9).
- El segundo, formado por *Q. robur* (NG = 5,0) y *Q. alba* (NG = 5,1).
- El tercero y último, compuesto por dos de las nuevas especies, *Q. toza* (NG = 4,3) y *Q. farnetto* (NG = 3,6).

La mala nota de *Q. toza* está ligada a un nivel de amargor elevado.

Para *Q. farnetto,* el nivel de amargor es elevado y además presenta aromas particulares e indefinibles.

El amargor de las dos especies puede ser amortiguado mediante el secado natural y el aroma de la madera puede modificarse durante el tostado de la barrica.

LA SILVICULTURA Y LAS PRINCIPALES REGIONES FRANCESAS DE PRODUCCIÓN

CARACTERES DE LOS CULTIVOS

El roble es una frondosa muy extendida en Europa y, particularmente, en Francia. Vive varios cientos de años y alcanza alturas de 20 a 40 metros. Se le encuentra por todas partes, excepto en los Alpes y el litoral mediterráneo. El roble es heliófilo y necesita grandes espacios para su desarrollo. *Q. petraea* está mejor adaptado al medio competitivo que *Q. robur, Q. lanuginosa* o *Q. rubra.* El roble es bastante tolerante respecto al frío, aunque a veces el hielo pueda causar grietas en el tronco. Las heladas de primavera son las más peligrosas.

Los robles europeos están relativamente bien adaptados a diversos tipos de suelos, incluso los suelos calcáreos. Por otro lado, son sensibles a la acidez y a la humedad. Los suelos aireados y bien drenados son los más aptos para el *Q. petraea* que además soporta bien la acidez de los suelos. El *Q. robur* prefiere los suelos húmedos, ricos y arcillosos; el exceso de agua temporal apenas le afecta; en cambio es sensible a la acidez. El *Q. rubra* es muy sensible a la hidromorfia y a los suelos calcáreos. Por el contrario, el *Q. ilex* es particularmente resistente al calcáreo activo de los suelos. Cuando los robles alcanzan su estado adulto, la calidad de la alimentación mineral determina su estado fisiológico general; en caso de una alimentación deficitaria aparecen fenómenos de carencia. Según la literatura disponible, se considera como promedio que una alimentación mineral normal corresponde a los valores siguientes:

Nutrición en %

N	1,5-3,0
P	0,1-0,3
K	0,7-1,4
Ca	0,5-0,2
Mg	0,2-0,3

En el inicio, el crecimiento de las plantas jóvenes es lento y necesita de clareados importantes. Las especies utilizadas en tonelería se desraman naturalmente. El cultivo debe hacerse con una densidad de población suficientemente alta como para permitir el desarrollo de un tronco largo y recto, con pocas ramas laterales. De la calidad y permanencia de sombra bajo la bóveda de las copas de los árboles dependerá la calidad mercantil del tronco y su nivel de rentabilidad. A1 final de una campaña silvícola hay que contar que solo serán mantenidos entre 50 y 80 robles por hectárea; el resto habrá sido abatido en el curso de los años, en su etapa juvenil, joven o incluso adulto. En la creación de la plantación se considera que la densidad mínima es de 2.200 plantas/hectárea (1,50 × 3 m). Las plantaciones de roble deben exponerse a plena luz del sol dos o tres años después de su germinación, si no los árboles quedarán raquíticos. También es necesario limpiar periódicamente la vegetación extraña, hasta el momento en que los robles dominen la flora adventicia de la zona. Durante el periodo vegetativo, los árboles consumen 2.000 a 4.000 m^3 de agua/ha.

BASES DE LA PRODUCCIÓN SILVÍCOLA DE LOS ROBLEDALES

La producción de madera «merrin», es decir, de tronco sin defectos apto para tonelería, necesita del respeto a un conjunto de restricciones ligadas a la biología y a la fisiología del roble. Los bosques cultivados responden a tres principios: la regeneración, la presencia de un poblamiento de acompañamiento y la selección continua y regular de los individuos interesantes.

REGENERACIÓN

Las plantas que aseguran la formación de un macizo forestal deben ser de calidad y su origen minuciosamente tenido en cuenta. Si es posible, debe utilizarse una fuente genética variada. Se preferirán siempre las glándulas (bellotas) recogidas en poblamientos clasificados de la región donde se efectúe la plantación:

- *Q. petraea*
  - Plantación Noroeste (Norte, Picardía, Normandía, Bretaña, Loira): elegir glándulas clasificadas Picardía, Bretaña.
  - Plantación Centro (Región parisina, Centro, Auvernia, Limousin Poitou, Yonne, Nièvre): elegir glándulas de poblamiento clasificadas Charente, sur de la Cuenca Parisina, Allier, Morvan.
  - Plantación Noreste (Champaña-Ardenas, Alsacia-Lorena, Franco condado, Ródano-Alpes, Côte-d'Or, Saona y Loira): elegir glándulas de poblamiento clasificadas Saona, Gréseux, Este de la Cuenca Parisina.
  - Plantación Suroeste y Este (Aquitania, Midi-Pirineos, Languedoc-Rosellón, Provenza-Alpes-Costa azul, Córcega): elegir glándulas de poblamiento clasificadas Charente, Sur del Macizo central.
- *Q. robur*
  - Plantación Noroeste (Norte, Picardía, Normandía, Bretaña, Loira): elegir glándulas de poblamiento clasificadas Loira, Norte, Bretaña, Oeste.
  - Plantación Centro (Champaña-Ardenas, Alsacia-Lorena, Franco condado, Ródano-Alpes, Cóte d'Or, Saona y Loira): elegir glándulas de poblamientos clasificados Norte, Rin, Borgoña, Saona.

- Plantación Suroeste y Este (Aquitania, Midi-Pirineos, Languedoc-Rosellon, Provenza-Alpes-Costa azul, Córcega): elegir glándulas de poblamiento clasificadas Adour, Pirineos.

La duración de la renovación debe ser larga para obtener un poblamiento de aspecto regular. En efecto, solo esta condición permite obtener una gran diversidad de clases de árboles que forman el poblamiento de acompañamiento y los principales estadios intermedios. Por ello será preferible una repartición de la regeneración en pequeños espacios para no romper la estructura forestal. Los árboles juegan un gran papel en el éxito de la semilla por su efecto de brisa-viento, limitación de los efectos de evaporación demasiado brutal y mantenimiento de un mesoclima más húmedo, así como su efecto protector natural respecto a heladas y vientos cálidos y secos.

Poblamiento de acompañamiento

Normalmente, los robles buscan situaciones de aislamiento; sin embargo, sin acompañamiento, los árboles tienen troncos insuficientemente largos, una copa importante implantada a poca altura, numerosas ramas laterales o nudos sobre el tronco. El poblamiento de acompañamiento es, pues, necesario para la buena producción de madera para tonelería (ebanistería y carpintería también). Pueden ser frondosas de la misma o diferente especie colocadas muy pronto y conservadas durante todo el crecimiento del roble. El poblamiento de acompañamiento debe tener una copa inferior a la de los árboles de explotación para no competir por la luz; en otro caso serían un factor limitativo.

El llamado sub-bosque (sous-étage) gracias a la intensiva sombra que impone, limita sensiblemente la formación de chupones en la base de los árboles. Debe estar situado en la cercanía de los robles, de copa relativamente baja en relación con el poblamiento de acompañamiento.

Por lo tanto, el roble debe estar asociado a frondosas que juegan el papel de pantalla, protegiendo al tronco de los efectos de la luz, evitando la formación de ramas laterales y en la base de los árboles. La calidad de la madera abatida depende de la regularidad del mantenimiento y de la renovación de esta doble pantalla.

Selección

No todos los árboles plantados serán conservados hasta el momento de la explotación comercial. El poblamiento debe ser conducido buscando productividad compatible con una calidad óptima de la madera. Los individuos que forman el poblamiento son vigilados y aquellos que presentan imperfecciones son eliminados hasta que solo quedan los de alto valor añadido.

La silvicultura es una actividad agrícola elitista. Para empezar, en los sujetos jóvenes el clareado tiene por objeto conservar solo los tallos rectos y altos con una copa situada bastante alta. En los sujetos mayores, con la altura de tronco ya establecida, se practica un clareado que permita disminuir los efectos de concurrencia y facilite el crecimiento del diámetro del tronco.

TRATAMIENTO DE LOS ROBLEDALES

¿Silvicultura o ecología silvícola?

Un conjunto de árboles se asocia por necesidad; al contacto con otros individuos pierden progresivamente su carácter individual en beneficio de las exigencias fisiológicas comunes, dando así lugar a la creación de un bosque homogéneo en un ecosistema silvícola.

M. Boppe, profesor de la escuela Forestal de Nancy, enseñaba en 1880: «la silvicultura es una ciencia que estudia los fenómenos relativos a la vegetación del bosque natural y el arte de su explotación sin interferir su funcionamiento fisiológico».

La actividad forestal comprende dos labores esenciales:

- Elegir las especies a cultivar y asociarles las operaciones de cultivo que permitan su mantenimiento y selección en el lugar autorizando un poblamiento homogéneo. Para ello es necesario tener en cuenta las características del suelo, las condiciones climatológicas medias y los condicionamientos topográficos.
- Conducir el poblamiento. En efecto, el bosque tiene que ser cultivado; abandonado a sí mismo dará una mezcla de especies compuesta en su mayoría de sujetos enclenques. El sub-bosque se hace rápidamente inaccesible. La selección de los árboles más hermosos, el desramado, desbrozado, clareado, permiten hacer un bosque acogedor y rentable guardando un carácter natural y un ecosistema equilibrado.

En función de los modos de cultivo, o de no-cultivo, se encuentran formas variadas de árboles, representadas en la figura 38. Más adelante se verá cómo obtener algunos de estos árboles.

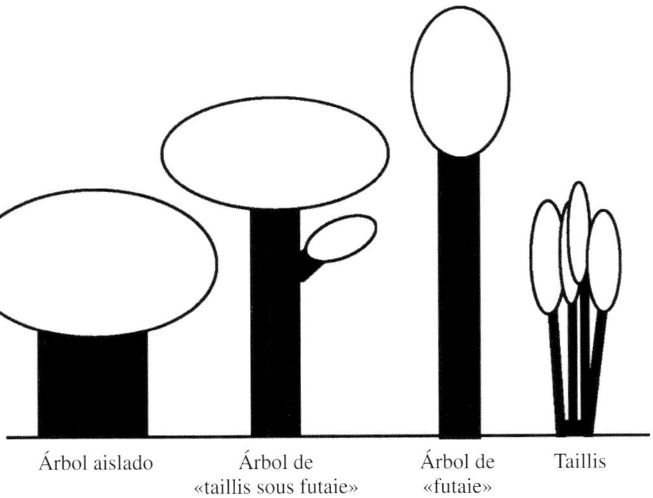

Fig. 38.–Formas de árboles en función de su modo de crecimiento.

MONTE BAJO (TAILLIS SIMPLE)

El *Q. robur* y sobre todo el *Q. petraea* emiten con facilidad retoños numerosos y vigorosos a partir de yemas adventicias de la base de la cepa del árbol. Este modo de conducción no es utilizado actualmente.

Condiciones de obtención

El «taillis simple», monte bajo, se obtiene a partir de robles, semillas o plantas podadas algunos años después de su implantación. Los «taillis» son pues monoespecíficos y en otro tiempo servían para la producción de corteza de la que se obtenían los taninos. Puede obtenerse un «taillis simple» por corte al ras de un « taillis sous futaie» (Fig. 39). El corte de las matas formadas depende del destino de la madera; suele efectuarse una tala cada 5 a 30 años, según el diámetro buscado.

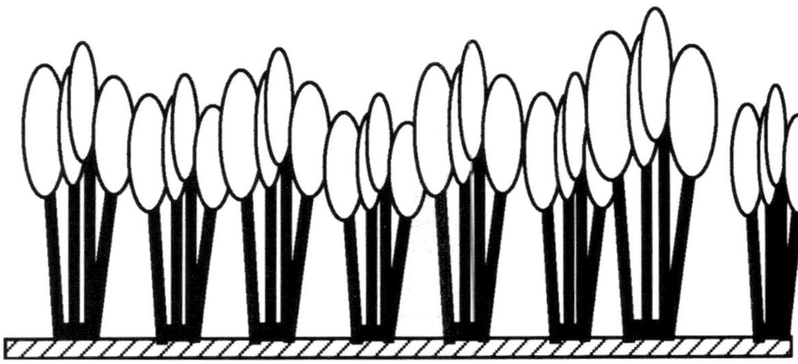

Fig. 39.–Monte bajo (Taillis simple).

Conversión de Taillis simples

Monte bajo (Taillis simple) convertido en Monte alto sobre tocón (Futaie sur souche)

Para pasar de un monte bajo simple a un monte alto sobre tocón, se eligen algunos tallos, rectos, vigorosos y de buen aspecto (tronco largo, copa alta, pocas ramas laterales) para construir un monte alto mediante talas regulares hasta obtener hermosos árboles (Fig. 40)

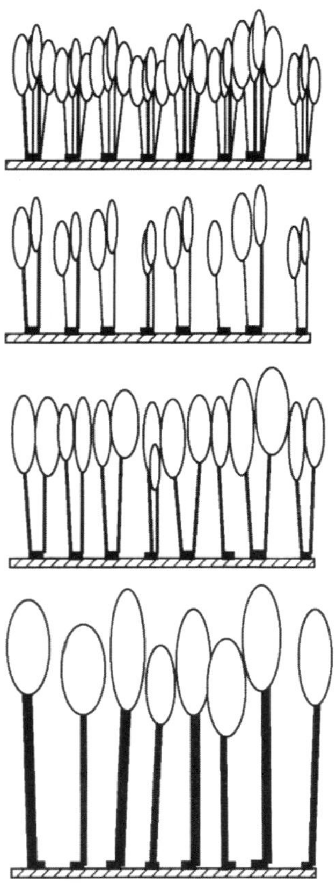

Fig. 40.–Conversión de un monte bajo en un monte alto sobre tocón.

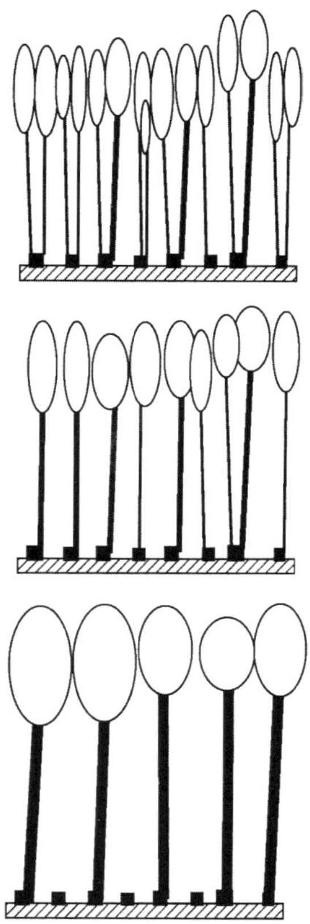

Fig. 41.–Conversión de un monte bajo en monte alto.

Monte bajo (taillis simple) convertido en monte alto (futaie)

Cuando el taillis tiene entre 30 y 50 años, los retoños que no fueron cortados han sufrido una competencia importante. Su tronco es largo, de diámetro débil y la copa es estrecha. Los árboles son demasiado endebles y corren el riesgo de ser abatidos por un viento fuerte. Para regenerar este poblamiento hay que practicar una selección de los individuos más robustos y eliminar los demás; esto se realiza en etapas sucesivas a fin de permitir que los árboles que han sido preservados se desarrollen a medida que disminuye la competencia. El conjunto de operaciones debe escalonarse en el tiempo para evitar la formación de agujeros de luz.

Como criterios de clareado, hay que conservar los árboles más vigorosos, cuyo tronco tiene un porte suficiente y que estén suficientemente separados de los otros individuos seleccionados.

Puede realizarse un bosquecillo claro si los individuos no han alcanzado su talla definitiva. Para ello se practican clareados que permitan conservar individuos con futuro y asegurar el desarrollo de un grupo vegetativo que servirá de sombra para los troncos de los árboles.

MONTE BAJO-BAJO MONTE ALTO (TAILLIS-SOUS-FUTAIE)

Aunque siga practicándose este sistema de conducción no es apreciado para la producción de árboles de calidad. El «taillis-sous-futaie» se compone de un «taillis» sobre el que se practican talas rasas y de un «futaie» (monte alto) más o menos claro.

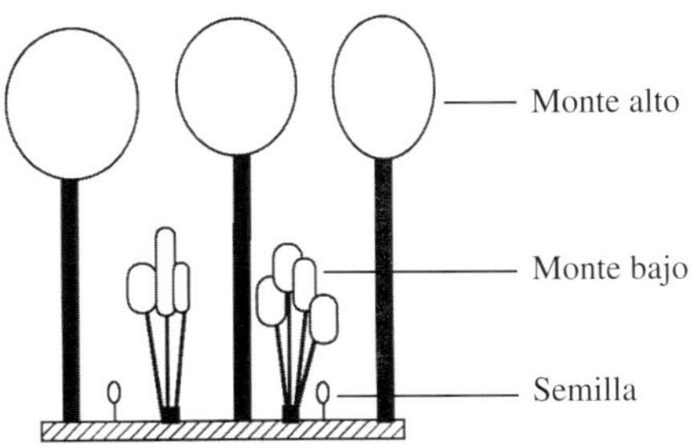

Fig. 42.–Monte bajo-bajo monte alto.

Este último constituye una reserva de individuos de edades variables (Fig. 42).

Los árboles fértiles del monte alto (futaie) aseguran un ensemillado natural que se desarrolla bajo el «taillis» (monte bajo). Cuando el « taillis» es talado, cada planta de semilla es seleccionada para formar el relevo del «futaie» (monte alto). Las plantas menos interesantes son rechazadas; podadas permitirán la renovación del «taillis» .

MONTE ALTO REGULAR

El monte alto regular (futaie regular; «haute futaie») es por principio el modo de cultivo adaptado a la producción de madera de alta calidad destinada a tonelería. Los montes altos regulares proceden de ensemillado artificial o de plantación (Fig. 43).

Estos poblamientos son explotados por cortes sucesivos seguidos de replantación o de ensemillado natural por regeneración o por una tala única seguida de una replantación o de un

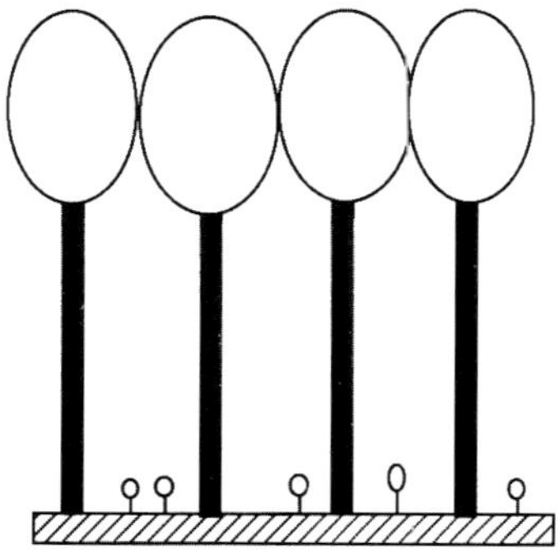

Fig. 43.–Monte alto regular («futaie» regular).

ensemillado artificial. Las talas sucesivas pueden ser completadas por un ensemillado artificial si la producción de fruto no fue suficiente.

Los mejores árboles se obtienen por la tala progresiva. Se trata casi siempre de poblamientos monoespecíficos. El monte se conduce según un ciclo riguroso de operaciones de selección y de cortes de clareado. Se pasa por las siguientes etapas:

Semillera (altura < 0,5 m); maleza (0,5 m < altura < 3 m); verdasca baja (3 m < altura < 8 m); verdasca alta (8 m < altura < 12 m); «perchis» bajo (12 m < altura < 16 m); «perchis» alto (16 m < altura < 18 m); monte alto joven (altura 18 m; diámetro 30-40 cm); monte alto adulto (diámetro 40-60 cm); monte alto (diámetro > 60 cm). El monte alto regular permite alcanzar el estadio «futaie» que es la madera de mayor valor añadido. Es el caso del macizo forestal de Tronçais. Después de la tala queda una maleza que constituye la base de futuro desarrollo.

ROBLEDADES DE EDADES MÚLTIPLES

Los robledales de edades múltiples están compuestos por robles cuya edad es diferente. El bosque se define como ajardinado si la gama de edades es equilibrada, desde el «semis» hasta el árbol explotable comercialmente. Si la repartición de los distintos estadios es heterogénea y la dispersión de edad entre individuos es de menos de 10-15 años se trata del llamado «futaie regular».

GESTIÓN Y POLÍTICA FORESTAL

GESTIÓN DE LOS MACIZOS FORESTALES

En términos generales, los bosques cubren aproximadamente un 30 % de la superficie global, equivalente a 40 millones de km^2, repartidos: 1/3 de resinosas y 2/3 de frondosas. 60 % de estas superficies son explotables para la obtención de madera.

El bosque francés representa 14 millones de hectáreas, es decir, 25 % del territorio. Su composición es: 1/3 de resinosas y 2/3 de frondosas, similar al de equilibrio mundial. Francia dispone del 40 % de las superficies forestales de la UE y del 40 % de su producción de madera. Las tasas de reforestación son variables.

Tasas de reforestación por región

Alsacia	35 %	Limousin	30 %
Aquitania	40 %	Lorena	35 %
Auvernia	25 %	Midi-Pirineos	20 %
Borgoña	30 %	Norte-Pas de Calais	5 %
Bretaña	10 %	Baja Normandía	10 %
Centro	20 %	Alta Normandía	15 %
Champaña-Ardenas	25 %	País del Loira	10 %
Córcega	30 %	Picardía	10 %
Franco Condado	40 %	Poitou-Charente	15 %
Ile-de-France	20 %	Provenza-Alpes-Costa azul	35 %
Languedoc	25 %	Ródano-Alpes	30 %

Aproximadamente el 30 % de los bosques franceses están controlados por el Estado (derecho forestal) y gestionados por la ONF; constituyen los bosques estatales y comunales. El roble ocupa 4 millones de hectáreas, de las que 14 % es bosque público, 13 % estatal y 73 % privado. El *Q. robur* es ligeramente predominante sobre el *Q. petraea,* representando cada uno de ellos 58 % y 42 %. La conducción de los robles se distribuye en monte alto (futaie) (330.000 ha) y en monte bajo-bajo monte alto (taillis sous futaie) (2.295.000 ha). *Q. robur*, *Q. petraea* y *Q. lanuginosa* representan, respectivamente, 20 %, 15 % y 5 % de las superficies forestales francesas totales. Los principales macizos forestales para tonelería se reparten como sigue:

Superficie en hectáreas

Borgoña	630.000	Champaña	340.000
Lorena	270.000	Franco Condado	250.000
Centro	520.000		

El derecho forestal ha seguido la evolución de las técnicas silvícolas y las utilizaciones de la madera. El primer guarda forestal del que se tiene referencia aparece en el siglo V a. C., aludido en la Biblia con el nombre de Asaf, guardabosque del rey Artagerges. En Francia, la ordenanza de 1280, firmada por Felipe III el Atrevido, define y fija los volúmenes de tala a efectuar. Desde 1291 hasta la Revolución, se acumulan numerosos textos con el objetivo de regularizar la gestión y explotación de los bosques. Durante este periodo, el edicto de Carlos V en 1376 constituye el texto más importante, primer código forestal verdadero, del que aún hoy permanecen ciertos artículos. La base del código forestal moderno se encuentra en Colbert (1669). En fin, 1964 marca la reglamentación, funcionamiento y atribuciones de la Oficina Nacional de Bosques (ONF).

ECONOMÍA FORESTAL

DATOS BÁSICOS DEL COSTE DE LA SILVICULTURA

El bosque es una actividad agraria a tiempo completo, que exige trabajos de iniciación y mantenimiento con sus correspondientes costes. La rentabilidad de un bosque precisa de considerar factores económicos y contables de base (Maheut, 1996):

- Valor de fondos que representan el valor del suelo forestal. En Francia se le atribuye un valor medio de 1.071 €/ha. La aptitud del suelo para dar árboles de calidad variable se expresará sobre el precio de la madera por m^3.
- Gastos de administración, comprendiendo gastos del personal, gastos de materiales (alquiler o mantenimiento de locales, mobiliario y material de empresa forestal; agua, luz, y calefacción) y los gastos diversos (protección forestal, construcción y mantenimiento de caminos, etc.). Como promedio, los gastos de administración se estiman entre 168,3 y 229,5 €/ha.
- Gastos de cultivo en relación con el tipo de silvicultura elegida y la frecuencia de las operaciones, por un montante medio de 10.021,5 €/ha.
- Gastos de leñadores, representativos del coste hora (7,25 €/h) con prima de dificultad de explotación (5 % del salario) y cargas.

Para efectuar la estimación de precio de coste de una superficie forestal, existen un conjunto de fórmulas relativamente complejas. En resumen:

- El precio de coste (PR) de un poblamiento de edad m se calcula por la fórmula de Kato, teniendo solamente en cuenta los gastos de cultivo y los ingresos obtenidos por los clareos efectuados:

$$PR = (f + CA) \cdot (1{,}0\,tm - 1) + c\ 1{,}0\,tm - Ea\ 1{,}0\,tm - a - Eb\ 1{,}0\,tm - b - \ldots$$

Siendo: f, valor de los fondos; CA, capital de administración; t, interés de los capitales invertidos; c, gastos de cultivo; E, ingresos netos de los rendimientos de las edades a, b, c...; m, edad del poblamiento.

- El valor de los fondos se estima por la ecuación de Faustmann.
- El valor de demora de un poblamiento corresponde a un cálculo de descuento.
- En fin, la fórmula de Blume permite calcular el valor de la superficie plantada a la edad n:

$$Hn = [(Au - c) \cdot F + c] \times Bg$$

Siendo: Au, el valor de la superficie al final de la revolución silvícola; F, factor ligado a la edad y la especie, y Bg, el coeficiente de plenitud del poblamiento.

RENTABILIDAD DE LOS ROBLEDALES

La rentabilidad depende de la productividad del bosque. En el caso de monte alto regular (futaie regular) se consideran tres clases: 4, 6 y 8 m^3 de madera por año (descritas como S, M, X). Es posible calcular los ingresos medios netos anuales para una hectárea de bosque:

- En función del modo de silvicultura:
  - — Monte alto regular
    - X .... 68,85-84,15 €/ha/año.
    - M .... 229,5-306 €/ha/año.
    - S .... 382,5-459 €/ha/año.

— Monte alto ajardinado .... 153-229,5 €/ha/año.
— Árboles «taillis sous futaie» ...... 76,5-229,5 €/ha/año.

- En función de la calidad de los robles. La calidad I se adscribe a los robles con pocos defectos y la calidad II a los robles mediocres –llamados industriales– que presentan algún defecto notorio:

— Clase S
 • Calidad I .... 382,5-459 €/ha/año.
 • Calidad II .... 229,5-306 €/ha/año.

— Clase M
 • Calidad I .... 153-229,5 €/ha/año.
 • Calidad II .... 76,5-153 €/ha/año.

— Clase X
 • Calidad I .... 45,9-76,5 €/ha/año.
 • Calidad II .... 15,3-30,6 €/ha/año.

- Y en función de su evolución en el curso del tiempo; para los años 1950 y 1990:

— Clase S
 • 1950 .... 122,4-153 €/ha/año.
 • 1990 .... 382,5-459 €/ha/año.

— Clase M
 • 1950 .... 61,2-122,4 €/ha/año.
 • 1990 .... 183,6-229,5 €/ha/año.

— Clase X
 • 1950 .... 5,3-30,6 €/ha/año.
 • 1990 .... 45,9-61,2 €/ha/año.

Está claro que los poblamientos más rentables son los que corresponden a la madera de gran calidad. Pero los casos presentados no son ejemplos prácticos; son teóricos y calculados a partir de datos cifrados y tendencias de los mercados. Son, sin embargo, interesantes para considerar y permiten dar una imagen aproximada de la situación financiera de una explotación forestal.

En conclusión, se observan unos ingresos anuales razonables que representan 306 a 382,5 € por hectárea y año. La rentabilidad parece evidentemente mayor que para los macizos forestales productores de madera de calidad media a mediocre, pero la silvicultura de calidad exige mayores gastos, por ejemplo, densidades de plantación superiores, cortes y clareados regulares, así como una selección rigurosa de los árboles a tratar.

EL MERCADO DE LA MADERA DE ROBLE

IMPORTANCIA DEL MERCADO

El mercado del roble es uno de los más interesantes en el plano financiero; se trata de una especie muy valorada. Comparando los precios medios de venta de roble en francos constantes, se observa que entre 1989 y 1995, el roble se vende más caro, por delante de la haya, pino y otras maderas resinosas.

Precios de venta medios en francos constantes/m³ de madera según la ONF

	1989	1991	1993	1994	1995
Roble	542	485	432	484	522
Haya	328	324	305	392	445
Pino	314	293	226	285	281
Abeto	287	263	215	271	259
Pino silvestre	162	164	148	188	191
Pino marítimo	143	140	115	156	155

Estos resultados medios ocultan, al menos para el roble, una gran disparidad de precios. En efecto, troncos de gran diámetro (50 cm y más) que se vendieron a 870 FF/m³ en 1989 y a 807 FF/m³ en 1995. En el mismo lapso de tiempo, las maderas de menor diámetro (30-45 cm) costaban 542 FF/m³ en 1989 y 522 FF/m³ en 1995. Los árboles más pequeños (menos de 25 cm) se vendían a precios de 54 FF/m³ en 1989 y a 73 FF/m³ en 1995. El haya siguió la misma tendencia.

La cantidad de madera disponible se encuentra a buen nivel. La ONF la evalúa en 1,26 millones de m³ de «grume» (madera sin desbastar) en 1979, en 1,78 en 1988 y en 1,81 en 1995. Se observa en los últimos años una progresión lenta, pero continua, de la madera puesta a la venta. Los precios medios de los robles de interés para los toneleros –es decir, la categoría con diámetros superiores a los 50 cm– ha aumentado mucho en el periodo 1976-1980 (+40 %); los precios alcanzaron los niveles de 1976, para aumentar a partir de 1983. Tras las bajadas consecutivas de 1989 y 1993, actualmente los precios aumentan anualmente entre 8 y 12 %.

La principal fuente de exportación es intracomunitaria. Tiene tendencia a disminuir respecto al decenio anterior. Otros centros de exportación son Suiza, Marruecos, Argelia, Austria y Rumanía. Si el 90 % de las exportaciones francesas se hacen a la UE, 50 % de las importaciones de madera de roble en «grume» se hace por Canadá. El lugar de la tonelería en este mercado es modesto, pero se concentra en los productos de máxima calidad y precio elevado. Los toneleros consumen entre 80.000 y 100.000 m³ de « grumes» cada año; es decir, menos del 5 % del mercado en términos de volumen, pero mucho más en términos de valor comercial. 80 % de las ventas se realizan en bloque y sobre pie; 20 % solamente en madera transformada.

Las maderas de tonelería se venden a niveles muy diferentes según la región de producción. Las regiones francesas más valoradas son las de Allier, Indre y Sarthe:

	Precios medios FF/m³	Variación 1995/1994, s/ONF
Allier	1.268	+ 6 %
Loira y Cher	808	+ 12 %
Indre	1.419	+ 17 %
Sarthe	1.338	+ 12 %
Orne	976	+ 12 %
Nièvre	866	+ 10 %
Côte-d'Or	798	+ 1 %
Alto Marne	733	+ 8 %
Alto Saona	63	+ 2 %

A pesar de la inflación sobre los costes de la madera, los invendidos se mantienen a un nivel muy bajo. Por ejemplo, en Indre donde el aumento fue el más acusado, el porcentaje de invendido es de solo 6 %. En Sarthe, aun cuando los precios son elevados, toda la madera fue vendida. En Allier, Orne y Nièvre, el porcentaje de no vendido es del 3 %. Comparativamente, los invendidos de otras especies son más elevados, en particular el pino marítimo que alcanzó un nivel del 69 % de invendido en 1995.

Las cifras, por ser precios medios, encierran una gran disparidad. Para la compra de «grumes», una tonelería puede pagar hasta 459 €/m^3. En este caso el coste de la madera representa el 55 % del precio final de la barrica.

En la década de los ochenta, 100.000 m^3 de «grumes à merrain» (troncos sin desbastar destinados a tonelería) fueron producidos anualmente; es decir, el 12 % de la tala anual de madera útil de roble. A partir de 1995 se produce un evidente aumento constante de la producción que alcanza 300.000 m^3 en 1999, frente a los 160.000 m^3 de 1990. La lista siguiente, procedente de la ONF, muestra la tendencia:

Año	**Producción (m^3) «grume à merrain»**
1989	130.000
1990	165.000
1991	155.000
1992	135.000
1995	130.000

Año	**Producción (m^3) «grume à merrain»**
1996	163.000
1997	226.000
1998	275.000
1999	326.000

Respecto a la repartición, la región de Borgoña es la que experimentó mayor aumento (5.300 en 1990 y 11.400 en 1999), seguida de Aquitania (5.000 m^3 en 1990 y 9.500 en 1999) y de Limousin (2.000 m^3 en 1990 y 5.600 m^3 en 1999). Un hecho a subrayar es la progresión ininterrumpida de las importaciones de madera en Francia (96 m^3 en 1991 y 6.700 m^3 en 1998). La ONF espera una progresión del 50 % para el bienio 1999-2000. Los flujos más significativos son los procedentes de EE.UU., Rusia, Hungría y Lituania (este país significó 510 m^3 en 1998).

El análisis por regiones de la producción de «merrain», aserrado y hendido mezclados, a partir de 1991 muestra que:

- Varias regiones son importantes productores regulares.

	1991	**1999**
— Champaña-Ardenas	2.300 m^3	4.000 m^3
— Centro	2.300 m^3	4.000 m^3
— Borgoña	4.900 m^3	11.377 m^3

- Aquitania representa, igualmente, una producción notable, de 9.500 m^3 en 1999 y las regiones de Poitou-Charente y Midi-Pirineos, en el mismo año 1999, produjeron 6.700 m^3 y 5.154 m^3, respectivamente.

- Entre los pequeños productores regulares cabe citar la Baja Normandía (cerca de 1.000 m^3 en 1999) y Ródano-Alpes (600 m^3 en 1991; 300 m^3 en 1999).

A nivel del total francés, el conjunto de la producción de «merrains» aserrados o hendidos se elevó a más de 65.000 m^3 en 1999, en constante aumento desde 1991.

FUTURO DE LOS APROVISIONAMIENTOS

Los suministros de roble de «futaie» parecen estar garantizados a largo plazo. La atención prestada por la ONF a la gestión, control y mantenimiento, autorizan este optimismo. Esta afirmación puede además argumentarse con el apoyo de algunas cifras significativas. La cantidad de madera recogida está próxima a los 2 millones de m^3 por año y el crecimiento biológico natural de los árboles en pie es de 10 millones de m^3 por año. Considerando que la tonelería francesa produce unas 200.000 barricas/año, ello supone un consumo de 100.000 m^3 de madera. Las fuentes de aprovisionamiento nacional son razonablemente suficientes para asegurar incluso un aumento brutal en la producción de barricas. El límite está determinado por el volumen de vino a almacenar.

Se estima que actualmente el área de robledal en Francia es de 4.156.851 ha, de las que 924.236 corresponden a «futaie» (monte alto), que puede suministrar hasta 378.485.000 m^3 de madera. Estos datos corresponden a una encuesta del Ministerio de Agricultura realizada en 1994.

El macizo forestal francés está en progresión constante, de manera que la superficie plantada y los volúmenes de madera disponibles en el futuro serán superiores a los actuales.

Los vendavales son infrecuentes en Europa, aunque de hecho se producen ocasionalmente. Aún se recuerda la tormenta de diciembre de 1999 que se produjo en dos oleadas: una primera que afectó la región parisina y la segunda barrió Francia de Oeste a Este. Esta segunda fue de resultados desastrosos para los macizos forestales. Se constató que no todos los árboles sufrieron de igual manera los embates del viento. Los estragos del viento se producen por su acción lateral sobre una superficie más o menos resistente, representada por la copa del árbol. Los daños más severos afectan principalmente a los individuos adultos. Además, las lluvias acompañantes pueden desestabilizar el anclaje del sistema radicular

La tormenta de finales de 1999 causó daños a menudo muy localizados: en una parcela pudo ser destruida una parte central; en otra pudo haberse formado un pasillo de cien metros de ancho que concentró la mayor parte de la destrucción. Esto se explica por el efecto de las brechas en el bosque sobre la formación y ampliación de turbulencias que aumentan el efecto del viento hasta decapitar las copas o tumbar los árboles. En las Landas, los pinares resultaron especialmente afectados como consecuencia de su especial sistema radicular constituido por una raíz pivotante y una masa capilar superficial. En los robles los daños fueron más limitados por distintas razones:

- Los robles se plantan en suelos más profundos; su sistema radicular, pivotante, se ancla en el suelo; el desarrollo capilar es denso y completa la solidez de su posición en el suelo.
- En invierno, los robles destinados a tonelería han perdido sus hojas, presentando menos resistencia al viento.
- Los bosques de frondosas, por el alto valor de su tronco y su aptitud a formar ramas laterales, son conducidos en forma de macizo denso, con pocos huecos y brechas. En esta situación los efectos de las turbulencias son más limitados.
- Un efecto importante de la conducción en forma de poblamiento denso de los bosques de roble está unida a la formación de una capa de aire poco móvil, que dirige hacia arriba los vientos que vienen a golpear este obstáculo. Si la fuerza del viento aumenta, la copa sin hojas es lo suficientemente permeable para dejar escapar la parte

de viento entrante. Si se hubiera practicado una tala muy severa de clareo antes de una tormenta, el obstáculo es menos eficaz y una parte del viento puede entrar violentamente en el poblamiento.

Existen diversas clasificaciones relativas a la sensibilidad a las tormentas de las especies forestales. Pinos y abetos son clasificados como muy sensibles (índice de sensibilidad al viento 7/10); abedul, roble y haya son sensibles (4/10): arce, alerce, fresno, son consideradas poco sensibles (<2/10).

Anteriormente a 1999 se conoció una tormenta que, al final del invierno 66/67, produjo grandes destrozos en los macizos forestales del centro de Francia, Vosgos, y macizos forestales suizos, alemanes y austriacos.

CAPÍTULO IV

La madera: una materia prima preciosa

La tonelería sólo utiliza una fracción del roble, generalmente la parte situada en el primer tercio del tronco partiendo del suelo; es la que constituye la fuente de materia prima tonelera.

La selección de la materia prima es el inicio de un proceso de maduración durante el cual los caracteres de la madera se afinarán y su higrometría descenderá suficientemente para hacerla útil. Es lo que se llama, en forma demasiado restrictiva, el secado de la madera, que puede ser natural o artificial.

Este trabajo preliminar es muy importante para la calidad final de la madera; podría compararse esta etapa a la selección de parcela y madurez de la uva, como condiciones primeras para la calidad del futuro vino.

ELEMENTOS DE DENDROMETRÍA

No se pretende hacer una presentación completa de la dendrometría, ciencia compleja en la que participa la geometría, la física y la estadística. Sin embargo, cuando se quiere estimar el volumen de madera a obtener de una parcela de bosque, o el cubicaje de los árboles en pie o abatidos, es útil poseer conocimientos básicos, al menos para comprender el procedimiento. Más adelante se da un método rápido y sencillo para calcular el volumen de los «grumes» (tronco sin defectos seleccionado para la obtención de duelas).

DEFINICIÓN

La dendrometría es una rama de la biometría cuyo objetivo es calcular a partir de datos cuantitativos la producción que puede obtenerse de un bosque. Etimológicamente, la palabra, procedente del griego, significa la medida de los árboles. El inglés no ha conservado esta palabra y prefiere el término «forest mensuration». La definición cubre varias actividades de medida de los árboles y del cubicaje del volumen de madera. Pardé y Bouchon (1988), en su excelente trabajo de síntesis sobre el tema, resumen en tres puntos las distintas ramas de la dendrometría:

- Inicialmente, consiste en la medida de las dimensiones de los árboles y del estudio de su forma; el objetivo es la estimación de su volumen o de su peso.
- Seguidamente se trata de determinar y fijar los modos operatorios de los métodos que permitan estimar el volumen o el peso de los poblamientos.
- Igualmente se trata de estudiar las condiciones y modos de los cálculos que permitan comprender y seguir el aumento en volumen y peso de árboles y bosque.

La comprensión biométrica del bosque y del volumen de producción, conduce a considerar sucesivamente y de manera sintética la medida de los árboles, el cubicaje de los poblamientos y, por último, el crecimiento de árboles y poblamientos. La última etapa es más dinámica que las dos anteriores.

MEDICIÓN DE LOS ÁRBOLES EN PIE Y ABATIDOS

El árbol se puede medir por su sección, su altura y su cubicaje. Este último punto se trata en la página 149. Todos los métodos utilizados son más o menos sencillos y se realizan con aparatos específicos.

MEDICIÓN DE LA SECCIÓN DEL ÁRBOL

El diámetro de un árbol (d) se mide frecuentemente con ayuda de un compás forestal (Fig. 44) a una altura de 1,30 m sobre el nivel del suelo.

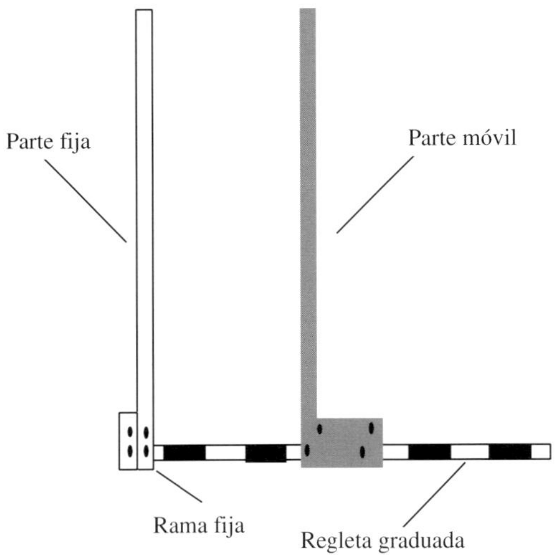

Fig. 44.–Compás forestal con brazo móvil.

En ocasiones, puede ser útil medir el diámetro a mayor altura; puede entonces emplearse el compás finlandés. Se compone de dos brazos fijos, uno recto y otro curvo y graduado; el conjunto se monta en una pértiga que puede alcanzar 8 m; la altura se hace con prismáticos.

Otro aparato más complejo permite medir el diámetro a cualquier nivel del árbol y a distancias variables. Es el compás óptico de Wheeler, compuesto de un conjunto de dos prismas a cinco caras, uno fijo y otro móvil en el tubo. El ocular de la visión está dividido en dos: la mitad superior permite visualizar la imagen salida del prisma fijo; la mitad inferior da la imagen retrasada del prisma móvil (Fig. 45).

El principio de medición consiste en, gracias al prisma móvil, hacer resbalar la imagen inferior de forma que se introduzcan en la prolongación el lado izquierdo del tronco (en visión directa del prisma fijo) y el costado derecho (en visión retrasada del prisma móvil); el desplazamiento efectuado por el cursor sobre una escala graduada, corresponde al diámetro. La circunferencia del tronco puede medirse fácilmente con una cinta metálica graduada. Para hacer mediciones precisas hay que asegurarse de que toda la banda de la cinta sea perfectamente perpendicular al eje del tronco y esté tensa.

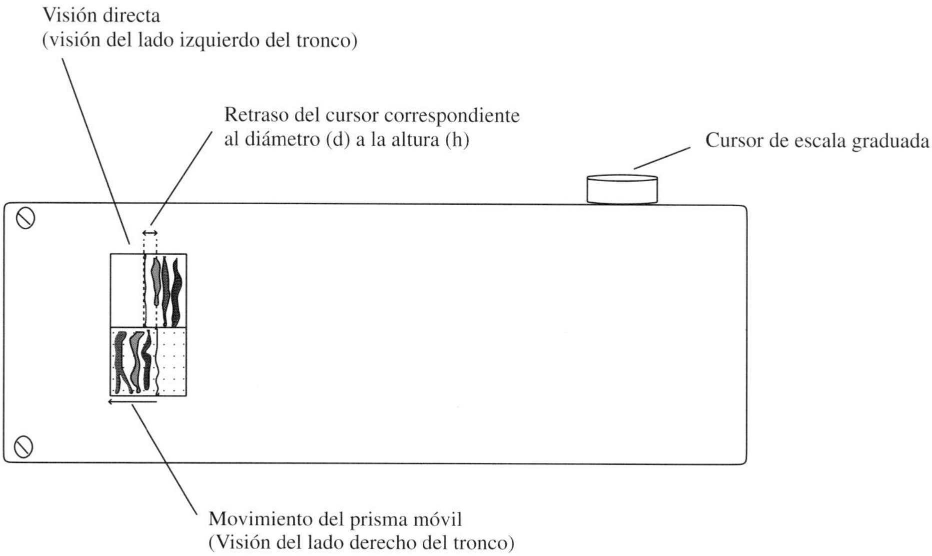

Fig. 45.–Principio de funcionamiento del compás de Wheeler.

Principio y medida de la altura

La altura de un árbol es la longitud de un segmento de recta que parte del pie del árbol, por debajo del suelo, y termina en la parte más alta de la copa en la prolongación del eje.

Es pues necesario medir bien, en la prolongación del tronco, la altura maxi, para no inducir un error ligado a la creación de un ángulo falso de visión (Fig. 46). Este error es fácil de cometer en las frondosas.

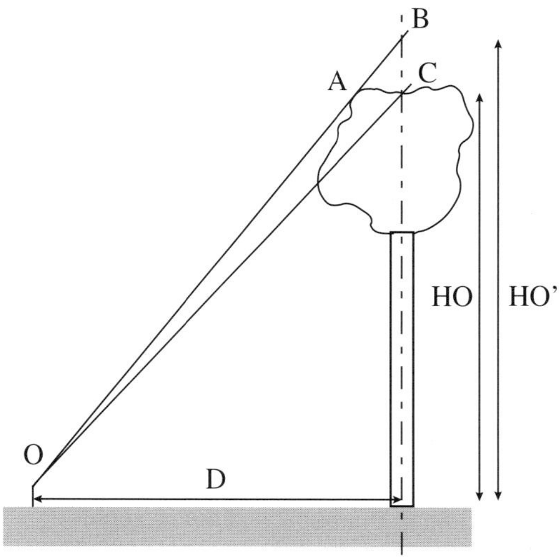

Visión OA a la distancia D = altura calculada sobre OB y HO' sobrestimadas.
Visión OC a la distancia D = altura real HO.

Fig. 46.–Problema de la altura de un árbol.

El principio de medición de la altura de un árbol a cualquier distancia es un método sencillo; permite, en particular, realizar medidas en terrenos accidentados, que suponen la mayor parte de los casos.

El método, ingenioso, está basado en la medición de un conjunto de puntos que permiten, mediante el trazado de una recta, constituir un triángulo sobre el que pueden aplicarse los cálculos trigonométricos elementales (Fig. 47).

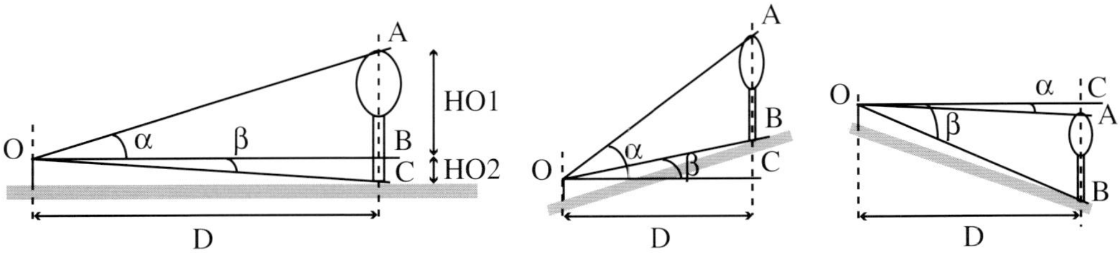

$HO = HO1 + HO2 = D\,(tg\alpha + tg\beta)$ $\quad HO = D\,(tg\alpha - tg\beta)$ $\quad HO = D\,(tg\beta - tg\alpha)$

Fig. 47.–Principio de la medida de la altura HO en diferentes condiciones del perfil del suelo.

Para facilitar el cálculo directamente sobre el terreno se diseñó una plancha provista de un suspensor en uno de los ángulos y lastrada por un peso (Fig. 48); la visual permite la lectura de los ángulos necesarios para los cálculos.

A partir de este diseño se han construido diversos aparatos de medición en el terreno. También existen reglas que dan idea de la altura a una distancia.

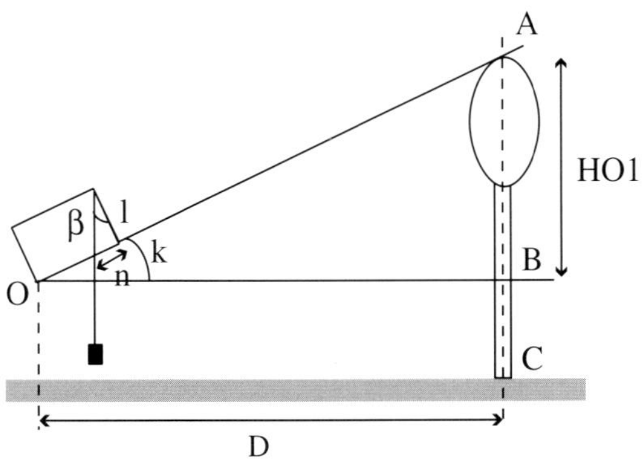

N/l = HO 1/D; HO = nD/1+BC

Fig. 48.–Principio del cálculo y medida basado en el dispositivo de plancha y cordel lastrado.

INVENTARIO Y CUBICAJE DE LOS MACIZOS FORESTALES

Entre las diversas operaciones que permiten un mejor conocimiento en términos de producción de un poblamiento, es corriente definir su estructura y cubicaje.

Estructura de los poblamientos

Si se examinan y clasifican en clases los diámetros de los troncos de cada árbol de un bosque, se obtienen gráficos de perfiles característicos. Esquemáticamente se distinguen dos grupos:

Los poblamientos equienos

Poseen diámetros de troncos que se distribuyen según una curva gausiana. A medida que la población envejece, los clareos y la mortalidad natural harán desaparecer la simetría de la representación, disminuirá la frecuencia de los diámetros menores y, contrariamente, aumentará regularmente la de los diámetros mayores. Un ejemplo se representa en la figura 49.

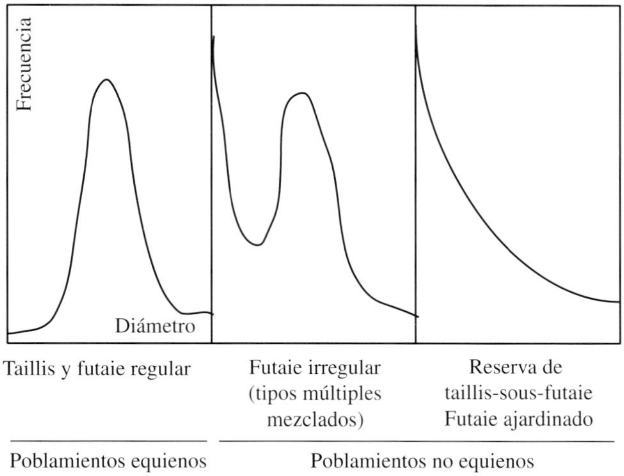

Fig. 49.–Estructura de los robledales en función del modo de tratamiento.

Los poblamientos no equienos

En los casos de «taillis-sous-futaie» y de «futaie» ajardinado, la representación de los individuos que forman el poblamieno da curvas exponenciales, hiperbólicas... Este tipo de repartición puede ser mantenido indefinidamente a poco que se apliquen los tratamientos adecuados. En este caso se explotan árboles de todos los grosores, en forma repetida en intervalos más bien largos. Existen curvas de referencia, llamadas curvas de equilibrio (Fig. 50).

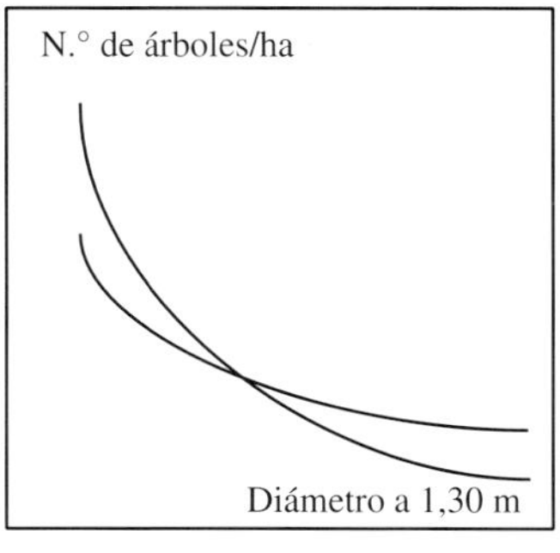

Fig. 50.–Ejemplo de curvas de equilibrio en «futaie» ajardinado.

El caso particular de los robledales irregulares resulta de una mezcla de poblamientos. Suelen ser el resultado de la conversión de un «taillis-sous-futaie» y de «taillis en futaie», asegurando una ganancia cualitativa final de los productos y una mejor rentabilidad. Los robledales irregulares son frecuentes en los bosques privados.

Cubicaje del poblamiento

En este apartado se tratará de la evaluación más coherente posible de la producción de una zona forestal considerada en su conjunto. La producción leñosa comprende el conjunto de biomasa forestal llamada producción primaria neta (hojas, raíces, troncos, ramas y brotes). Las hojas representan, aproximadamente, un tercio del total y las raíces otro tercio. Así pues, la madera útil es sólo un 10 % del total, o algo más; el resto lo constituyen las ramas y los brotes.

El cálculo del volumen del tronco por hectárea se basa en una fórmula que posee diversas variantes. Partiendo de tres magnitudes (G, superficie térrea por hectárea; H, altura media total; F, coeficiente de forma del poblamiento) se deducen tres modos de cálculo.

Primer cálculo: V = (FG) × H

En esta versión rápida, es suficiente considerar el producto F × G como una constante función de la especie. Se trata de valores aproximados, bastante poco precisos, pero que son útiles. En función del tipo de árbol, los valores extremos pueden ser importantes.

Valor de los coeficientes FG	
Roble	10 a 12
Pino silvestre	13 a 15
Haya	12 a 16
Abeto	14 a 32

Por ejemplo, para un robledal cuya altura media de los árboles sea 30 m, el cálculo da entre 300 y 360 m^3/ha. Esto no tiene en cuenta densidades anormalmente bajas, pero puede tenerse en cuenta el factor de plenitud. Por ejemplo, para un poblamiento con una densidad inferior en un 10 % a la normal, la fórmula pasa a ser: V = 30 × 10 ó 12 × 0,9 y V varía entre 270 y 324 m^3/ha.

Segundo cálculo: V = G × H × F

En este caso el cálculo es más complejo porque hay que determinar, además de la altura H, la superficie térrea por hectárea, G. El método es más preciso que el anterior. En cuanto a F –coeficiente de forma del poblamiento– hay que referirse a una tabla:

Situación	Coeficiente de forma del bosque		
	Roble	Haya	Abeto
Estación muy rica, I	–	0,50	0,46
Estación rica, II	0,53	0,50	0,47
Estación media, III	0,54	0,50	0,50
Estación pobre, IV	0,55	0,49	0,50
Estación muy pobre, V	–	0,48	0,51

La superficie térrea de un árbol corresponde a la superficie de la sección transversal del árbol a 1,30 m de altura. La superficie térrea de una población, es decir, G (por hectárea) es igual a la suma de las superficies térreas de cada árbol que forma la zona inventariada.

$$G = n_a (\pi/4) d^2_a + n_b (\pi/4) d^2_b + ... + n_q (\pi/4) d^2_q = \pi/4 \Sigma n_j d^2_j$$

Siendo: n_q, número de árboles por clase; d_q, clase de diámetros en cm, a 1,30 m de altura.

Existen numerosos aparatos que permiten una medición directa de G, por ejemplo el relascopio de Bitterlich, el compás de Hellrigl, o el método de los prismas relascópicos.

Como ejemplo de este método se supone un caso verosímil de un robledal cuya altura media de los árboles es de 30 m y la superficie térrea 27 m^2.

El cálculo da para una estación media (F = 0,54): V = 27 × 30 × 0,54 = 437 m^3/ha

Tercer cálculo: V = G × (FH)

Es el procedimiento de cálculo utilizado en Alemania. En él se utiliza una tabla de doble entrada que da, en función de la altura H, el valor del producto F × H para cada especie. Para el roble, la tabla presentada por Pardé y Bouchon (1988) es la siguiente:

Altura media (m)	F × H	Altura media (m)	F × H
14	6,6	26	13,8
16	7,8	28	15,2
18	9,1	30	16,0
20	10,1	32	16,4
22	11,5	34	16,8
24	12,6	36	17,1

En fin, es posible recurrir a tablas de producción, rápidas y fáciles, para estimaciones preliminares. Conviene indicar, por último, que el conjunto de estos métodos de cálculo es aplicable a los poblamientos equienos de una sola especie y, preferentemente, apartando las plantaciones jóvenes.

CRECIMIENTO EN VOLUMEN DE LOS ÁRBOLES Y DE LOS POBLAMIENTOS

Este apartado se refiere brevemente a la cinética de la ganancia de biomasa. Tan interesante como disponer de una imagen del estado de los recursos potenciales de un poblamiento es tener información sobre el ritmo de acumulación de su biomasa. Es entonces posible considerar intervenciones interesantes para tratar un problema. En forma genérica se considera un orden de magnitud de crecimiento de 6 a 10 tm de materia leñosa por año. En el mejor de los casos, el tronco no representa más del 10 % del total. También en forma general se admite que, cuando el bosque alcanza su estadio final de evolución –llamado bosque climácico– la producción disminuye; por ello es aconsejable practicar rejuvenecimientos puntuales y regulares para mantener la productividad forestal a un nivel aceptable. Las características edáficas de la estación, la riqueza del suelo y las condiciones climáticas, condicionan la productividad.

Se recurre frecuentemente a tablas de producción que dan a conocer el estado productivo de un poblamiento equieno puro. Estas tablas, establecidas por zonas geográficas en base a datos de varios años, dan el valor máximo de producción, que se sitúa generalmente alrededor de 5 a 6 m³/ha/año. También es posible establecer clases en función de las potencialidades de las condiciones ambientales y por tanto de las posibilidades ofrecidas al poblamiento de crecer más o menos fácilmente. Entre los factores que afectan la producción de madera, cabe citar:

- La pluviometría, que aumenta sensiblemente la productividad de los bosques (así, en Francia las regiones más pluviosas pueden ser preferidas para aumentar la rentabilidad de las nuevas plantaciones). El número de días en que la temperatura es superior a 6-10° C revela una correlación positiva con la producción. Aparte de las condiciones climáticas anuales, también es muy importante la duración de la temperatura vegetativa.
- La topografía puede actuar negativamente: cuando la altitud es elevada, interviene a la vez al nivel de una temperatura insuficiente y de un suelo cuya estructura y composición no sean convenientes (profundidad, riqueza). Por el contrario, una pendiente ligera que facilita una mejor exposición al sol puede constituir una ventaja en términos de rendimiento de madera.
- El suelo tiene una influencia importante y ya fue considerado en el estudio de la ecología de los robledales. Es sabido que actúa mediante su pH, su riqueza en calcáreo y en carbonato activo.

La figura 51 es un ejemplo gráfico de producción media para diferentes estaciones teóricas.

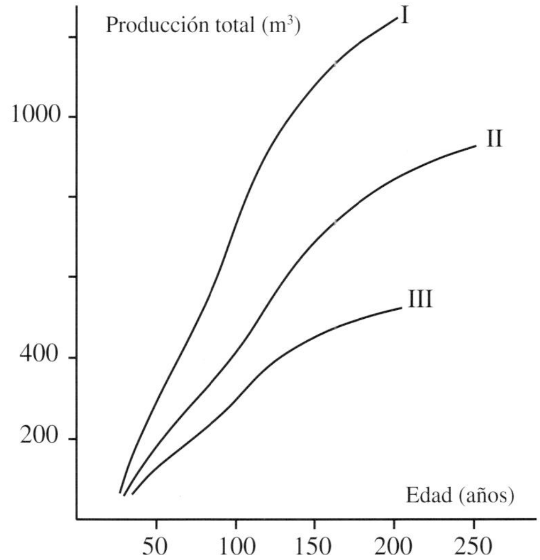

Clase I: productiva.
Clase II: medianamente productiva.
Clase III: débilmente productiva.

Fig. 51.–Curva de producción de madera de tres clases de estaciones.

Otro parámetro de consideración reciente que influye notablemente la producción, está relacionado con la teoría del recalentamiento del planeta y el aumento de CO_2 atmosférico. De él resulta un incremento de la productividad próximo al 50 % respecto a los últimos años de seguimiento. La ONF y el Inventario Forestal Nacional (IFN) aportan las cifras siguientes:

Volumen de roble sessile y pedunculado en pie (m^3/año)			
	Antes último ciclo	Último ciclo	Variación (%)
Bosque nacional	1.162.508	1.757.090	+ 51
Bosque comunal	1.394.105	2.011.685	+ 44

En el mismo tiempo, el volumen en pie apenas ha variado, según las mismas fuentes:

Volumen de roble sessile y pedunculado en pie (m^3/año)			
	Antes último ciclo	Último ciclo	Variación (%)
Bosque nacional	67.545.567	73.377.736	+8,6
Bosque comunal	78.044.449	85.277.732	+9,2

La explicación es doble: es el efecto sinérgico de las modificaciones del clima (aumento de temperatura y contenido en CO_2) así como el progreso de las campañas de rejuvenecimiento de los poblamientos.

EL MERCADO DE MADERA «MERRAIN» (para tonelería)

DEFINICIÓN Y CARACTERÍSTICAS DE LA MADERA PARA TONELERÍA

El término «merrain» se reserva exclusivamente a las maderas destinadas a tonelería. En otros tiempos era un término de uso más general, sinónimo de maderas de gran diámetro.

Los «merrains» son preseleccionados en los bosques de las especies *Q. robur* y *Q. petraea*. Su elección cumplimenta las siguientes condiciones:

- Propiedades mecánicas que confieran a la barrica una buena resistencia.
- Calidad de madera compatible con el hendido, utilizado extensivamente en Francia para la producción de piezas de madera para duelas.
- Aptitud al doblado por acción del calor que dará su curvatura al tonel.
- Aislamiento térmico interesante.
- Porosidad necesaria para la evolución de los vinos y aguardientes.

En un tronco de árbol, sólo una fracción es destinada a tonelería u otras actividades artesanales que confieren a la madera alto valor añadido (principalmente ebanistería). Para la tonelería son esencialmente maderas de hilo recto, troncos (grumes) cuyo diámetro extremo sea, al menos, de 35 cm y la calidad definida como de ebanistería y corte. A diferencia de la madera para ebanistería, los troncos para «merrain» no necesitan ser obligatoriamente de grandes longitudes. Por otra parte, la técnica de corte por hendido permite utilizar maderas de gran calidad que presentan algún defecto bien delimitado que impide su aserrado para ebanistería. En el hendido, el operario puede eliminar fácilmente zonas longitudinales defectuosas.

La madera de «merrain» está situada en el primer tercio del árbol, cuyo diámetro varía entre 60 y 40 cm. La parte del tronco más próxima al suelo es generalmente destinada a madera de corte. La tonelería usa la madera situada por encima de esta primera categoría, aunque los años de baja demanda los toneleros pueden igualmente utilizar la sección para corte antes mencionada.

Los troncos de madera de calidad «merrain» son segmentados en «billes», con longitudes variables: de 1,05, 1,10 m o un múltiplo de estas dimensiones; corresponden a la longitud de la duela, tradicionalmente de 1,05 m.

LA CLASIFICACIÓN Y SELECCIÓN DE ÁRBOLES EN PIE, «BILLES», «GRUMES» Y «MERRAINS»

LOS CRITERIOS CUALITATIVOS

Las maderas deben ser correctamente juzgadas antes de abatir el árbol o antes de la compra de los «grumes» (troncos sin desbastar); del cuidado de esta selección depende la calidad de la madera de tonelería, así como la rentabilidad de la operación de hendido. Pueden definirse tres criterios indisociables de selección:

- Los caracteres estructurales fenotípicos, en relación con la morfología y anatomía del tronco obtenido del árbol, o de los «billes» (partes del tronco) obtenidos de este último.
- Las alteraciones producidas por los ataques de hongos que causan modificaciones en la coloración de la madera y modifican, a veces, las características de durabilidad y permeabilidad.
- Los daños causados por los ataques de los insectos o del hombre.

Caracteres estructurales

El «bille» (parte del tronco aserrada a partir de éste) debe tener una albura estrecha, de color claro y homogéneo. Los anillos de crecimiento deben ser perfectamente estrechos (grano apretado) y anchura regular sin variaciones notables. El color de la madera debe ser homogéneo –como para la albura– pero distintivamente más oscuro. Entre las características anatómicas que deben estimarse hay que considerar:

Los nudos

Representan una discontinuidad en la repartición y orientación de fibras a lo largo del tronco. Causan problemas relacionados con la dureza entre la zona con nudos y la parte fibrosa. Son previsibles dificultades en la operación de hendido y deformaciones durante el doblado. Pueden distinguirse dos tipos de nudos:

- Los nudos descubiertos: son manifiestos y su diámetro puede medirse. El cuello, o «bourrelet» alrededor del nudo es, a veces, prominente. Este cuello es tanto más acusado cuanto más gruesa fue la rama seccionada naturalmente o podada. Los cuellos de los nudos de las ramas pequeñas desaparecen rápidamente pero en los de las ramas grandes pueden producirse acumulaciones de agua, causa de pudrición local. Se dice que **el nudo es sano** cuando la madera no manifiesta pudrición y los anillos de crecimiento muestran continuidad con los del tronco. Se dice que **el nudo es vicioso** cuando la pudrición afecta a menos del 30 % de su superficie; si la superficie afectada es mayor, se dice que **el nudo está podrido.**
- Los nudos cubiertos son poco visibles; se les advierte por prominencias más o menos sobresalientes del tronco o por residuos de «bourrelets» todavía adheridos. Esta categoría de nudos recubiertos incluye los «picots» (presencia de yemas durmientes), las «rosas» (plegamientos concéntricos de la corteza), los «chicots» (prominencias circulares en forma de domo más o menos elíptico) y los «broussins» (excrecencias irregulares con la superficie erizada de restos de ramitas).

Las fibras

La dirección tomada por las fibras a lo largo del tronco debe ser medida como se indica en la figura 52.

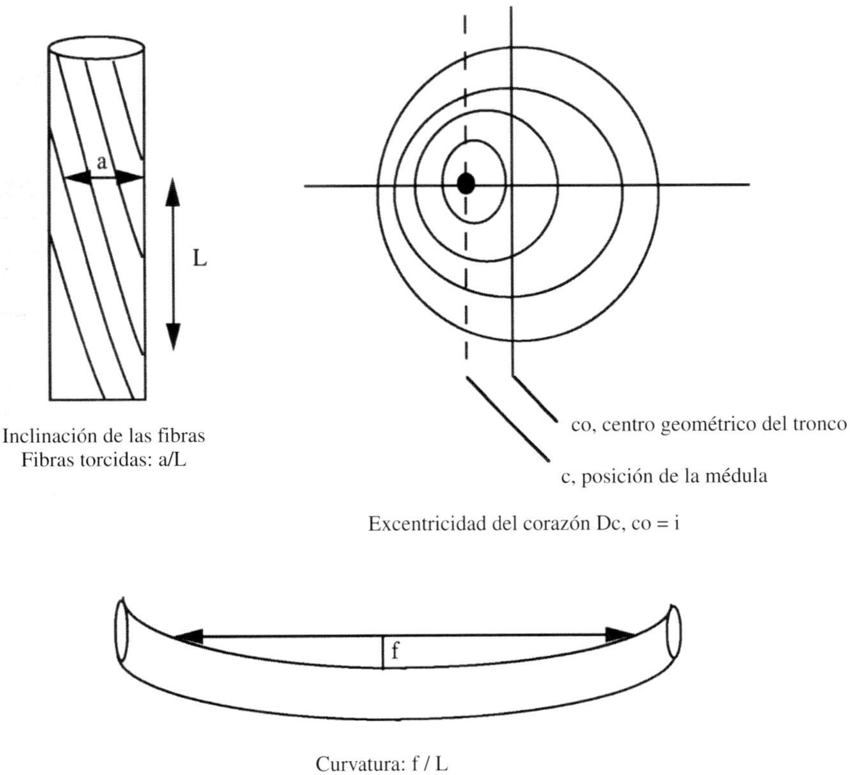

Fig. 52.–Método de medición de algunas anomalías de troncos de robles.

Cuando existe una desviación de las fibras respecto a una generatriz recta sobre una longitud L de 1 m, se dice que la madera es de hilo torcido. Este tipo de defecto suele dificultar la operación de hendido de la madera y puede plantear problemas de resistencia mecánica. La madera de hilo torcido debe ser rechazada.

A veces las fibras presentan zonas de separación longitudinal, llamadas hendiduras. Es una causa de irregularidad cualitativa y, potencialmente, de ataques de hongos. En función de su aspecto y de su forma se distinguen las siguientes:

- Hendiduras de corazón: hendidura radial del duramen, con nacimiento en la médula y prolongándose hacia la albura.
- Atronaduras, o corazones estrellados, que aun siendo hendiduras de corazón, se componen de varias hendiduras en el extremo del tronco y sobre diferentes planos.
- Los agujeros de abatido, que son daños mecánicos en forma de hendidura lateral transversal.

- Las acebolladuras, o desprendimientos entre dos anillos de crecimiento que se prolongan bastante distancia a lo largo del tronco.
- Las grietas o hendiduras radiales de la albura hacia el corazón remontando bastante distancia en el tronco. Las suelen causar los grandes fríos.
- Los golpes de tormenta, causados por un rayo, presentan hendiduras laterales que raramente se prolongan hacia la médula.

La forma del tronco

Se toma en consideración la posición del corazón de la médula y se estima su excentricidad (Fig. 52), expresándola en cm, como la distancia que separa el centro geométrico del árbol del centro de la médula. Los problemas de excentricidad del tronco causan disparidad en la densidad de la madera, pudiendo producirse una cierta heterogeneidad cualitativa.

La curvatura del tronco es una desviación respecto al hipotético eje longitudinal del mismo. La curvatura se mide tal como indica la figura 52. Porciones de tronco con curvatura pueden tener fibras rotas, causa de una disminución de la resistencia mecánica de la madera.

El achatamiento corresponde a troncos con una cierta elipticidad que puede estimarse por medición del diámetro del tronco en dos puntos opuestos. Suele ser causa de disminución de rendimiento en el hendido.

Defecto de irregularidad del duramen

El duramen puede ocasionalmente presentar zonas defectuosas impropias para la producción de maderas de calidad «merrain». Pueden ser:

- Lunura (resquebrajamiento circular): anomalía de la madera de corazón caracterizada por la presencia de un anillo de crecimiento sin total duramización. La madera presentará las propiedades de la albura.
- Entrecorteza: presencia de corteza en la madera.
- Protuberancias o excrecencias diversas, distintas a las causadas por la presencia de nudos. A veces la madera puede presentar una excrecencia importante correspondiente a un desarrollo excéntrico de la capa de cambium; en este caso, las fibras no son rectas. Puede tratarse de grasa, excrecencia regular de la parte inferior del tronco hasta una altura de 1 m. La «lupe» es un tumor o excrecencia más voluminoso, de forma globulosa y que suele buscarse en ebanistería por su efecto visual.

Alteraciones debidas a los hongos

Los hongos que pueden desarrollarse en la madera de corazón causan modificaciones apreciables de su color por la alteración de su composición. Según la naturaleza del hongo, las alteraciones pueden ser más graves, modificar las características mecánicas de la madera y hacerla inutilizable. Los síntomas pueden aparecer en la albura, el duramen o manifestarse por el color. Se aprecia una desorganización a nivel de la ultraestructura parietal de las células de la madera, una degradación bioquímica de los compuestos fenólicos y la aparición de color cuyo tinte depende del hongo. Así *Pullularia pullulans, Sclerophoma pityophila* y *Ceratocystis* sp., provocan azuleamiento; *Chaetomium globosum, Phoma* sp. y *Phialophora* sp. provocan ennegrecimientos; *Stereum purpureum, Stereum hirsutum* y *Stereum sanguinolentum* son causantes, respectivamente, de coloraciones violácea, amarillenta y rojiza.

La «echauffure»

Se trata de una alteración causada por un hongo lignívoro que ataca primero la albura y más tarde el propio duramen. El hongo responsable es fuertemente inhibido por los taninos de la madera. Se trata del *Stereum hirsutum* (Willd) Pers., que confiere a la albura un color amarillo. Los ataques son favorecidos por humedad de 45 a 50 % y temperaturas superiores a 15° C. En invierno el frío impide el desarrollo del hongo sin evitar los riesgos de contaminación.

La pudrición «blanda»

Este hongo se desarrolla sobre la albura del roble en condiciones de humedad elevada, durante el estocado de los troncos sobre el suelo. El agente responsable es un conjunto de *Fungi imperfecti.* Las partes afectadas toman una coloración negra acompañada de un ablandamiento superficial de la madera.

Daños diversos

Los insectos actúan sobre la madera en forma mecánica. Algunos, en particular los gusanos, forman galerías en la madera. Los pájaros excavan bajo la corteza para nutrirse de pequeños insectos. Los animales, al frotarse contra los troncos (jabalíes, ciervos...) pueden causar daños irreparables que causan a veces la muerte del árbol. Todos los daños deprecian la calidad general del árbol y disminuyen la parte de madera utilizable en tonelería.

ESTIMACIÓN DEL CUBICAJE DE LOS ÁRBOLES Y «GRUMES»

Puede ser importante saber juzgar un volumen de madera en una visita al bosque o en el examen de «grumes». Datos precisos ya se dieron al tratar de la dendrometría. El volumen de madera redonda puede calcularse sencillamente a partir de dos fórmulas:

$$V = C^2 / 4\pi \times L, \quad y \quad V = \pi D^2 / 4 \times L$$

Siendo: C, la circunferencia mediana; L, la longitud y D, el diámetro.

Para simplificar, se toma: $1/4\pi = 0{,}08$; $\pi/4 = 0{,}78$.

Las evaluación del árbol en pie debe tener en cuenta una estimación de la altura y del diámetro para determinar el volumen de madera.

La altura del tronco

Puede ser calculada aproximadamente por diferentes métodos:

- Situando un marcador de altura (4 a 5 m) al pie del árbol puede determinarse su altura distanciándose suficientemente para estimar el número de marcadores de referencia que pueden alinearse sobre el tronco.
- Utilizando una cruz de leñador, se hace coincidir la altura del árbol con la altura de una varilla vertical colocada a una distancia del ojo igual a su altura. A continuación se mide la distancia que separa al pie del árbol del punto de visionado, que corresponde a su altura.
- Utilizando un dendrómetro: el diámetro se mide con un compás forestal, o con una cinta flexible. La medición se practica a la altura del hombro (aprox. 1,70 cm). Se utilizan dos procedimientos:

– El decrecimiento métrico, que corresponde al número de centímetros de disminución del diámetro por metro. Esta medición se hace considerando el diámetro a la altura del hombro y el diámetro mediano se calcula por la fórmula siguiente:

$$d = D - d / (H / 2 - 1)$$

siendo: d, diámetro métrico:
D, diámetro a la altura del hombro.
H, altura del tronco.

– El coeficiente de decrecimiento (K); es la relación K = d/D

- El volumen del tronco es calculable por diferentes métodos:
  – Por el decrecimiento d o el coeficiente de decrecimiento K:

$$V = \pi / 4 \times H [D - d (H/2 - 1)]^2, \text{ ó}$$
$$V = \pi / 4.\ K^2.D^2.H$$

– Mediante tablas de cubicaje de doble entrada, con H y D: pero el método es largo y laborioso.

Clasificación de las maderas

La calidad de «grumes» y «merrin» puede estimarse a partir de una clasificación cuantitativa basada en el diámetro medio de los troncos o por una clasificación cualitativa basada en criterios normalizados preestablecidos.

Para la medida del diámetro se establecen 8 clases:

	Diámetro medio		Diámetro medio
D0	< 10 cm	D3	30 a 39 cm
D1	10 a 19 cm	D4	40 a 49 cm
D2a	20 a 24 cm	D5	50 a 59 cm
D2b	25 a 29 cm	D6	> 60 cm

Para la clasificación cualitativa se distinguen 4 clases:

Clase A

A1: madera de corte y tonelería

- Diámetro > 45 cm
- Albura < 30 mm
- Anchura de anillo ≤ 4 mm
- Ningún defecto aparente

A2: madera de ebanistería o tonelería

- Diámetro > 35 cm
- Albura < 30 mm
- Anchura de anillo ≤ 4 mm
- Color homogéneo y claro
- Nudos sanos < 15 mm
- Nudos recubiertos: picot
- Hilo torcido ≤ 5 cm/m
- Corazón excéntrico < 10 % del diámetro
- Curvatura ≤ 3 % del diámetro
- Achatamiento ≤ 10 %
- Hendidura de retracción aceptable si es sobre un mismo diámetro.

Clase B: carpintería

- Diámetro > 35 cm
- Albura < 40 mm
- Anchura de anillo sin límite
- Color homogéneo
- Nudos sanos < 40 mm
- Nudos viciosos o podridos ≤ 15 mm
- Nudos recubiertos: picot, pequeña rosa (≤ 4 cm)
- Hilo torcido ≤ 8 cm/m
- Corazón excéntrico sin límite
- Curvatura ≤ 6 % del diámetro
- Achatamiento sin límite
- Hendidura de retracción sin límite
- Grasa sin límite
- Acebolladura parcial

Clase C: construcción

- Diámetro > 30-35 cm
- Albura sin límite
- Anchura de anillo sin límite
- Color sin distinción
- Nudos sanos ≤ 40 mm
- Nudos viciosos o podridos > 40 mm
- Nudos recubiertos: picot, pequeña rosa (≤ 4 cm) y verruga
- Hilo torcido sin límite
- Corazón excéntrico sin límite
- Curvatura sin límite
- Achatado sin límite
- Hendidura de retracción sin límite
- Grasa sin límite
- Acebolladura parcial
- Pequeños agujeros de gusanos, corazón rojo

Clase D: largueros

- Diámetro > 25-30 cm
- Albura sin límite
- Anchura de anillo sin límite
- Color sin distinción
- Nudos sin límite
- Nudos viciosos y podridos sin límite
- Nudos recubiertos sin límite
- Hilo torcido sin límite
- Corazón excéntrico sin límite
- Curvatura sin límite
- Achatamiento sin límite
- Hendidura de retracción sin límite
- Grasa sin límite
- Acebolladura sin límite
- Pequeños agujeros de gusanos, corazón rojo, nudosidad, grietas

SISTEMAS DE COMPRA DE MADERA «MERRAIN»

La compra de madera «merrain» se efectúa según diferentes sistemas.

En general, las ventas de otoño de la ONF representan un buen medio de compra por las garantías de origen y calidad.

VENTAS POR ADJUDICACIÓN

Los compradores potenciales realizan visitas previas a los bosques. Los lotes de madera puestos a la venta se someten a una subasta a la baja. El principio es sencillo. La ONF fija un precio de salida y un precio de retirada, ambos conocidos al principio de la subasta. Luego se trata de detener la subasta antes de alcanzar el precio de retirada del lote, que no será puesto a la venta hasta el año siguiente. Es, pues, una técnica inflacionista que obliga a los profesionales a comprar a precios elevados para asegurarse un volumen de materia prima de calidad. Anualmente suelen hacerse dos ventas: una, de otoño, cuando se presentan los mejores lotes de madera y otra, de primavera, con poca madera de la calidad exigida en tonelería.

VENTAS POR SOLICITUD DE OFERTAS

Cuando la ONF cuenta en el año con lotes de madera retirados de la venta de otoño y primavera, publica una solicitud de ofertas en las revistas especializadas. Las personas interesadas someten su oferta por escrito. Una vez cerrado el plazo de presentación, se examinan las ofertas y se adjudican los lotes a las mejores propuestas.

VENTAS POR CONTRATO

Se trata de un procedimiento de venta que garantiza un cierto volumen de madera en compra/venta cada año. Se aplica a las industrias y no a la tonelería. Poca madera de calidad es vendida según este tipo de transacción.

SELECCIÓN Y PREPARACIÓN DE LA MADERA DESTINADA A TONELERÍA

VARIACIÓN DE LOS APROVISIONAMIENTOS EN EL CURSO DEL TIEMPO

A lo largo de los años se han producido modificaciones de las fuentes de aprovisionamientos en madera «merrin», consecuencia de causas diversas: dificultades en el suministro, precios de adquisición, etc.

En 1896, P. Mouillefert escribía «las maderas francesas son preferidas para albergar aguardientes pues no los colorea de amarillo como las de Bosnia y les confieren incluso un buen sabor». Según Mallet (1946) para los aguardientes de Armañac se utilizaba esencialmente el roble negro (*Q. robur*). En Charente, para el coñac se utilizaba roble Limousin (*Q. robur*); según Mathey (1908), ensayos hechos con roble americano (*Q. alba*) daban a los aguardientes gustos detestables; Larue (1923) les encontraba incluso gusto a hormiga. En 1939, Clauzer propuso una clasificación de robles en función de los caracteres otorgados a los vinos:

1.ª calidad: roble francés.
2.ª calidad: roble austriaco.
3.ª calidad: roble ruso.
4.ª calidad: roble americano.

Entre las principales fuentes de suministro de madera de calidad «merrain», cabe citar:

- Las maderas de Trieste y Bosnia. Fueron utilizadas a finales del siglo XIX. Su grano era fino y sin nudos. La madera de Bosnia, particularmente rica en taninos, se reservaba para vinos poco tánicos.
- Las maderas de Dantzig, Stettin y Lübech, estaban consideradas como de gran calidad, con grano fino y regular y aromas particularmente adaptados a los vinos. Su precio relativamente elevado limitaba su utilización. Se reservaban para los grandes vinos.
- Las maderas de Odesa eran poco apreciadas, difíciles de trabajar y poco estancas.
- Las maderas de América han sido tradicionalmente usadas en España. La madera era calificada como nerviosa, dura y difícil de trabajar.

Estas maderas fueron muy buscadas durante muchos años porque los macizos forestales franceses, sobrexplotados, se encontraban en los siglos XVIII y XIX en situación difícil. Los aprovisionamientos estaban entonces muy limitados, la oferta era escasa y los precios elevados. Por ello el consumo se orientó hacia otras regiones productivas, fundamentalmente de la Europa central y del este. A medida que el bosque francés fue restaurándose progresivamente, las tonelerías francesas retornaron a los aprovisionamientos nacionales tradicionales.

En los macizos forestales franceses se diferenciaba entre los bosques de proximidad, cuya madera era de mejor precio aunque de calidad mediocre (bosques de Angulema, Bayona y Dordoña) y bosques cultivados, en particular de Limousin y el centro de Francia (Allier, Creuse).

Desde finales del siglo XIX se vienen utilizando esencialmente *Q. robur* y, sobre todo, *Q. petraea* procedentes de bosques del centro (Loches, Boulogne, Russy, Châteauroux, etc.) de Allier (Tronçais, Moladier, etc.), de Vosgos (Darnay, Lisle, etc.), de Limousin (Rochechouard, Brigueuil, etc.) y de Borgoña (Bertranges, Bellary, Cîteaux, etc.).

EL HENDIDO Y EL ASERRADO DE LA MADERA

La transformación de la madera en «grume» a madera «merrain» se practica según dos técnicas diferentes: hendido y aserrado. El aserrado, más económico y con menos mermas, puede ser practicado con el roble blanco americano pero debe ser evitado con especies tales como el *Q. robur* y el *Q. petraea*. En estas dos especies de maderas sus características anatómicas y, particularmente sus tilos finos, no permiten asegurar naturalmente la estanqueidad de la madera; la ruptura de fibras, consecuente con el aserrado, da irremediablemente barricas con fugas, lo que obliga a encolarlas. Por el contrario, el *Q. alba* posee propiedades anatómicas y un espesor de fibras que permiten conservar la estanqueidad de la madera aserrada. Las operaciones de hendido se resumen en la figura 53.

El hendido consiste en transformar una pieza de madera –llamada «billon»– obtenida de un «grume» (parte de un tronco) haciendo penetrar una cuña de metal en la madera según un plano radial, separando las piezas de madera –llamadas «doublon»– según el sentido de las fibras.

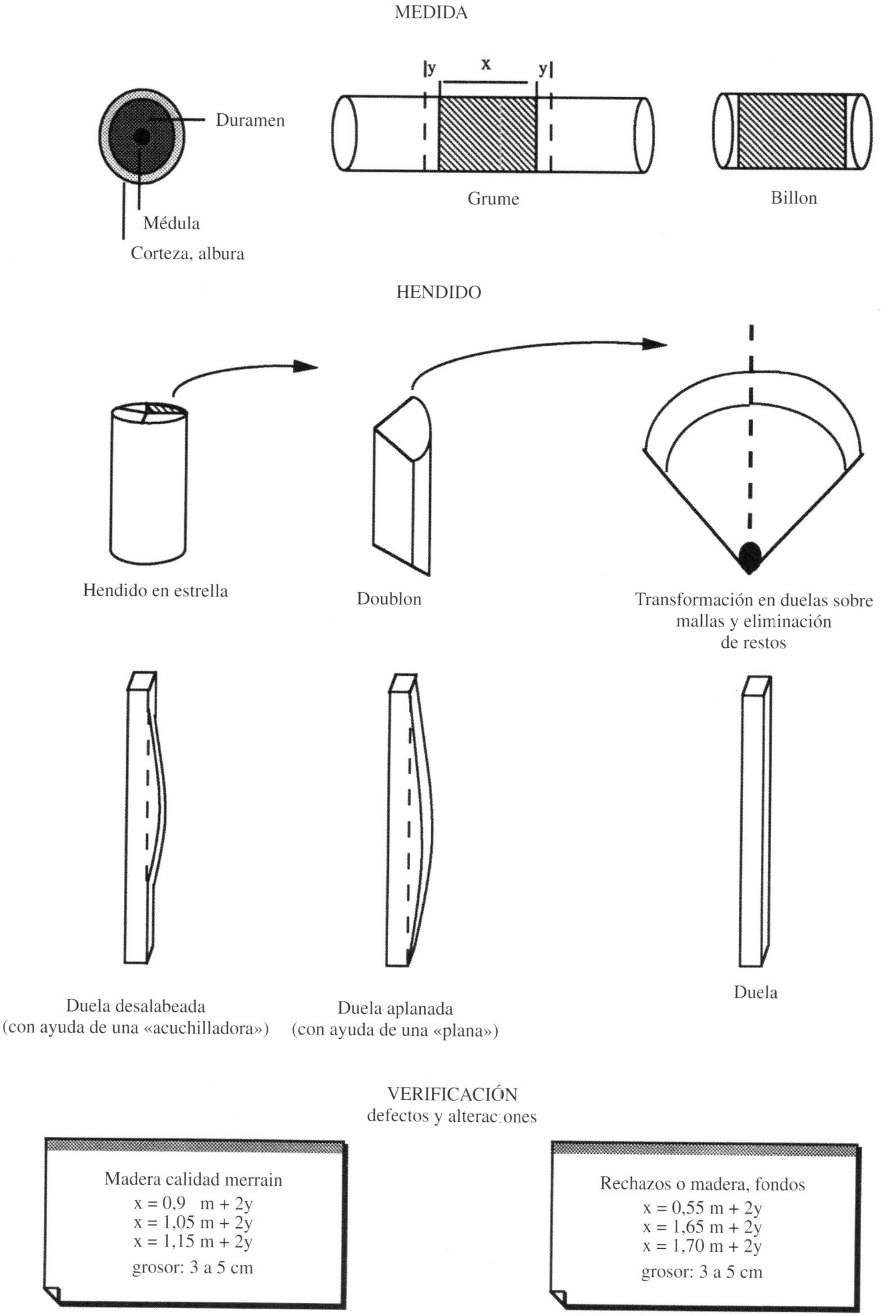

Fig. 53.–Diferentes etapas del hendido.

En previsión de los defectos que aparecerán posteriormente en las extremidades en el curso del secado, el operario alarga la longitud del «billon» en un valor empírico (algunos centímetros) y definido como 2y.

El hendido casi siempre se practica según el eje radial, definiéndose como hendido a la malla; el hendido a contramalla supone mayores mermas y mayor retracción tangencial de la madera. Del «doublon» se elimina la corteza, la albura y la médula para solo conservar el duramen que será desdoblado para obtener duelas.

En este estadio se practica una cierta selección según criterios establecidos, cuyas condiciones ya se expusieron anteriormente.

El hendido implica mermas de materia prima del orden del 80 %, frente a 50 ó 60 % en el aserrado.

NOCIÓN DE ORIGEN GEOGRÁFICO O DE TIPO DE GRANO: UN ENFOQUE DE LOS CRITERIOS CUALITATIVOS DEL ROBLE FRANCÉS

CLASIFICACIÓN DE LAS MADERAS EN BASE A SU ORIGEN GEOGRÁFICO

Cuando se procede a clasificar los macizos forestales, trabajando con un vasto muestreo, y usando como criterio de clasificación el número de zonas de madera de primavera por centímetro, se aprecia que dichos macizos son relativamente heterogéneos (Fig. 54).

- El Limousin presenta un grupo mayoritario de individuos (60 %) comprendidos en la clase 1-2 Bp/cm (Bp = madera de primavera).
- El macizo forestal de los Vosgos es más heterogéneo, con 40 % de los individuos en la clase 2-3 Bp/cm y 20 % en la clase 3-4 Bp/cm.
- La población de Centro de Francia se reparte en dos subclases equivalentes a 5-6 Bp/cm y 7,5/8 Bp/cm.

La clasificación de maderas para tonelería con el solo criterio geográfico es insuficiente. No permite distinguir los grupos para los que el grano de la madera es homogéneo. Por ello se ha intentado proceder a otra clasificación.

CLASIFICACIÓN DE LAS MADERAS SEGÚN EL CONCEPTO DE «TIPO»

Por «tipo» se entiende el reagrupamiento bajo una misma denominación de maderas que tengan en común cierto número de parámetros. Para nuestro objetivo, los parámetros comunes son el grano y la composición de la madera. El nombre vendrá dado por el origen geográfico que le sea más similar (origen geográfico más típico).

Clasificación de los orígenes geográficos por tipos

Retomando los datos precedentes (Fig. 54), se puede distinguir en una primera aproximación, independientemente del origen geográfico, tres grupos principales de tipos según orden decreciente de Bp/cm: el tipo Limousin (Lt), el tipo Vosgos (Vt) y el tipo Centro Francia (CFt).; este último dividido en dos grupos: CFt1 y CFt2, representando, respectivamente, las maderas de grano apretado y muy apretado. Por ahora no hay datos suficientes del tipo intermedio (tipo I) para clasificarlo como Vt, o como CFt1. De acuerdo con este nuevo sistema de clasifica-

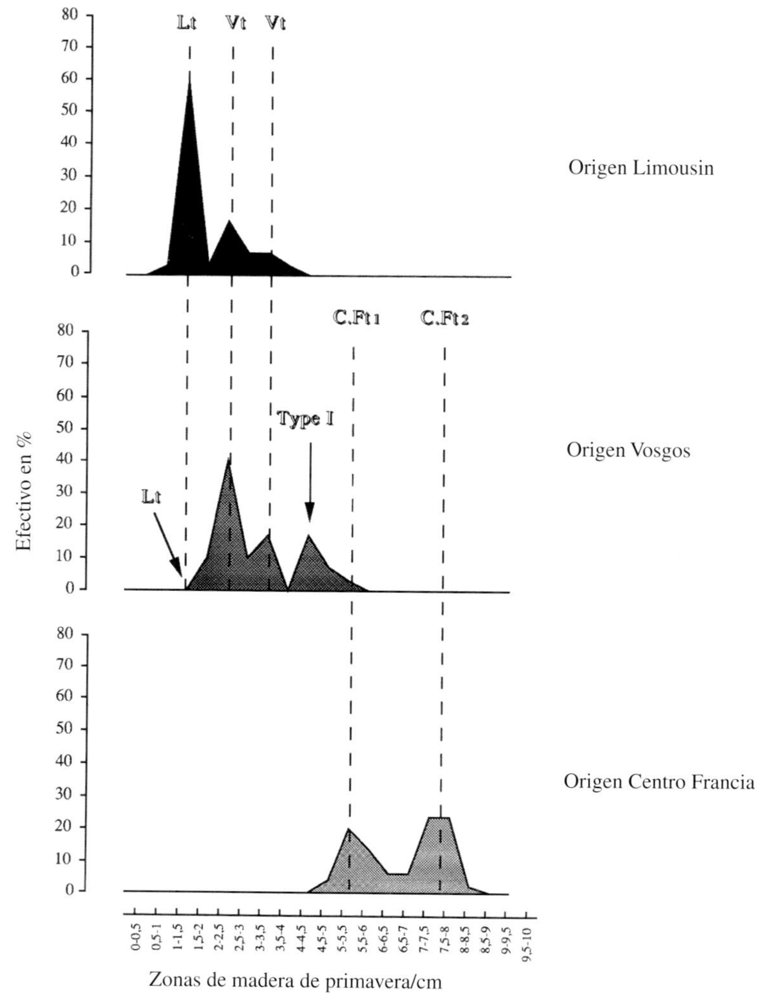

Fig. 54.–Clasificación de muestras de madera procedentes de distintos macizos forestales franceses según el criterio de número de zonas de madera de primavera por centímetro: clasificación según origen geográfico y tipo.

ción se han reconsiderado los grupos geográficos, constatándose que para Limousin y Vosgos el 30 % de los individuos son reclasificados. La variabilidad de la muestra claramente disminuye y las maderas reagrupadas por tipos, tienen granos usualmente similares.

En la práctica, si a un tonelero se le da una madera de referencia para cada tipo, será capaz, después de unos días de adaptación, de clasificar las maderas con el nuevo criterio. Sin embargo, es conveniente comprobar la relación de esta clasificación con la composición de las maderas.

Características de los tipos

Para cada tipo se seleccionaron 30 individuos (muestras) que se sitúan alrededor de la media de Bp/cm. Las muestras se redujeron a serrín tamizado que fue sometido a extracción. El contenido en extracto seco hidrosoluble (ESH), fenoles totales, elagitaninos totales (El), eugenol y whisky-lactonas fue determinado en dicho extracto de madera. El análisis de polisacáridos ácidos y neutros, así como el de lignina fácilmente extraíble se realizó sólo en 7 individuos (muestras) dada la complejidad de los mismos.

Se constata la existencia de coeficientes de variación muy importantes, a pesar de la reclasificación por tipos y de la selección de individuos representativos.

Como promedio, el tipo Limousin es más rico en extracto seco hidrosoluble (ESH) y más pobre en whisky-lactona que el tipo Vosgos y el tipo Centro Francia. La distribución de las muestras según las variables El y ESH (Fig. 55) muestra que el tipo Limousin y el tipo Centro Francia son dos grupos relativamente homogéneos, en tanto que el tipo Vosgos no se sitúa en una zona particular de la figura. Este comportamiento es concurrente con la repartición de Bp/cm, donde se observaba una repartición de los individuos Vosgos en tres subgrupos. Por otro lado, el tipo Centro Francia se subdivide perfectamente en CFt1 y CFt2. Así, CFt2, de grano muy apretado (7,5-8 Bp/cm) es también el más pobre en ESH y El. La diferencia antes hecha sobre el criterio Pp/cm encuentra su justificación.

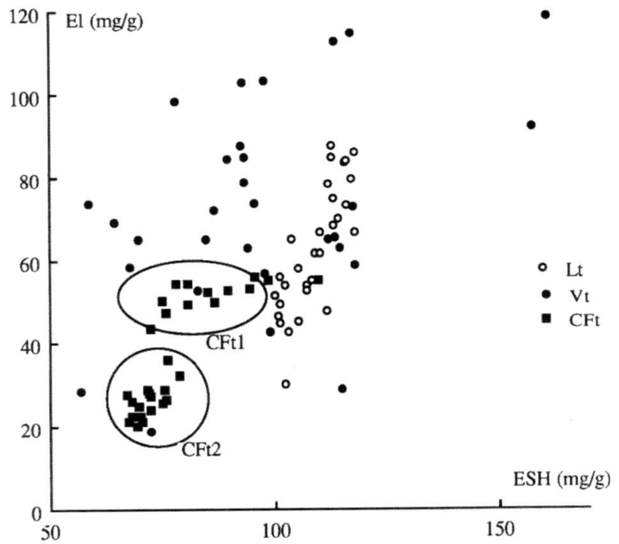

Fig. 55.–Separación de clases por tipos, en función de su contenido en elagitaninos (El) y en extracto seco hidrosoluble (ESH).

La comparación de los tipos en relación con sus componentes aromáticos muestra que el tipo Limousin (Lt) es pobre en eugenol y en whisky-lactona, el tipo Vosgos (Vt) es pobre en eugenol pero rico en whisky-lactona. Para el tipo Centro Francia (CFt) se aprecian los dos subgrupos: el primero, correspondiente a CFt2, está situado arriba y a la derecha del gráfico; el segundo, CFt1, se sitúa entre Vt y CFt2.

En cuanto a los polisacáridos (ácidos y neutros) y la lignina fácilmente extraíble, el Limousin se distingue de los otros dos tipos por su menor contenido en lignina y su tendencia a ser más rico en polisacáridos. Estos resultados muestran la influencia del grano en la composición de la madera.

SIGNIFICADO ESTADÍSTICO DE ESTA NUEVA CLASIFICACIÓN

El significado estadístico, según el ensayo de Fisher, ha sido aplicado a los tipos, enfrentándolos de dos en dos. Se observó que esta nueva clasificación encuentra una significación real para la mayor parte de las variables. Los grupos tipo Limousin y tipo Centro Francia (Lt/CFt) se distinguen perfectamente por el conjunto de las variables. En la mayoría de los casos estos tipos son significativamente diferentes al umbral 99,9 %. Los grupos tipo Limousin y tipo Vosgos (Lt/Vt) sólo se diferencian en las variables aromáticas (eugenol y whisky-lactona) y en el extracto seco hidrosoluble (ESH); en el plano fenólico son comparables. Los tipos Vosgos y Centro Francia (Vt/CFt) se diferencian en las variantes fenólicas (fenoles totales; elagitaninos) y en el ESH; en cuanto a variables aromáticas, son comparables.

Es decir, los tipos Limousin y Centro Francia son perfectamente distintos. Los tipos Limousin y Vosgos tienen composición fenólica comparable y aromática muy distinta. Los tipos Vosgos y Centro Francia son comparables a nivel aromático y se diferencian por sus compuestos fenólicos.

De este estudio resulta que:

- El tipo Limousin es rico en compuestos fenólicos y pobre en compuestos aromáticos.
- El tipo Vosgos tiene concentraciones en compuestos fenólicos comparables al tipo Limousin pero es mucho más rico en los compuestos aromáticos analizados.
- El tipo Centro Francia tiene compuestos aromáticos comparables al tipo Vosgos pero es más pobre en compuestos fenólicos.

CLASIFICACIÓN GENERAL DE LAS MADERAS DE ROBLES AMERICANOS

La madera de roble americano ha sido utilizada en EE.UU. desde hace muchos años para la crianza de whisky (Liebman y Scherl, 1949; Reazin, 1981) y para la crianza de vinos (Rous y Alderson, 1983; Aiken y Noble, 1984). El consumo de roble americano –con un precio atractivo– es creciente (Singleton, 1995).

Botánicamente se constata que estos robles son de origen variable, aunque se les engloba en el término general de roble blanco (Singleton, 1974), asimilados por confusión al *Q. alba*. También se ha asumido que se trata de especies de grano grueso sin haberse investigado este concepto siguiendo el planteamiento de Polge y Keller (1973).

En el pasado se ha generalizado la calidad de los robles blancos de América, atribuyéndoles un grano grueso típico de un crecimiento rápido y notas aromáticas agresivas demasiado marcadas por el carácter de coco. La fracción polifenólica soluble ha sido considerada como rústica y amarga (Singleton, 1995). Con estas consideraciones restrictivas desde el punto de vista cualitativo, estas maderas han sido mayoritariamente destinadas a los vinos de media gama a los que se deseaba dar un complemento olfativo o a los vinos tecnológicos masificados a los que el roble americano aporta, en cierta medida, un nivel suplementario de complejidad. Conviene tener presente el atractivo económico apreciable de las barricas en roble americano respecto a las de roble francés. Pero teniendo en cuenta la diversidad de especies y las variadas regiones de producción, lo prudente es no generalizar y estudiar las condiciones óptimas de producción de madera de calidad a fin de constituir zonas privilegiadas de suministro. En estas condiciones se pasa del concepto «roble blanco americano» al de «robles blancos americanos». Este planteamiento fue ya aplicado (Vivas, 1995) a los macizos forestales franceses.

CLASIFICACIÓN DE *Q. ALBA* EN BASE AL CONCEPTO DE GRANO

Fue medida la anchura de crecimiento (Lc) de los anillos anuales de muestras de robles de diferentes regiones de EE.UU., cuyo origen botánico había sido verificado. Al igual que lo visto con las especies francesas, se constató la existencia de una amplia gama de velocidades de crecimiento (Fig. 56).

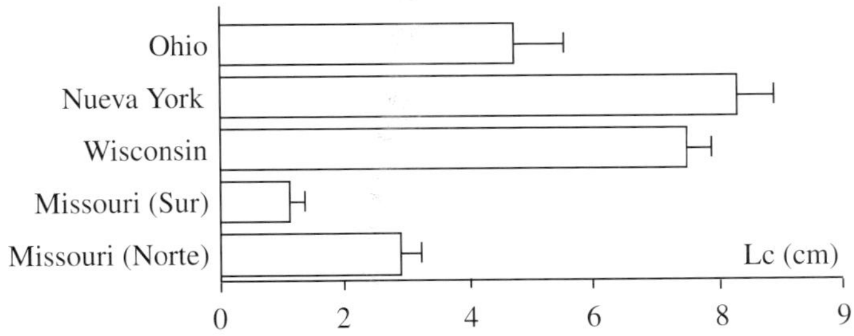

Fig. 56.–Anchura de anillos de *Q. alba* procedente de diferentes regiones de EE.UU.

Dentro de la especie *Q. alba,* y en función del origen geográfico, se encuentran maderas de grano apretado (Missouri) o de grano grueso (Wisconsin, Nueva York). En particular, las muestras procedentes del sur de Missouri tienen anchuras de anillo idénticas a las de los tipos Centro Francia y Allier, consideradas como de grano apretado o muy apretado, respectivamente (Fig. 57).

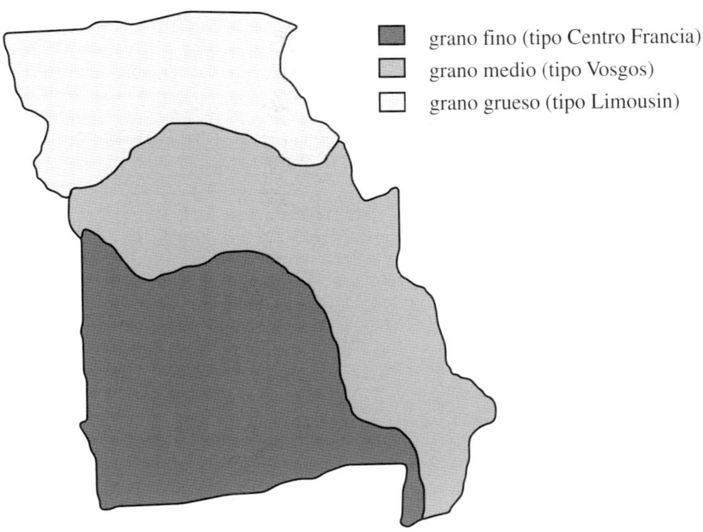

Fig. 57.–Distribución geográfica en el estado de Missouri de la densidad de grano de maderas de *Q. alba*.

A diferencia de los robles franceses, no ha sido observada relación entre el grano de la madera y su composición (extracto seco, fenoles totales, elagitaninos, eugenol, whisky-lactona). El reducido tamaño de la muestra analizada dio lugar a una variabilidad entre muestras de una misma región superior a la variabilidad interregional.

Es necesario un estudio con una muestra más amplia, pero ya se apreció que es posible localizar maderas de *Q. alba* desde grano apretado a grano grueso. Se supera el concepto limitativo que identifica esta especie con el grano grueso (Singleton, 1974; Maga, 1989).

Adaptación de las operaciones de tonelería a la producción de barricas de calidad en roble americano

Las limitaciones de *Q. alba* respecto a las especies francesas son conocidas: extracto seco hidrosoluble (ESH) amargo y muy astringente, aromas muy intensos calificados a veces de rústicos, grano grueso si no se selecciona la madera.

Respecto a la selección de maderas, ya se han indicado las zonas de suministro de grano fino. Estas son las únicas maderas que se utilizan en las barricas de nueva generación (CA ng).

En lo referente a aromas y extractos hidrosolubles poco cualitativos, se puede actuar a dos niveles: el secado y el tostado. La transformación de «merrain» se hace por aserrado sin que por ello peligre la estanqueidad; los tilos gruesos contribuyen a asegurarla. El aspecto positivo es el mayor rendimiento, entre 20 y 30 % respecto al hendido.

- El secado debe conducirse en zona de pluviosidad regular con una buena higrometría del aire y temperaturas moderadas. Missouri responde a estas exigencias con una pluviometría anual de 1.044 mm y una temperatura media de 14,4° C. El índice climático para un secado natural óptimo (precipitación en mm / temperatura en °C –Vivas y Glories, 1996– es de 76, 63, 69,5 y 72,5 respectivamente en Burdeos, Coñac, Dijon y Richmond (Missouri). Está claro que entre las numerosas regiones de EE.UU., este estado presenta las condiciones pluviométricas y térmicas convenientes a las exigencias del secado natural. En la Tabla 16 se comparan el secado natural de un mismo lote de madera en condiciones similares a las de California (460 mm; 12,3° C) y Missouri y un secado artificial.

Tabla 16.–Influencia de diferentes regiones de secado natural en la composición de la madera de roble de *Q. alba*.

	Secado natural (Missouri)	Secado natural (California)	Secado artificial
Extracto seco (mg/g)	38	52	57
Fenoles totales (DO 280 nm)	7	13	15
Elagitaninos (mg/g)	12	20	23
Metil-octalactonas (µg/g)	173	135	132
Eugenol (µg/g)	8	4	5
Vanillina (µg/g)	29	10	13

Con relación al secado artificial, las condiciones climáticas similares a las de California dan resultados poco diferentes y traducen las limitaciones ligadas al déficit pluviométrico y al exceso de calor. Por contraste, en el clima tipo Missouri el secado asegura un afinado real de la madera. Debe subrayarse que la pérdida de extracto seco es apreciable y disminuye sensiblemente su lado amargo y astringente. Pero el impacto aromático de la madera aumenta en su conjunto; el dominio del tostado puede modificar la situación.

- El tostado constituye una etapa que permite modificar de forma apreciable los caracteres aromáticos de la madera. En la figura 58 se representa el detalle de una experiencia comparativa de tostado tradicional de barricas americanas y francesas. En los diferentes parámetros medios, se observa que un tostado «fuerte plus» (F+) aplicado sobre *Q. alba* conduce a cantidades de compuestos odorantes claramente disminuidas por relación a la madera no tostada (NC) y comparable al *Q. petraea* en tostado medio (M). El tostado F+ permite disminuir hasta un 40 % la cantidad de extracto seco participante del carácter rústico de los componentes no volátiles de *Q. petraea*. La intensidad F+ conviene pues para producir barricas en *Q. alba* con una atenuación de sus caracteres olfativos y gustativos demasiado exacerbados. Los fondos tostados también contribuyen a disminuir los caracteres negativos.

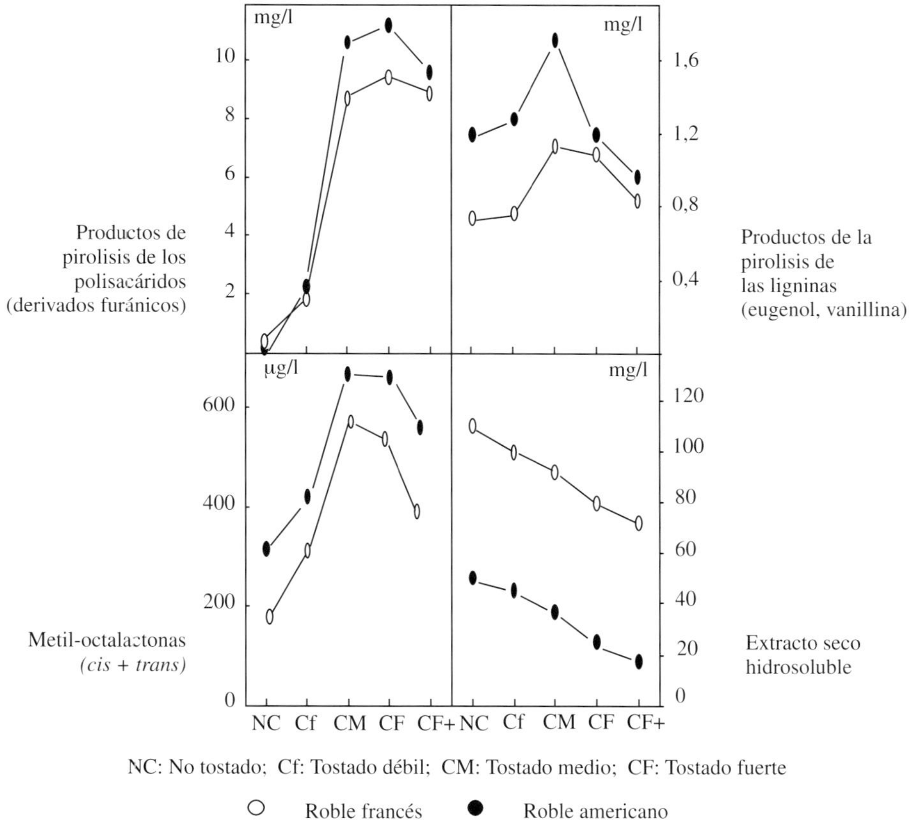

Fig. 58.–Influencia del nivel de tostado de las barricas sobre la concentración de ciertos productos odorantes y en extracto seco de las maderas (análisis sobre 3 mm de la cara interna tostada).

Los resultados de pruebas realizadas con estas barricas para distintos viñedos y cepas, comparándolas con las de la vieja generación y con barricas de roble francés, se recogen en la figura 59.

Las valoraciones gustativas ponen de manifiesto la aptitud de las diferentes variedades de vid para concordar con *Q. alba* o con roble francés. Se observa que para la experimentación en Rioja con cepas Tempranillo, no existe diferencia significativa en la valoración de los lotes de barricas en roble americano y francés; lo mismo sucede en Saint-Émilion con las cepas de Merlot; en la región griega de Naoussa y con cepas Xynomavro se da preferencia al roble americano. Contrariamente, en la región de Medoc y con cepa Cabernet-Sauvignon, el roble francés resulta favorecido. En todos los casos el roble americano antigua generación es sistemáticamente rechazado. Algunas muestras embotelladas, mantenidas cuatro años, muestran que las diferencias se mantienen.

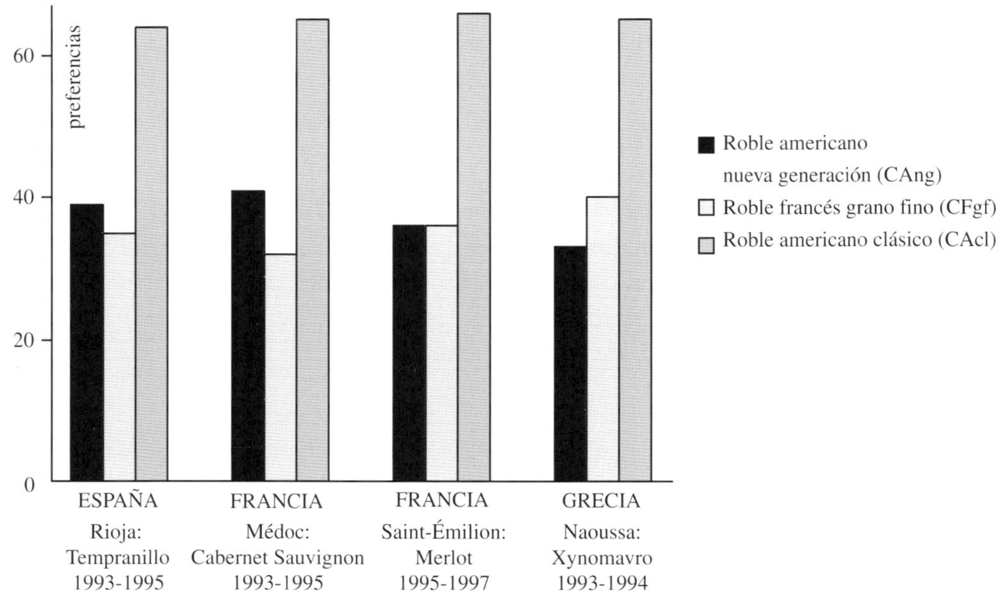

Fig. 59.–Suma de preferencias para los ensayos de crianza de vinos tintos de diferentes viñedos (23 catadores; cata después de 12 meses de crianza en barricas nuevas).

Origen botánico de los robles americanos

En sentido estricto, la denominación roble blanco (perteneciente a la sección de los *Lepidobalanus)* reagrupa al conjunto de las especies siguientes*: Q. alba, Q. stellata, Q. lyrata, Q. macrocarpa, Q. prinus, Q. muehlenbergii, Q. michausi, Q. bicolor, Q. lobata, Q. garryana*, todas ellas en América del Norte y *Q. robur* y *Q. petraea* en Europa. Así pues, roble blanco no es sinónimo de *Q. alba,* ni siquiera de roble blanco de Norteamérica. Esta denominación debe ser abandonada por dar lugar a confusión y utilizar el nombre de la especie.

Actualmente el nombre de la especie no es siempre empleado correctamente, pues en tonelería numerosas especies son utilizadas en asociación con *Q. alba,* siempre mayoritario. Se encuentran: *Q. prinus, Q. bicolor, Q. muehlenbergii, Q. stellata, Q. macrocarpa Q. lyrata* y generalmente todas son asociadas a *Q. alba.* Deben verificarse escrupulosamente los caracteres distintivos de las especies.

Q. alba puede ser identificado por sus hojas compuestas por 7 lóbulos diferenciados. El extremo del lóbulo central es plano en tanto que el del tercero es redondeado. La corteza está formada por pequeñas placas de suber poliédricas de color amarillo ceniza. El color de la madera es muy pálido.

ESTRUCTURA Y COMPOSICIÓN DEL ROBLE BLANCO DE AMÉRICA *Q. ALBA*

Q. alba posee una ultraestructura comparable a la de *Q. robur* y *Q. petraea*. Presenta, sin embargo, un carácter distintivo que puede conferirle propiedades particulares y que está relacionado con los tilos. El grosor de los tilos de *Q. alba* es de 2 a 4 µm, mientras que el de los tilos de *Q. robur* y *Q. petraea* es, al menos diez veces menor. Esta particularidad es importante porque explica la posibilidad de tratar mecánicamente por aserrado la madera de *Q. alba* y producir barricas estancas. Por otro lado, de acuerdo con Graff y Techelitscheff (1969) y Venet (1986) esta propiedad disminuye las pérdidas por evaporación y los intercambios gaseosos con el exterior. Este carácter se encuentra en otras especies, algunas de ellas europeas.

La composición de *Q. alba* es bien conocida. Con relación a las dos especies francesas, este roble presenta un contenido en extracto seco, fenoles totales y elagitaninos, claramente inferior y un contenido en whisky-lactonas notablemente superior, entre 2 y 3 veces más que el *Q. petraea*.

EL SECADO Y LA MADURACIÓN DE LA MADERA

SU PAPEL E IMPORTANCIA

El secado de la madera consiste en deshidratarla para que su tasa de humedad esté en equilibrio con la higrometría ambiente. Sin ello, la madera trabaja y pierde sus dimensiones iniciales. En tonelería esto supone que la barrica no se mantendrá estanca. El secado de la madera no debe ser demasiado rápido a fin de evitar la aparición de fisuras por retracción y ruptura de las fibras. Esta operación, puramente física, de evaporación del agua libre contenida en las fibras de la madera, puede hacerse en estufa. Pero esta definición es demasiado restrictiva; en efecto, el mero efecto de deshidratación de la madera es insuficiente para producir barricas para la crianza y mejora de los vinos y aguardientes.

Joseph y Marche (1972) realizaron los primeros estudios que pusieron de manifiesto la complejidad de los fenómenos asociados al secado natural de la madera. Estos autores identificaron en la superficie de la madera y en capas más profundas una flora diversificada representada por hongos y algunas bacterias. Más recientemente la existencia de estos micro-organismos fue confirmada, se identificaron las especies principales y subrayado su papel en la modificación de la composición de los extractos de madera de roble.

> El secado natural es, pues, una verdadera etapa de maduración de la madera.

Nuevos trabajos han analizado la flora fúngica total de la madera en el curso de su secado, sin por ello dedicarse especialmente a los hongos característicos que se desarrollan realmente e influyen el proceso de maduración. En condiciones reales, un conjunto de agentes (lluvia, viento, sol, hongos, etc.) influyen simultáneamente para llevar la madera a un estado compatible con la preocupación de mejorar, reforzar y rebelar las calidades intrínsecas de los vinos y aguardientes criados en barricas.

Actualmente el secado sigue siendo una operación no controlada para la que el conocimiento empírico y las observaciones repetidas durante años han fijado las reglas.

El secado, de forma genérica, es más bien gestionado como una reserva de madera y no como una etapa de afinado y maduración de la materia prima. A continuación se precisan las condiciones óptimas de maduración de la madera y se formulan un conjunto de reglas tecnológicas que reducen el azar al mínimo, manteniendo lo mejor de los sistemas tradicionales.

LAS GRANDES ETAPAS DEL AFINADO DE LA MADERA

EL SECADO DE LA MADERA

La madera verde contiene entre 65 a 75 % de humedad. Cuando pierde su agua libre sus dimensiones cambian; es lo que se denomina retracción volumétrica. Se valora como diferencia entre las dimensiones de la madera saturada y en estado seco al aire (peso constante). Generalmente, la retracción calculada en % representa la suma de las retracciones radial y tangencial. Como promedio, es del orden de 15 % (±3 %), con una anisotropía (retracción tangencial / retracción radial) de 3 (± 0,5). El secado se impone primero para estabilizar las dimensiones de la madera. En Francia la madera es secada generalmente a una humedad relativa (Hr %) de 12 % en verano y 15-18 % en el resto del año. Cuando la barrica está llena de vino, la humedad relativa está próxima al 30 %; el hinchamiento de las duelas en contacto con el vino asegura la estanqueidad de la barrica. Después de su construcción, las barricas deben ser utilizadas lo más rápidamente posible, pues es posible que durante las etapas de equilibrado de la humedad de la barrica con la higrometría ambiente, la pérdida de agua provoque la aparición de fugas. Así, barricas producidas en invierno y primavera (Hr = 15-18 %) y utilizadas durante el verano (Hr = 12 %) pierden entre 3 y 6 % de agua; igualmente, barricas construidas durante el invierno en Francia y utilizadas en Australia corren el mismo riesgo. En estas condiciones, el secado de la madera reviste una gran importancia y no debe ser minusvalorado.

La experiencia de años de observación lleva a concluir que el secado necesita de 10 a 12 meses, con independencia de las condiciones climáticas y del espesor de la madera (22 a 30 mm). Las capas inferiores de la madera secan regular y progresivamente. La superficie puede ser humectada por el agua de lluvia, pero la rehidratación es muy débil y no afecta ni a las capas internas ni al interior de las pilas. El origen geográfico de la madera no influye en la velocidad del secado. La comparación entre grano fino y grano grueso conduce a los mismos resultados. Se trata, pues, de un fenómeno físico espontáneo. El volumen de precipitaciones y su distribución anual condiciona la factibilidad del secado. El secado en países poco lluviosos es desaconsejable porque sería demasiado rápido e implicaría pérdidas cualitativas de la madera (ruptura de fibras; desencolado a nivel de los radios leñosos) y la gran mayoría de los extraíbles quedaría aprisionada en el seno de la madera. Las condiciones climáticas óptimas para un secado progresivo son: un volumen de precipitaciones anuales entre 900 y 1.200 mm, repartidos a lo largo del año; temperatura media anual de 15 a 20° C, con variaciones de 12 a 15° C entre la temperatura máxima y la mínima. Estas condiciones ideales son propias de climas marítimos y continentales próximos al mar. Un buen índice de las condiciones climáticas óptimas para el secado de la madera, lo da la relación entre las precipitaciones anuales (mm de agua) y la temperatura media (°C). En climas demasiado secos esta relación es relativamente baja; para climas lluviosos y suaves está entre 75 y 100.

EL LAVADO DE LA MADERA

Bajo la lluvia las pilas de madera están sometidas al chorreo del agua que puede arrastrar una parte de sustancias hidrosolubles. Se sabe, por otra parte, que los elagitaninos de la madera de roble son muy solubles en agua; son susceptibles de estar sometidos al fenómeno de lavado por la lluvia. Para mostrar este mecanismo se constituyó una pila experimental (duelas de 100 × 3 × 30 cm, semimontadas por una arista, sobre listones de madera de 2,5 × 2,5 cm) de madera de Allier, de 170 kg, hendido en duelas de 27 mm y dispuestas en el parque. Las aguas de lluvia se recogieron en la base de la pila en una bandeja poco profunda provista de un grifo de vaciado en su parte inferior. Se recogieron las aguas de escurrido durante un año para pesar, tras evaporación, el extracto seco. Conviene subrayar que las condiciones climáticas y particularmente las precipitaciones totales y su repartición influyen mucho los fenómenos de lavado.

La eliminación de una parte de las sustancias hidrosolubles de la madera, se sitúa principalmente durante los primeros seis meses del secado, cuando la madera está verde y aún rica en agua. Luego, en el curso del secado, la disminución progresiva de la tasa de humedad relativa y el apretamiento de las fibras de madera aprisionan los extraíbles en la masa. Lluvias posteriores, a los 8 ó 10 meses de secado, aunque sean abundantes, contienen pocos extraíbles. Referida a los 170 kg de peso, la pérdida anual de extracto seco fue de 6,14 mg/kg de madera, que es poco. Por otra parte, en el curso del mismo periodo de tiempo, el contenido en extracto seco de la madera (evaluado por extracción con acetona:agua, 8:3 v/v, sobre serrín de madera) disminuyó en 17 g/kg de madera. Este resultado indica que sólo 0,035 % de los extraíbles de la madera fueron arrastrados por el lavado. En otra experiencia se alcanzó 0,07 %. Todo esto sugiere la intervención de otros factores sobre la disminución de la concentración de extraíbles de la madera.

La fracción arrastrada por el lavado es de poca importancia en magnitud, pero en degustación se aprecia que este extracto es más amargo que el extracto de madera no arrastrado por lavado. La naturaleza de las sustancias eliminadas es, probablemente, diferente de la naturaleza de las que quedan en la masa de la madera.

Oxidación química de los compuestos fenólicos en la madera

Los elagitaninos son moléculas fácilmente oxidables en solución por acción del oxígeno molecular (O_2) o por el peróxido de hidrógeno (H_2O_2). Esta propiedad ha llevado a algunos autores a interpretar que la disminución de compuestos fenólicos, y particularmente de elagitaninos, es consecuencia de una oxidación química de estos compuestos en la masa de la madera. Entendiendo que, bajo forma soluble, estos constituyentes son rápidamente oxidados y desaparecen del medio. Sus productos de descomposición son polímeros de oxidación de color oscuro. Sin embargo, bajo la forma de polvo, en condiciones de humedad similares a las de las maderas verdes, el contenido en elagitaninos es poco afectado en el curso de su conservación durante un año. Además, en el tronco del árbol en pie, a pesar de una humedad relativa del 65-70 %, los taninos se mantienen valorables en las diferentes partes de la madera, cualquiera que sea su edad. Por otro lado se aprecia una disminución progresiva de la concentración de elagitaninos solubles en el curso del envejecimiento de la madera, que representa de 15 a 20 mg/g de madera cada 100 años; o sea, una disminución de 150-200 µg/g/año (= 0,3 a 0,5 % por año). Estos resultados están de acuerdo con los de Peng *et al.* (1991) y de Viriot *et al.* (1994). Estos autores han

interpretado este fenómeno como una oxidación química; pero a la vista de los resultados, este mecanismo parece ser secundario en el curso del secado natural. Por otro lado son numerosos los autores que concuerdan en reconocer que lo esencial de los fenómenos conducentes a una degradación de los compuestos fenólicos en la madera de corazón de numerosas especies –entre ellas el roble– está relacionado con acciones de tipo enzimático. Una revisión de los diferentes trabajos relacionados con este tema fue hecha por Haluk *et al.* (1991).

La hidrólisis de cumarinas heteroxídicas –esculina y escopolina– también ha sido interpretada como una reacción química. Sin embargo, en nuestras condiciones experimentales, no hemos podido producir los aglucones (esculetina y escopoletina) por hidrólisis ácida en medio acuoso a temperatura ambiente (pH 1, 2, 3) incluso después de varios meses. La hidrólisis ácida en caliente dio un débil rendimiento: la mayor parte de las cumarinas heteroxídicas experimenta modificaciones de estructura irreversibles.

La lignina es un polímero tridimensional de alcoholes fenil-propenoicos: alcohol cumarílico, coniferílico y sinapílico. Es un polímero que impregna la pared de la madera duramizada. En el plano químico, la lignina es prácticamente insoluble en agua y no puede, por lo tanto, ser lavada; es muy estable y para ser degradada precisa técnicas de hidrólisis relativamente enérgicas (oxidación por nitrobenceno, acidolisis en caliente en dioxano clorhídrico, doble oxidación por permanganato potásico y agua oxigenada, etc.). La despolimerización de la lignina es difícilmente contemplable en medio acuoso o en medio acuoso ligeramente acidificado, dado que en ambas condiciones el polímero es insoluble. Diferentes ensayos de conservación en condiciones estériles de lignina etanol y de lignina dioxano, conservadas en agua a pH 4 (pH medio de los extractos de madera con agua) durante doce meses, no han mostrado pérdidas de lignina.

En la madera las condiciones de oxidación química no parece que permitan la degradación apreciable de los diferentes componentes fenólicos mayoritarios.

Influencia de la flora fúngica sobre la composición química de la madera de roble

La superficie de las duelas se recubre rápidamente de numerosas esporas de las que sólo un débil porcentaje germina y emite un micelio. Se estima que sólo de un 3 a un 6 % de las esporas en la madera emiten un micelio que se desarrolla normalmente; incluso aunque la flora fúngica situada en la madera sea muy variada, pocas son capaces de desarrollarse en un medio que contenga extracto de madera de roble. Además, sólo tres hongos pueden implantarse realmente en cortes de árboles y emitir, después de un mes de cultivo, micelios y esporas: *Aureobasidium pullulans*, *Trichoderma harzianum* y *koningii*. Esta escasez se atribuye a la falta de adaptación de ciertos micro-organismos a un medio hostil como la madera. Ciertos autores han asimilado flora fúngica instalada y esporas depositadas.

Numerosos análisis por microscopía electrónica de barrido, así como el tamaño y forma característicos de *A. pullulans, T. harzianum y koningii,* han permitido confirmar que la mayoría de las esporas germinativas pertenecen a estas tres especies. Estos hongos penetran por las microfisuras repartidas sobre toda la superficie de las duelas y colonizan las capas internas de la madera. Sin embargo, la biomasa micelar total es demasiado débil para inducir modificaciones sensibles de composición y de estructura, sobre todo teniendo en cuenta que el secado sólo dura de 24 a 36 meses.

La observación por microscopía electrónica de transmisión, sobre cortes de madera convenientemente tratados, revela que una parte muy importante de la flora de la madera de roble se desarrolla en el interior de los tabiques celulares (Lámina XV). Esta biomasa es mucho más importante que la precedente y, tras doce meses de secado, se la encuentra a 10 mm de profundidad. El desarrollo del hongo se prolonga, pues, durante todo el secado en los tejidos de la madera. Se observa que el hongo digiere –literalmente– el tabique y libera en los tejidos enzimas característicos de este fenómeno. Ciertas zonas fuertemente alteradas presentan, además de estas acumulaciones de enzimas exocelulares, manchas más opacas que probablemente corresponden a los productos de hidrólisis enzimática de los constituyentes parietales. Este tipo de observación es mencionado con frecuencia en estudios relativos a la biodegradación de numerosas especies de árboles.

Por lo tanto, puede sugerirse razonablemente que los enzimas exocelulares procedentes de hongos aislados en la madera, juegan un papel importante en el proceso de secado natural.

A partir de un cultivo puro de *A. pullulans* en medio Czapeck-Dox, han sido recogidos enzimas exocelulares solubles, por precipitación con sulfato amónico a 80 % de saturación. El residuo desalado es utilizado en diferentes ensayos. Es importante demostrar la capacidad de los enzimas de liberar –a partir de un extracto acuoso de roble– glucosa de estructura heteroxídica y fenoles simples, entre ellos ciertos ácidos fenólicos. En un extracto de roble suplementado con enzimas exocelulares se observa una acidificación del medio, medible por la disminución del pH.

Este fenómeno es la consecuencia de la liberación de ácidos fenólicos procedentes de heteróxidos fenólicos. La aparición y acumulación de glucosa confirma esta interpretación. Los micelios de las distintas especies aisladas son capaces de desarrollarse en medio líquido utilizando como fuente de carbono los elagitaninos en solución.

Esto constituye la demostración de las aptitudes particulares de este hongo.

Los hongos aislados de duelas en curso de secado poseen el material enzimático adaptado a la degradación de numerosos polifenoles.

Las diferentes bacterias aisladas no se han revelado capaces de degradar la lignina. Tampoco otros hongos tienen efecto sensible sobre la lignina.

COMPARACIÓN DEL SECADO NATURAL Y DEL SECADO ARTIFICIAL

Los compuestos fenólicos

El secado natural, comparado con el artificial, permite la eliminación de una parte de la fracción fija insoluble de la madera: se trata sobre todo de la eliminación de compuestos fenólicos (Tabla 17). El lixiviado y la oxidación química de componentes fenólicos, aunque de débil intensidad, participa en este resultado final. La insolubilización de una parte de los elagitaninos en el curso del envejecimiento de la madera en el árbol en pie, así como la degradación de origen microbiano en el curso del secado natural, constituyen los dos factores principales influyentes sobre la composición de la madera.

Sin embargo, las diferencias de extracto seco entre el secado natural y el artificial son reducidas (37 mg/g para el extracto seco y 17 mg/g para los elagitaninos). La diferencia más importante reside en la modificación de las estructuras presentes. Se observa que los umbrales de percepción (al 50 %) de la astringencia y amargor del extracto de roble secado naturalmente son más elevados que los medidos sobre el extracto de roble secado artificialmente: 45 y 52 %, res-

Tabla 17.–Influencia del modo de secado sobre la composición de madera de roble
(secado natural de 24 meses; secado artificial de 6 meses) (Vivas *et al.*, 1997)

	Secado natural	Secado artificial
Compuestos fenólicos:		
Extracto seco (mg/g)	97	134
Fenoles totales (IFC) (1)	19,6	22,5
Ácido elágico (mg/g)	17	24
Elagitaninos totales (mg/g) (2)	52	69
Compuestos aromáticos:		
β-metil-γ-octalactona(3): cis	93	33
trans	21	62
cis + trans	114	95
Eugenol (μg/g)(3)	15	7
Vanillina (μg/g)(3)	47	4

1. Índice de Folin Ciocalteu.
2. Análisis por reacción de Bate-Smith al ácido nitroso; resultados en mg/g de castalagina equivalente.
3. μg/g.

pectivamente. Esto significa que tras el secado natural el extracto de roble es menos perceptible a la degustación. Además, dichos extractos son juzgados como poco amargos y menos astringentes. El análisis más detallado de la concentración de ciertas moléculas muestra que el secado natural provoca un aumento del contenido en aldehídos fenólicos y en escopoletina. Ha sido claramente demostrado que la escopoletina deriva de su heteróxido, la escopolina, es juzgada por Joseph y Marche (1972) como particularmente amarga. El umbral de percepción de la escopolina es próximo a 1 μg/l en solución hidroalcohólica (12 % en vol., 5 g/l de ácido tartárico, pH 3,5). Esta última es juzgada muy amarga. El umbral está dado por el total de los degustadores (n = 12). Para un vino tinto joven, en cuba, el umbral es de 3 μg/l para 90 % de los degustadores. El origen de los aldehídos fenólicos sigue sin tener explicación satisfactoria.

Los compuestos aromáticos

En los análisis de extractos orgánicos de la madera de roble secada naturalmente durante dos años al aire libre, se encuentran principalmente los mismos compuestos que en la madera fresca, con mayoría de metil-octalactona. Si bien la mayoría de compuestos identificados tienen notas olfativas más bien agradables, un cierto número de compuestos minoritarios, producidos por oxidación química o bioquímica, tienen descriptores aromáticos negativos. Se trata de productos de degradación de lípidos con olor a moho (octeno-3-ona-1) o polvoriento (nonanal). El metil-isoborneol, de fuerte olor fúngico, también es observado en numerosos cromatogramas. Se identifican también compuestos nor-isoprenoideos resultantes de la oxidación de carotenoides, tales como dihidroactinidiolido, epoxi-5,6-β-ionona, oxo-3-α-ionol, oxo-4-β-ionol, etc.

El conjunto de estos compuestos es, o bien poco odorante (nor-isoprenoides), o bien están presentes en débil cantidad para marcar significativamente el aroma de las maderas secadas naturalmente. Su interés es, por tanto, secundario. Empíricamente se observa que la madera secada naturalmente es frecuentemente más aromática que la fresca. Los componentes mayoritarios del aroma en la madera fresca aumentan todos en el curso del secado natural. Por el contrario, el secado artificial en estufa no provoca variaciones sensibles de la concentración en sustancias aromáticas (Tabla 17). Durante el secado natural, una gran parte de metil-octalactona evoluciona hacia la forma *cis* más aromática. Por ello, aunque las concentraciones de esta lactona no varíen, la transformación de la forma *trans* en la forma *cis* conduce al aumento de la intensidad aromática de las maderas y de sus extractos. Conviene indicar que las muestras de maderas secadas artificialmente fueron conservadas veinticuatro meses en seco y luego analizadas; en estas condiciones ha sido verificado que el tiempo de almacenamiento no modificó significativamente la composición de la madera en sustancias aromáticas. La formación de estas sustancias tiene pues un origen químico o bioquímico.

Los trabajos de Otsuka *et al.* (1980) permiten dar una interpretación satisfactoria del aumento de la concentración de metil-octalactona de las maderas. Uno de los precursores probables de esta lactona es un éster del ácido metil-3-hidroxi-4-octanoico y del ácido dihidroxi-3,4-metoxi-5-benzoico (precursor real). Puede igualmente contemplarse la formación de metil-octalactona directamente por β-oxidación y posterior ciclación de un ácido graso de cadena larga metilado; en este caso, un precursor probable podría ser un ácido hidroxi-metil-octadecanoico. La acción de enzimas glicerol-éster-hidrolasas (lipasas) de diversos micro-organismos es factible. El origen del eugenol y de la vanillina es aún hoy desconocido; estos dos compuestos provienen verosímilmente de la degradación de la lignina.

A través de este ejemplo se comprende fácilmente la complejidad de los fenómenos que intervienen en el secado natural. Por ello, toda tentativa de optimización debe pasar por respetar el factor tiempo, el lavado y la acción de micro-organismos.

EL SECADO ARTIFICIAL

El secado artificial sólo cumplimenta una de las exigencias del afinado de la madera: la pérdida de agua. Es un efecto importante, ya que la higrometría de la madera debe estar en equilibrio con la humedad ambiente a fin de evitar que las duelas se deformen y que las barricas fuguen. Pero este solo mecanismo es insuficiente para obtener maderas maduras de calidad compatibles con la vinificación y crianza de vinos y aguardientes. Sin embargo, esta operación se practica extensamente.

Existen varias razones para hacerlo:

- La crianza de whisky se hace casi exclusivamente en roble americano; el objetivo es la aromatización y coloración de estos alcoholes. En este caso, debido al elevado grado alcohólico durante la crianza, el secado artificial no presenta ningún defecto notorio, aparte de que los aromas del roble americano sean especialmente adecuados para gran parte de estos alcoholes. Por ello, las barricas destinadas a la crianza de bourbon y whisky se realizan con maderas secadas artificialmente. El mercado de barricas para estos productos es mucho más importante que el del sector vínico, al menos cinco veces superior. En estas condiciones, el secado artificial permite limitar los sobrecostes derivados del almacenamiento de madera en secado natural durante largos meses.

- Para la construcción de barricas durante todo el año, incluidos los meses lluviosos, es necesario poder recurrir a los secadores. En este caso se trata de disminuir la higrometría de lotes de madera después de secado natural completo, antes de entrar en fabricación. Sin los secadores, sería necesario almacenar la madera, antes de las lluvias, en grandes hangares cubiertos y aireados para evitar su rehumectación, lo que no es compatible con las grandes unidades de producción. En tiempo de lluvia, la humedad relativa ambiente es suficiente para hacer ganar de 5 a 10 % de humedad a la madera, haciéndola inaceptable para producción.

- En algunos casos se recurre a la estufa de secado para deshumidificar la madera antes de la operación de secado. Esto es útil cuando la madera ha de ser transportada largas distancias, a fin de abaratar el coste del transporte al disminuir el peso. Esta práctica puede ser muy negativa para el proceso de maduración en la medida en que las fibras de la madera se aprieten en profundidad, aprisionando definitivamente la mayor parte de los extraíbles de la madera. En otros casos el secado artificial es el único aplicado a la madera verde antes de la fabricación de las barricas, lo que no es compatible con productos de calidad.

Los estados del agua en la madera

El agua dentro de la madera ocupa diversos compartimentos, que necesitan fuerzas de extracción diferentes en función de la energía de retención en la masa fibrosa del material. Estos estados del agua en la madera son similares a los del agua en el suelo. Para empezar, el agua de constitución sólo es afectada por temperaturas elevadas que conllevan la destrucción de la muestra. El agua de higroscopía impregna los tejidos celulares, en particular los tabiques; este agua necesita de fuertes depresiones para ser afectada, o temperaturas ligeramente superiores a 100° C. El agua de higroscopía corresponde también a la humedad necesaria para saturar las fibras de la madera; es el punto de saturación de las fibras, que a 20° C está próximo al 30 %. Aparte se encuentra, por una parte, el agua libre o agua capilar, presente entre las células en minúsculos espacios llamados «metas» celulares, o entre dos haces de fibras despegados: es el agua excedentaria que precisa del mínimo de energía para ser extraída; por otra parte, el vapor de agua mezclado con el aire que ocupa los vacíos de mayor dimensión. La inmersión de pequeñas piezas de madera en agua rellena estos compartimentos, visualizados a veces por la aparición de burbujas de aire en la superficie. Cuando las piezas son sacadas a flote y colocadas en una superficie seca, una parte de este agua gotea por simple gravedad y se evapora, hasta que se alcanza el punto de saturación de las fibras. Variaciones en la humedad relativa ambiente y de la temperatura provocarán modificaciones en el valor de la humedad de la madera que tiende a un punto de equilibrio, el llamado equilibrio higroscópico. Puede conocerse utilizando ábacos de isotermas de sorción, características de la especie y de la densidad de la madera.

El secado por convección forzada

Es un sistema utilizado generalmente en tonelería. Se compone (Fig. 60) de un ventilador que asegura la circulación del aire y la regularidad de las condiciones climáticas en el recinto durante la fase de secado y de un sistema calefactor y de humidificación.

En el desarrollo de un proceso de secado se diferencian tres fases diferentes. En el inicio, el conjunto de cámara y volumen de madera a tratar se sube de temperatura en una atmósfera muy húmeda para evitar la aparición de grietas en las duelas. Esta primera fase es la de recalentado o fase de preparación. A continuación, la primera etapa de secado se desarrolla con valores de humedad de la madera superiores al punto de saturación de las fibras. El mecanismo es sencillo: corresponde a la formación de una película de remontado capilar en dirección centrífuga: del centro de la madera (la parte más húmeda desde el inicio del proceso de secado) hacia el exterior (secado en forma continua por la evaporación del agua llegada a la superficie). La fuerza que rige el movimiento es de succión capilar, ayudada por las variaciones de la presión gaseosa interna bajo efecto del calor. Se llega así a la segunda etapa del secado, cuando la madera alcanza el punto de saturación de las fibras; entonces se ralentiza la ventilación y se disminuye la temperatura para frenar la velocidad de evaporación. Esta fase es delicada y ori-

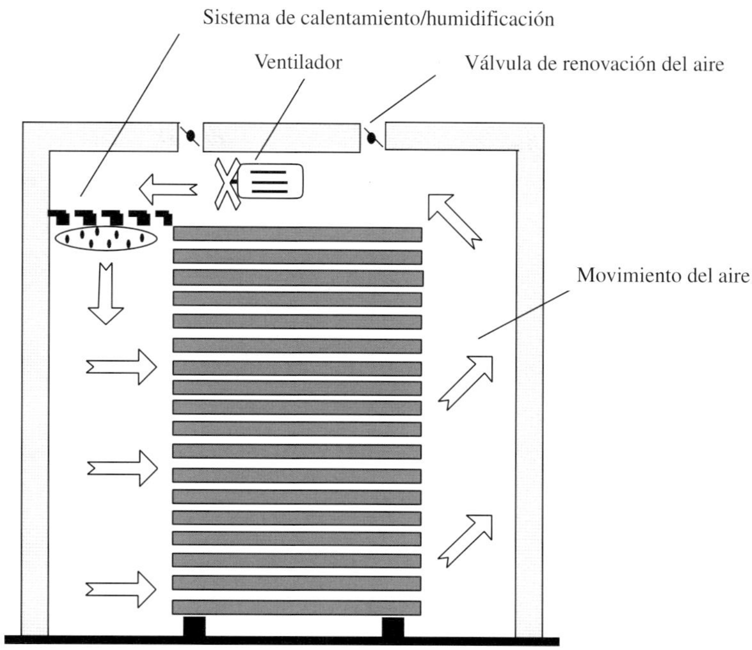

Fig. 60.–Representación de un secadero por convección forzada.

gen de riesgos de deformación, colapso o grietas. Seguidamente, en la tercera fase, se disminuye la ventilación hasta pararla; la madera alcanza la zona higroscópica; la humedad puede ser calculada por ábacos de sorción.

Dado que el roble es una de las especies más delicadas de secar, es recomendable practicar programas de secado no demasiado enérgicos. Para hacerlo se utilizan curvas empíricas establecidas por especies; como ejemplo se muestra una de ellas para madera de roble en la figura 61. Para las maderas de 27 mm, son necesarios de 15 a 30 días de estufa, según la humedad de partida y la humedad deseada.

Por ejemplo: Humedad inicial 30 %; humedad final 10 %: 16 días de secado.
Humedad inicial 60 %; humedad final 10 %: 30 días de secado.

A título comparativo, sólo harán falta de 5 a 12 días de secado para el haya en las mismas condiciones de humedad.

Pueden realizarse cálculos que permitan determinar los rendimientos del sistema y los costes. Como ejemplo se dan dos casos de secado extraídos del estudio de Charion y Davesne (1991):

- Roble, 27 mm, 36,3 m^3; humedad inicial, 56,3 %; humedad final, 17,2 %; masa de agua a eliminar, 9.685 kg; temperatura de final de ciclo, 65º C; consumos energéticos (térmico, 1,60 kWh/kg; eléctrico, 0,32 kWh/kg); duración del ciclo, 31 días.
- Roble, 27 mm, 42,4 m^3; humedad inicial, 24,7 %; humedad final, 8,9 %; masa de agua a eliminar, 4.720 kg; temperatura final del ciclo 60º C; consumos energéticos (térmico, 2,65 kWh/kg; eléctrico, 0,40 kWh/kg); duración del ciclo, 22 días.

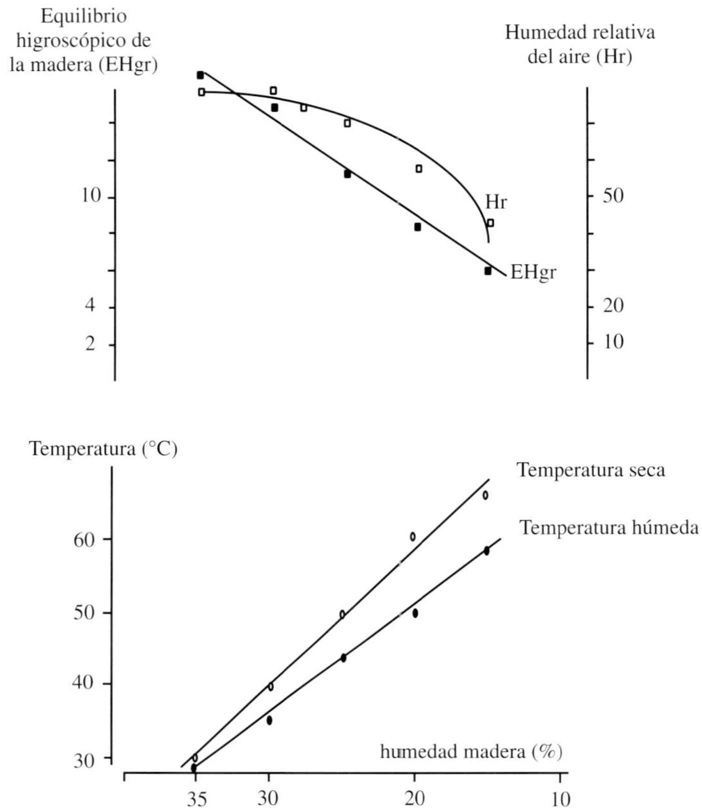

Fig. 61.–Tabla de secado para madera de roble.

Los defectos del secado y sus causas

La etapa llamada de recalentamiento es importante, pues si existiera un gradiente de humedad demasiado elevado entre la superficie y la parte central de la pieza, la retracción en fase de secado provocaría tensiones causantes de la aparición de grietas. Puede aparecer otro problema debido a la misma causa: la cementación o endurecimiento superficial de la madera, que limita la migración del agua hacia el exterior. El fenómeno se produce cuando los extraíbles de la madera migran en masa hacia la superficie y concentrándose en ella provocan un endurecimiento de las primeras capas de madera.

Durante el secado de la madera pueden producirse dos tipos de problemas relacionados con los fenómenos de tensión de las fibras:

- Durante la primera fase del secado el centro de la duela está saturado de humedad mientras que la periferia está en el dominio higroscópico: en tales condiciones se producen tensiones en la superficie. Si la velocidad de secado es demasiado elevada (temperatura, ventilación) o si es acelerada, las fuerzas de tensión aumentan hasta provocar grietas en la superficie y extremos de la pieza.
- Durante la segunda etapa del secado la humedad tiende a equilibrarse, sobre todo el perfil de la madera; entonces la superficie está prácticamente seca y el corazón experimenta

fenómenos de tensión que pueden causar grietas en la masa de la madera si el ritmo de secado no es significativamente ralentizado.

El colapso se caracteriza por la formación de playas onduladas más o menos extensas y frecuentemente acompañadas de grietas internas. El roble es especialmente sensible a este problema, ligado a un hundimiento de playas de células. Puede evitarse recurriendo a temperaturas bajas al comienzo del ciclo.

Otro problema puede aparecer a nivel visual y que, al causar la decoloración de la madera, deprecie su calidad. Si el fenómeno se produce en la masa de la madera puede pasar desapercibido, pero será observado posteriormente, cuando la pieza sea cepillada o en su pulido. El origen del problema no está claramente identificado. Se sabe que se trata de formas oxidadas de polifenoles y de los elagitaninos en particular. Cuando la madera está muy húmeda –del 30 al 60 % de humedad relativa– por encima del punto de saturación de las fibras, el agua actúa como un catalizador de reacciones oxidativas iniciadas por el calor. En tal caso debe descenderse por debajo de este umbral crítico lo más rápidamente posible, teniendo en cuenta el riesgo de aparición de grietas y de cementación. O puede igualmente recurrirse a un presecado a 20° C para alcanzar el punto de saturación de las fibras; se observa que la decoloración sólo aparece a temperaturas más elevadas. En madera verde la reacción es aún más intensa. Las reacciones oxidativas son probablemente catalizadas por enzimas exocelulares. La siguiente experiencia es clarificadora al respecto: piezas de madera verde y secada naturalmente fueron estufadas directamente o bien tratadas previamente a 100° C en atmósfera saturada de humedad. Después del secado se aprecia la coloración aparecida después del cepillado. Parece que el tratamiento a 100° C limita notablemente los inconvenientes de la decoloración en la madera secada naturalmente y completamente en madera verde.

OPTIMIZACION DE LA ETAPA DE SECADO NATURAL

EL PROBLEMA DE LA HETEROGENEIDAD DE LAS CONDICIONES CLIMÁTICAS

Las condiciones climáticas, por lo general, varían de un año a otro y están en el origen del concepto añada en enología. Aunque algunos climas, como los ecuatoriales, se caracterizan por una homogeneidad notoria, en la mayoría de las regiones del mundo existen las tendencias climáticas que permiten diferenciar los climas oceánicos, continentales, mediterráneos y otros. Sin embargo, alrededor de la media representativa de un clima, se registran variaciones notables. En lo relativo al secado natural, la higrometría del aire y la repartición de las lluvias son las variaciones más importantes. La conducción del secado y la elección de la fecha de inicio exigen un adecuado conocimiento del microclima local. Así, ciertas regiones poco lluviosas y demasiado secas no son aconsejables, pues aunque el secado esté apoyado por un sistema de aspersión frecuente, la deshidratación demasiado rápida inducirá una pérdida cualitativa de la madera no compatible con la rentabilidad de la técnica.

El clima adecuado para un secado natural satisfactorio sería:

- Una primera fase de lavado abundante de la madera, indispensable a su calidad y favorecedora de la implantación de una flora fúngica abundante que precisa de humedad suficiente y de lluvias para el desarrollo de sus talos.
- Una última fase suficientemente seca para inducir la deshidratación progresiva y continua de la madera.

Parece necesario recurrir a la aspersión de las pilas para regular los efectos del clima. Pero la comprensión de los mecanismos implicados en el lavado es una cuestión previa indispensable.

MODELIZACIÓN DE LA ETAPA DE LAVADO

El lavado, y sobre todo el mantenimiento de una tasa higrométrica suficiente, permiten mejorar las condiciones de afinamiento de la madera. En este caso, la acción de los micro-organismos es sensiblemente aumentada. Los fenómenos bioquímicos pueden proseguir durante los periodos cálidos y secos del año.

El agua está repartida en tres compartimentos:

- El agua libre, que gotea por gravedad y no es retenida por la madera.
- El agua de impregnación que se encuentra en las fibras de la madera, contribuyendo a su hinchamiento. Esta fracción de agua satura toda la materia y se elimina progresivamente en el curso de la evaporación.
- El agua de constitución, que es fuertemente retenida en la madera; su eliminación requiere fuerzas de aspiración o temperaturas que no son compatibles con el objetivo de obtener madera destinada a tonelería. Este comportamiento nunca es afectado por los tratamientos habituales. En la madera, los movimientos del agua están ligados a la naturaleza coloidal de los polisacáridos que constituyen los tejidos parietales. Así, en el curso de la evaporación del agua en superficie, se crea una diferencia de tensión parcial que provoca la aspiración de la humedad de las capas profundas hacia la superficie. La presencia de agua sobre la madera (lluvia o aspersión) anula este movimiento ascendente; la capa superficial, más húmeda, cede una parte del agua a las capas más profundas, poniéndose en marcha un movimiento descendente.

Las fibras polisacáridas, más o menos humectadas, juegan entonces el papel de microcolumnas de film líquido. Puede compararse el fenómeno a la mecha de una lámpara de petróleo.

En condiciones prácticas ha sido estudiada la repartición del agua en la pila de madera en el curso de una aspersión de 8 horas, para un caudal de agua medio de 500 l/h. Se colocaron muestras sobre las pilas, en su interior y entre las pilas. Con este dispositivo se observa que el agua cae rápidamente sobre las pilas y una buena parte cae entre las pilas. Sin embargo, el hecho de acercar las pilas no disminuye las pérdidas, pues la mayor parte del agua resbala a lo largo de las duelas antes de caer al suelo. El interior de las pilas no es razonablemente afectado por el agua de chorreo salvo para largas horas de aspersión (> 8 h). Si el lavado necesita tiempo para ser perfectamente eficaz, por contraste, el aumento de humedad ambiente útil a los micro-organismos alcanza un nivel satisfactorio a partir de las 4 primeras horas de aspersión. Se observa que más del 60 % de duelas que constituyen la pila han recibido agua y están humectadas. Esto es suficiente para, por una parte retrasar el desecado de las maderas, y por otra para crear un microclima húmedo en el seno de la pila. Finalmente, al retrasar el desecado de capas profundas, se prolonga la duración de la acción de los micelios presentes dentro de las células de la madera. Los rendimientos del lavado son también mejorados porque, por aspersión razonada, se multiplica por diez o por veinte la fracción hidrosoluble sustraída a la madera.

Experiencias complementarias permiten elegir una secuencia de aspersión óptima. En las aguas recogidas en la base de las pilas se estimaron los fenoles totales por medida de la absorbancia a DO 280 nm. La eliminación de compuestos fenólicos hidrosolubles sólo tiene lugar durante los primeros instantes del lavado. Se observa igualmente que la eliminación de una nueva fracción necesita un tiempo de secado suficiente. Estas experiencias prueban la interpretación de los movimientos del agua desde el interior de la madera hacia su superficie. Así, durante el secado de la madera los movimientos ascendentes del agua arrastran al mismo tiempo numerosas sustancias hidrosolubles. No es necesario, como se había creído durante largo tiempo, que el agua atraviese todo el espesor de la madera para que se produzca una lixiviación de los polifenoles de la madera. En realidad, el esquema reaccional parece ser más complejo, puesto que el agua en su evaporación deposita los extraíbles que serán luego eliminados por simple lavado de la superficie de las piezas. Para ser eficaz, la aspersión debe practicarse secuencialmente.

Conducción de la aspersión de pilas de madera

Mediante la aspersión se obtiene una maduración de la madera más regular y completa. Pero un exceso de riego puede ser contraproducente. Si para la crianza del vino no todos los constituyentes de la madera son elementos positivos, otros deben ser conservados pues participan activamente en la mejoría de la calidad de los productos criados en barricas. Estos son los elagitaninos, los polisacáridos, las fracciones de lignina fácilmente extraíble y compuestos aromáticos.

Por lo tanto, los programas de aspersión deben adaptarse a las condiciones climáticas ambientales, así como a los grados de lavado y afinado deseados en la madera.

Eventualidad de un sembrado microbiano

La importancia del factor bioquímico en las numerosas transformaciones experimentadas por la madera en el curso de su afinado, plantea el problema del sembrado por una levadura industrial. La selección de una cepa se hizo en base a su adaptación al medio «madera». Los criterios de selección se relacionaron con la velocidad de germinación y facilidad de implantación de cepas de *A. pullulans,* su aptitud para proseguir su desarrollo en medios pobres en agua (Hr $\leqslant$ 60 %), ricos en elagitaninos y que contienen solo débiles cantidades de glucosa directamente asimilable, esporulando abundantemente con fuertes calores y constituyendo rápidamente una fuente de autosembrado. Algunas cepas cumplieron satisfactoriamente los criterios de selección; todas ellas pertenecen a la especie *A. pullulans.* La patente (9213502- Brevet n.º 48) sobre estos hongos permitirá –si las condiciones técnicas y económicas lo exigen– la producción y utilización de una levadura fúngica seleccionada en el proceso de afinado de la madera.

Se contemplan al menos dos aplicaciones: una, la implantación precoz de una flora fúngica homogénea sobre la madera, representada por *A. pullulans;* otra, la creación de nuevos espacios de maduración y afinado de la madera en lugares donde la operación no se realizaba; en este caso se impone desde el inicio una flora seleccionada y adaptada al afinado. En principio podrían implantarse unidades de secado en distintos sitios del mundo por poco que las condiciones climáticas se presten.

CAPÍTULO V

Trabajo y tratamiento de la madera en tonelería

Después de que los «grumes» fueron hendidos para proporcionar duelas y que el secado hizo su trabajo, la madera está en condiciones de entrar en la fabricación de barricas.

Varias etapas importantes van a marcar la construcción de este alojamiento vinario. De su realización y del control de su aplicación dependerán el aspecto, la estanqueidad y la solidez de las barricas.

ETAPAS DE PREPARACIÓN DE LAS DUELAS Y SU MONTAJE

PREPARACIÓN DE LAS DUELAS

Para empezar se efectúa el **desrabotado** de las duelas, consistente en recortar –si fuera necesario– sus extremos a fin de dar una longitud definitiva e igual a todas las piezas. Esta operación es necesaria porque la longitud de las duelas en el hendido fue sobrestimada en una longitud variable 2y (generalmente algunos centímetros). Esto permite eliminar después del secado los extremos que puedan presentar grietas y alteraciones microbianas profundas.

A continuación viene el **juntado**. Esta operación permite alisar la superficie de la madera y asegura, particularmente en las juntas, la formación de una superficie uniforme que garantiza la estanqueidad entre duelas. En el curso de esta operación, la pendiente de las juntas es adaptada al diámetro de la barrica. El antiguo útil para esta operación se llamaba «coulombe».

El **flechado** es una operación complementaria que da a la duela su forma característica de huso.

El juntado y el flechado permiten considerar dos puntos esenciales en la forma de la barrica:

- La barrica, una vez domada, es más abultada en su centro que en los extremos; es lo que se llama comba o teso. Para que el teso se forme es necesario que la duela sea más estrecha en sus extremos y más ancha en el centro.
- La barrica se compone de varias duelas y para que éstas formen en sus caras laterales una junta continua es necesario que las duelas sean en cierta manera biseladas. Así, las duelas tienen una parte exterior más ancha y una interior menos ancha; el ángulo α es llamado ángulo de juntado y depende de la importancia del teso a dar a la barrica.

Seguidamente las duelas pasan por el **dolado** y **vaciado**. El dolado consiste en dar a la duela una forma de canalón, con su parte exterior cóncava y la interior convexa. El vaciado elimina en el interior una parte de la madera. Estas dos operaciones preparan la duela para el domado y permiten –en particular, el vaciado– limitar los riesgos de ruptura en el domado. Estas diversas operaciones se resumen en la figura 62.

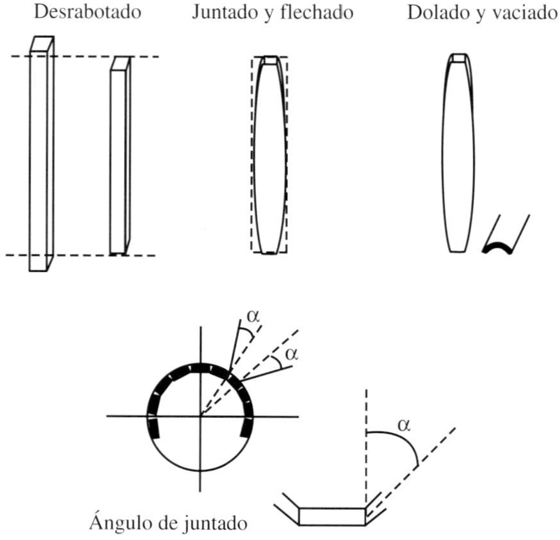

Fig. 62.–Preparación de las duelas después del secado.

MONTAJE

Las duelas trabajadas son agrupadas de 25 a 30, de anchura variable, para construir la barrica. Se colocan una a una, apoyando la primera sobre una duela inclinada. Las duelas son ordenadas de costado en el interior de un círculo metálico, llamado molde. Se atiende a colocar alternativamente las duelas anchas y estrechas a fin de que el teso sea regular. A continuación se coloca un círculo metálico que permite sostener las duelas por su parte superior. La barrica presenta una forma troncocónica, llamada rosa o campana.

Ahora la barrica está lista para ser domada. Las etapas de montaje se resumen en la figura 63.

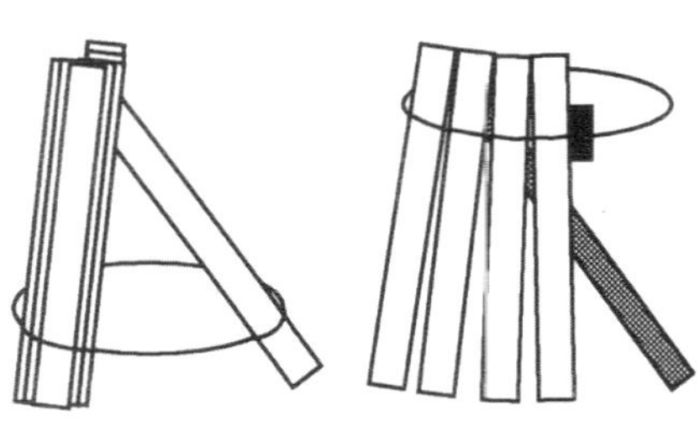

Fig. 63.–Principio de ensamblaje de piezas y formación de una barrica.

LAS OPERACIONES DE DOMADO Y TOSTADO

El calentamiento de las barricas sólo es necesario para dar la forma definitiva a las piezas que la componen. Bajo el efecto del calor la madera se hace más maleable y puede ser doblada; es la operación de **domado**. Una vez doblada la barrica, se la mantiene al fuego unos instantes, la llamada **recocción**, lo que permite preservar la forma de las duelas y que es indispensable para que algunas duelas no se rompan al enfriarse. La última etapa, llamada **calentamiento de tostado**, se ha desarrollado recientemente; su único objetivo es desarrollar los aromas que completan los de la madera secada naturalmente. Si las dos primeras etapas de calentamiento pueden ser consideradas como calefacciones tecnológicas, la última puede calificarse como de uniformidad.

LOS DIFERENTES SISTEMAS DE CALENTAMIENTO

BRASERO Y RECORTES DE MADERA

El combustible tradicionalmente utilizado en tonelería son los recortes de madera o las piezas que, después del secado, son consideradas defectuosas. Se queman en un brasero. La forma y dimensiones del brasero son muy variables; su diámetro varía de 20 a 50 cm y su altura entre 30 y 50 cm. La repartición del calor se asegura por unas aperturas, dispuestas horizontalmente o verticalmente, con una anchura de 3 a 15 cm, o por agujeros de un diámetro entre 1 y 3 cm. Debe evitarse quemar maderas que puedan dar al arder olores particulares, tal como ocurre con las resinosas.

GAS

La utilización de gas permite disponer de una fuente calorífica fácilmente regulable en su intensidad. Este sistema de calentamiento es utilizado frecuentemente en EE.UU. para las barricas destinadas a whisky; la intensidad de calentamiento es elevada y superficial, de modo que la influencia del tostado en los productos de crianza en estas barricas se limita a la coloración. Puede utilizarse gas para el tostado de los fondos.

VAPOR DE AGUA O AGUA CALIENTE

El agua caliente o el vapor de agua pueden ser utilizados únicamente para preparar la madera antes del doblado. La inmersión de barricas en agua caliente antes del doblado permite lavarlas de ciertos compuestos, notablemente de sustancias fenólicas, muy hidrosolubles, con caracteres amargos y astringentes. Si la utilización del agua o del vapor se hace convenientemente, no se observarán más roturas en el domado que con otros sistemas. Este modo de calefacción tiene la ventaja de ser más rápido que el de calentamiento tradicional.

RESISTENCIA ELÉCTRICA

Las resistencias eléctricas son utilizadas desde hace tiempo para el tostado de los fondos. Este sistema permite una calidad de calor variable, ajustando la intensidad de la corriente eléctrica. El tostado, sin embargo, es relativamente superficial y más intenso que el obtenido por métodos tradicionales. Una ventaja de este método es que permite la automatización e incrementar el ritmo de producción. Los resultados obtenidos con el tostado eléctrico son en general superiores a los obtenidos con gas.

Generador de ondas infrarrojas

Es una tecnología muy reciente que permite proveer hasta una profundidad determinada una cantidad de calor repartida de forma homogénea e intensidad constante. La regulación de emisión de ondas infrarrojas garantiza temperaturas precisas aplicadas durante un tiempo dado.

Su ventaja reside en el perfecto control del aporte calórico en el espacio y en el tiempo. El sistema podría ser útilmente aplicado en unidades de producción industriales sustituyendo a las instalaciones de gas y eléctricas.

LOS CALENTAMIENTOS TECNOLÓGICOS: DOMADO Y RECOCCIÓN

El roble puede ser domado gracias a la presencia de ciertos polímeros parietales termoplásticos: la lignina y la hemicelulosa. Cuando se calienta la madera estos dos polímeros, a temperaturas dadas, alcanzan su estadio de transición vítrea; a partir de aquí la madera puede ser doblada y el domado ser realizado sin temor a roturas. En el laboratorio, las temperaturas de fusión de hemicelulosa y lignina son respectivamente 50-60° C y 90-100° C. Por debajo de estas temperaturas la madera es rígida.

Antes del domado, las barricas montadas en «campana» son llevadas progresivamente a temperatura que permita un calentamiento en profundidad. Es importante que al ser domadas, las piezas hayan alcanzado una temperatura suficiente en su masa. Si la temperatura fuera insuficiente pueden producirse roturas en una o varias duelas. Para favorecer el calentamiento en profundidad, se practican humidificaciones regulares del casco que permiten una caída de la temperatura superficial dando tiempo a la repartición en profundidad. Mediante medidas realizadas con sondas térmicas colocadas sobre las duelas se ha apreciado que la temperatura aumenta a un ritmo de 4 a 6° C/min, en la superficie.

El ritmo de las humidificaciones controla la velocidad de subida de temperatura. En 15-20 minutos, la superficie alcanza los 110-120° C y el interior los 70-80° C; a partir de este momento es posible el apretado de las duelas. La operación se realiza con ayuda de un cabestrante cuyo cable se arrolla envolviendo la base de la barrica. El apretado se hace escalonadamente en unos 15 minutos, dependiendo de la temperatura y de la resistencia de la madera. En la práctica, la temperatura es juzgada por el operario tocando la superficie externa del casco. A continuación se invierte el casco, sujetando su base con un aro metálico y apretando el círculo superior. El calentamiento se mantiene unos minutos hasta alcanzar temperaturas de 180-200° C en superficie y 80-90° C en el interior, después de lo cual la forma de la barrica es definitiva. En la figura 64 se ha representado un ejemplo de perfil térmico.

Generalmente, las roturas en esta etapa están favorecidas por la insuficiencia de temperatura en la masa de la madera, pero también por la presencia de nudos, aunque sean pequeños (diámetro ≤ 5 mm) y por la presencia de hilo ondulado que induce un desencolado de las fibras; la humidificación regular limita la aparición de este último problema.

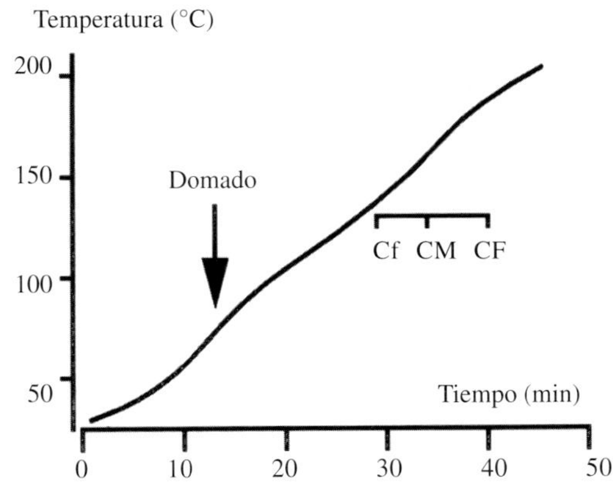

Calentamiento abierto de una barrica «transporte» de 27 mm.
Sondas situadas en el centro y superficie del casco. Tostado débil (Cf), medio (CM), fuerte (CF).

Fig. 64.–Perfil térmico del calentamiento en doblado y tostado de una barrica.

EL CALENTAMIENTO DE TOSTADO

Las temperaturas que se alcanzan en el interior del casco, registradas por las sondas, son distintas en función de la duración del calentamiento (Fig. 64).

El calentamiento se clasifica en tres categorías, según el tiempo y la temperatura en la superficie de la madera, medida en el interior del casco:

	Duración (min)	Temperatura (°C)
Tostado débil	30	120-130
Tostado medio: M–	35	160-170
M+	40	180-190
Tostado fuerte	45	200-210

Estos valores son sólo indicativos pues suelen variar de una a otra tonelería. Sin embargo esta etapa es muy importante para la calidad aromática conferida al vino, mereciendo en el futuro métodos más objetivos de control. Determinados valores son dignos de consideración:

- Se trata de la temperatura a la cual el casco puede inflamarse; está próxima a los 250° C.
- Considerar los parámetros térmicos que condicionan la aparición de ampollas. Estos accidentes corresponden a temperaturas para las que la producción de gas en la madera se hace superior a la de su escape: las fibras se desencolan brutalmente en zonas delimitadas en forma circular. Para evitarlo conviene, por un lado, limitar el aumento de temperatura ($\geq$ 7° C/min) y, por otro, mantenerse a niveles inferiores a 250° C.

Las humidificaciones frecuentes permiten fácilmente prevenir estos accidentes, pero si se practican demasiadas veces, las temperaturas que se alcanzan no son suficientes. Se calcula que una humidificación permite un enfriamiento en superficie entre 20 y 50 % sin afectar a las capas profundas.

Por otro lado, el calentamiento puede practicarse de dos maneras: abierto o cerrado; este último significa que la boca superior del casco se tapa con una cubierta metálica. También puede iniciarse el tostado en abierto, tapando 5 ó 10 minutos antes de su conclusión.

Es aconsejable girar el casco alrededor del brasero para homogeneizar la intensidad del tostado en toda la superficie.

En el curso de este segundo tostado se desarrollan mecanismos variados.

Modificaciones de las propiedades mecánicas y de la ultraestructura de la madera

En un estudio realizado por Boeling *et al.* (1993) se analizó la influencia de un termotratamiento de las duelas sobre algunas de sus propiedades. Entre otros ensayos, los autores aplicaron una fuerza de flexión a muestras de duelas tostadas y no tostadas, midiendo el módulo de elasticidad.

Está claro que el módulo de elasticidad disminuye en función del tostado, implicando una disminución proporcional de las tensiones de elasticidad y ruptura.

Los datos son los siguientes:

	Módulo de elasticidad	Tensión de ruptura máx. (en Mpa)
Madera no tostada	17.000	145
Madera tostada (15 min; 105° C)	12.000	110
Madera tostada (15 min; 280° C)	7.000	50

Cuando se observan al microscopio electrónico de barrido cortes de madera tostada en las condiciones de la práctica y tomados a diferentes intensidades de tostado se aprecian modificaciones notables de la ultraestructura de los tabiques celulares. Afectan a la capa 0-4 mm expuesta al calor. La intensificación del tostado de débil a medio (M+) provoca una desorganización de los tabiques caracterizada por la fusión de ciertos polímeros parietales, esencialmente hemicelulosa y lignina, que toman un aspecto liso y fundido en superficie. Si el tostado aumenta (tostado fuerte) y se hace más intenso, se forman numerosas grietas en los tabiques y micro-ampollas no visibles a simple vista. Debe indicarse que el tostado medio hace más impermeables las primeras capas de madera, al contrario que el tostado intenso que aumenta considerablemente la superficie de accesibilidad de la madera a los líquidos.

Variación del contenido en compuestos fenólicos

Como consecuencia del tostado de la madera se produce: por un lado, una disminución del extracto seco soluble, ligado a la degradación de los compuestos fenólicos y particularmente de los elagitaninos y, por otro, la formación de cromóforos marrón-amarillos, cuyo máximo de formación se produce con el tostado M+.

Así el tostado permite una disminución del aporte tánico de la madera a los vinos y el aporte de compuestos coloreados que pueden participar en la coloración de los destilados.

Es, pues, considerable una adaptación del tostado a la riqueza fenólica de las maderas.

PRODUCCIÓN DE COMPUESTOS VOLÁTILES ODORANTES

El tostado, al degradar parcialmente los polímeros parietales de la madera, da lugar a la formación de numerosos compuestos aromáticos cuyas notas varían del tostado al ahumado y especiado. La génesis de estos productos se aborda seguidamente.

Productos de termodegradación de los polisacáridos

Los aldehídos furánicos son los principales productos resultantes de la degradación de los azúcares. Los precursores de estos compuestos son la celulosa y las hemicelulosas. El hidroximetil-5-furfural (HMF) y el metil-5-furfural (MF) provienen de las aldohexosas de la celulosa: pentosas y hexosas (xilosa y arabinosa) que dan lugar a los compuestos furánicos. La producción de estos compuestos es favorecida por la presencia de ácido acético, producido espontáneamente en la pirolisis de la madera. La estructura ampliamente cristalina de la celulosa limita la formación de HMF y de MF; mayoritariamente se forma furfural. El HMF tiene olor a caramelo, el MF de almendra tostada y el furfural de almendra, pero su impacto aromático es limitado.

Productos de termodegradación de las ligninas

La lignina es un copolímero tridimensional, que en el caso de las angiospermas, como el roble, está constituido a partir de dos alcoholes fenilpropenoicos: alcohol hidroxi-4-metoxi-3-cinámico (estructura guayacílica: alcohol coniferílico) y alcohol hidroxi-4-dimetoxi-3,5-cinámico (estructura siringílica: alcohol sinapílico). En el curso de las operaciones de tonelería se asiste a:

- Inicialmente, la despolimerización de la lignina dando lugar, por diversos procesos clásicos (Monties, 1989), a numerosos aldehídos fenólicos, de los que la vanillina es el más odorante. La vía de formación de estas moléculas comprende, por un lado, una reacción de eliminación sobre el carbono γ de la cadena alifática de los fenoles, que da lugar a una ruptura de la unión aril-eter, abundante en la lignina y, por otro lado, la ruptura oxidativa del doble enlace conjugado, formando aldehídos benzoicos.
- Seguidamente, la temperatura alcanzada en el seno de la madera permite reacciones de pirólisis que dan lugar a la acumulación de numerosos fenoles volátiles y de fenilcetonas. A nivel de laboratorio, trabajando con lignina purificada, se muestra la génesis de estas diversas moléculas, de las que algunas tienen un poder odorante que confiere a la madera notas olfativas ahumadas, especiadas y fenólicas. El siringol es particularmente interesante por la intensidad de su olor ahumado.

En el curso del tostado se acumulan más fenoles dimetoxilados (estructura siringílica, S) que fenoles monometoxilados (estructura guayacílica, G), de manera que a medida que el tostado progresa la relación S/G disminuye regularmente. La presencia de vapor de agua favorece la degradación de la lignina por «explosión de vapor» y aumenta la cantidad de moléculas aromáticas formadas.

Productos con estructura de pironas y furanos resultado de la reacción de Maillard

El tostado de la madera conduce a la formación de compuestos aromáticos cuyo descriptor olfativo es el de « tostado». Estas moléculas se forman por la reacción de Maillard, de la termodegradación de azúcares en presencia de sustancias nitrogenadas. En un primer paso, los azúcares y los compuestos aminados forman un derivado N-glucósido que a través de diferentes reagrupamientos deriva en un intermediario de Amadori, inestable, que al ser calentado, forma compuestos aromáticos de estructura enolona. En el plano olfativo los más importantes de estos compuestos son el cicloteno, maltol e iso-maltol. Las concentraciones en cicloteno aumentan con la intensidad del tostado.

PREPARACIÓN DE PIEZAS PARA FONDOS Y SU MONTAJE

LAS PIEZAS PARA FONDOS

Las piezas para fondos se obtienen de «merrains» demasiado cortos para ser destinados a duelas, o que han sido acortados para la eliminación de algún defecto. Un fondo se compone de 5 a 8 piezas. Las piezas centrales suelen llamarse piezas maestras, o maestra de fondo, o chantel; a cada lado de la pieza central, las piezas se denominan contrachanteles. Las etapas de la construcción de fondos se representan en la figura 65.

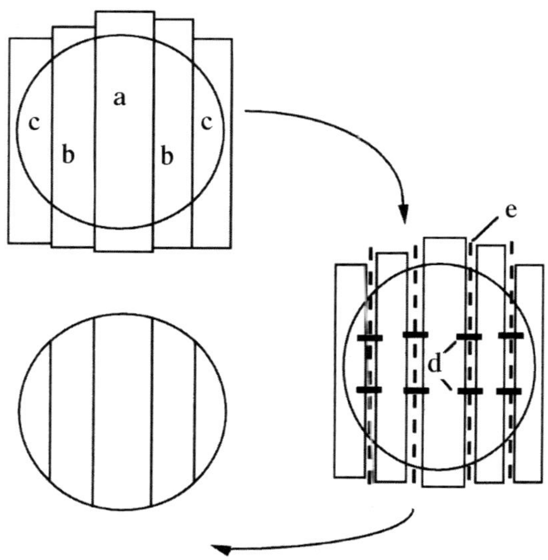

a: pieza maestra, chantel; b: contrachanteles; c: piezas; d: pasador; e: enea.

Fig. 65.–Preparación de piezas de fondos.

Las juntas se forman en la operación de **cepillado-juntado**. Los fondos se forman seleccionando las piezas por longitud para que cubran una superficie superior a la boca circular de la barrica; es el llamado **aparejado**. A continuación son unidas entre sí mediante pasadores de madera, o clavos de doble punta. La estanqueidad se asegura interponiendo entre las piezas de madera una banda de enea.

A continuación el fondo es cortado en una contorneadora. El borde del fondo que se unirá a la extremidad de las duelas es cortado en bisel de reborde chato para asegurar una buena adaptación del fondo y una estanqueidad satisfactoria.

EL RECORTADO

Permite formar en la duela las zonas de asentamiento de los fondos. La forma característica se muestra en la figura 66. Son necesarias distintas etapas para hacer el ruñado, o recortado, a mano. Actualmente las máquinas permiten hacerlo en una sola operación.

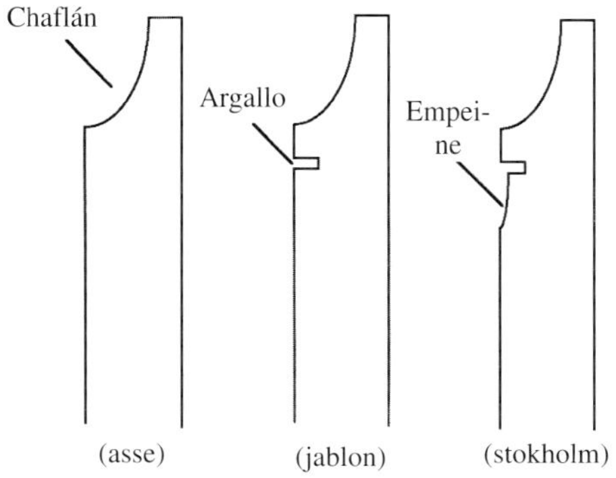

Fig. 66.–Trabajo de las duelas para recibir los fondos: ruñado.
(Entre paréntesis, antiguas herramientas utilizadas).

MONTAJE DE LOS AROS

Los aros aseguran el mantenimiento de las duelas entre ellas y contribuyen a su estanqueidad. Existen distintos sistemas (Fig. 67).

Los aros de cabeza, los primeros en la base de la barrica, aseguran la protección de los extremos de las duelas; los aros de sub-cabeza aprietan las piezas y mantienen el fondo anclado en el argallo; los restantes, llamados «cuellos» o cellos, permiten mantener juntas las duelas; los aros situados cerca del abombamiento de la barrica aseguran la protección durante el mantenimiento y evitan que las duelas tengan «juego».

Según los casos se distinguen dos tipos de aros. Los aros de madera, usados antiguamente, tienen hoy en día un papel estético, protegen las partes de la barrica que está en contacto con el suelo y evitan el uso de aros metálicos que pueden deteriorar los suelos. Antiguamente se usaban de 4 a 9 aros de madera, generalmente de ramas de castaño liados con mimbre. La madera necesitaba ser tratada contra los gusanos de pequeños coleópteros que se nutrían de la albura situada bajo la corteza. Los aros metálicos (cellos) están generalmente galvanizados para evitar que oxiden sobre las barricas ensuciándolas.

ACABADO Y CONTROL DE LAS BARRICAS

El acabado consiste en preparar la barrica para ser suministrada al cliente. Consiste en asegurar un último control de calidad y completar los últimos detalles.

Para verificar la estanqueidad del recipiente y ausencia de fugas en los extremos de las duelas, se procede a «probar» la barrica. La operación consiste en introducir agua caliente o fría y aplicar una sobrepresión de aire; a continuación la barrica es rodada. Si las piezas son defectuo-

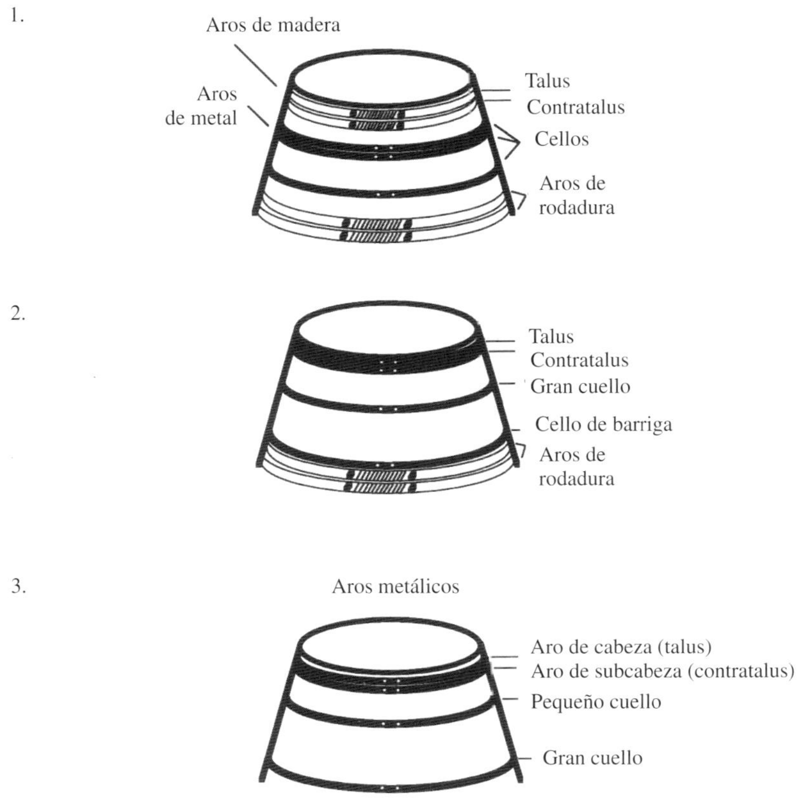

Fig. 67.–Los aros de las barricas: ejemplos de disposiciones.

sas o si una junta no es estanca, el agua se manifestará sobre estas zonas. En estos casos, se cambian las piezas defectuosas, y los cellos son reapretados o se ponen cuñas de madera en el caso de pequeñas fugas por poros. La barrica se vacía del agua que se introdujo permitiendo así la eliminación de serrín y pequeñas virutas.

Toda la superficie externa es cepillada para igualarla y eliminar posibles rayados y manchas producidos durante su construcción. La posición de los cellos se controla, apretándolos y posicionándolos mediante una máquina prensa.

También pueden realizarse otros trabajos complementarios, como colocar sobre los fondos una travesaña de pino, donde puede exhibirse la marca o logo de la bodega. La marca de la tonelería suele situarse en el centro de la parte superior del fondo.

Según el tipo de trasiega usado en la bodega pueden practicarse diferentes tipos de falsetes en el fondo.

En fin, en función de los pedidos pueden pintarse los cellos o quemar las bocas, lo que es útil cuando se emplean tapones de silicona.

El interior de la barrica puede ser sulfitado con SO_2 en botella a presión y la barrica ser envuelta en film plástico para protegerla en el transporte y limitar el desecado.

CASO PARTICULAR DE LOS FUDRES

Los fudres o cubas de gran capacidad son piezas de tonelería muy particulares en cuya construcción intervienen operarios especializados. Estas grandes piezas son utilizadas para la vinificación y conservación de vinos o el almacenamiento de alcoholes. Su superficie de contacto madera/vino y el grosor de las piezas limitan considerablemente los intercambios gaseosos.

Los fudres no están hechos de materiales inertes; la madera sigue siendo sensible y precisa de ciertas precauciones:

- En principio los fudres no deben estar vacíos. En caso contrario deben ser rehidratados, limpiados y aireados abundantemente. Si los fudres se secan se hará necesario reapretar sus aros de hierro.
- La madera se puede alterar si no se cuida. Deben realizarse frecuentes lavados con agua sulfitada; también pueden emplearse soluciones de permanganato potásico o soluciones alcalinas, seguidas de abundante aclarado con agua y secado. Un fudre no puede ser conservado vacío con trazas de humedad; en tal caso debe ser suficientemente ventilado.

En la construcción de fudres se siguen las normas básicas de la construcción de barricas. El grosor de las piezas se elige en función de la capacidad del recipiente a construir; puede variar entre 40 y 80 mm. La madera debe estar perfectamente seca y ser de grano medio a grueso. Las piezas para construir el fudre se disponen planas para ser medidas antes de su delicado ensamblaje, que necesita varios obreros. En las juntas de las piezas se practican agujeros que permiten colocar los pasadores que facilitarán el montaje y asegurarán la cohesión del conjunto.

Tras el montaje, el fudre es calentado largo tiempo para asegurar un buen cerrado de las juntas que garantice la estanqueidad del recipiente. El precalentamiento debe ser lento a fin de que el calor penetre lentamente en la madera. Si es insuficiente, las duelas pueden romper al enfriarse. En los fudres no se practica tostado.

Los fondos se montan según el mismo principio que en las barricas. Su dimensión se adapta a la base del fudre, generalmente de mayor diámetro que la boca.

A veces, cuando el fudre es muy voluminoso, sus piezas se numeran y el montaje definitivo se hace en su destino.

Se pueden instalar grifos, puertas, etc.; a veces, incluso, se instalan placas de refrigeración para las vinificaciones.

CAPÍTULO VI

Del buen uso de las barricas

La barrica, una vez terminada, es un útil caro que conviene preparar, conservar y utilizar correctamente. El sobrecoste derivado de la crianza de vino en barrica es lo suficientemente importante como para justificar la atención debida a este contenedor y a los vinos que guarda. En las bodegas las preguntas son casi siempre las mismas y se refieren a la forma de preparar la barrica antes del llenado y a las mejores condiciones de conservación una vez vacía.

En este ámbito las experimentaciones son raras y la investigación casi inexistente. Los conocimientos se deben al empirismo. Este capítulo recoge los conocimientos parciales agrupando los más significativos.

LAS BARRICAS NUEVAS

Las barricas nuevas deben ser utilizadas plenamente para que el vino se beneficie de sus diversas acciones. Se recuerdan brevemente: se trata de aportes aromáticos y fenólicos, estos últimos participan en los fenómenos oxidativos del vino, de la penetración lenta y continua de oxígeno, del efecto del pequeño volumen (clarificación y decarbonificación). Directa o indirectamente, estas propiedades permiten una clara mejora de las cualidades gustativas del vino, la expresión de su potencial aromático y el establecimiento de una estabilidad satisfactoria, garantía de una larga conservación en botella.

PREPARACIÓN Y CONTROL DE BARRICAS A SU RECEPCIÓN EN BODEGA

A la recepción de un lote de barricas en bodega, lo primero es cerciorarse de que no han sufrido ningún daño en el transporte. El film de protección no debe estar roto y los fondos deben encontrarse protegidos por círculos de cartón. El plástico es útil para limitar el desecado durante el corto lapso de tiempo entre el fin de la fabricación y la entrega. Seguidamente se observará que las juntas entre duelas estén bien cerradas; en caso contrario se corre el riesgo de fugas. La mayoría de tonelerías prueban sus barricas con agua caliente a presión o incluso con vapor. Este parámetro no incumbe a los utilizadores. Sin embargo, las barricas pueden ser almacenadas en bodega algún tiempo antes de su utilización; en tal caso pueden aparecer separaciones entre duelas; también puede ocurrir que la atmósfera sea demasiado seca creando el peligro de fugas. En estos casos hay que recurrir al agua. La operación consiste en llenar totalmente la barrica, o solamente la mitad, con agua al 2% de SO_2 y dejar rehidratar la madera al menos 48 horas. Si la barrica no se llenó del todo, debe ser volteada cada 12 horas. Pero si la deshidratación fue demasiado profunda, se practicará una rehidratación con la barrica llena durante 5 días, volteando la barrica cada 12 horas y llenando con agua el espacio sobre el fondo hasta el borde de las duelas. El tratamiento es positivo en la mayor parte de los casos.

Se tiene por costumbre controlar la homogeneidad del tostado sobre la superficie interna de la barrica, sirviéndose de dispositivos simples de espejo y lámpara que se introduce por la boca de la barrica. Esta práctica debiera reservarse únicamente para apreciar la importancia de restos presentes; con este sistema es difícil, si no imposible, controlar la intensidad del nivel de tostado, pues la coloración de la madera no es más que un reflejo imperfecto del nivel de tostado. En el comercio existen aparatos que permiten medir el color de una superficie sólida, reflejando, en teoría, la intensidad del tostado. El sistema es atractivo por su sencillez y rapidez (3 segundos) pero su aplicación es más bien ilusoria: aplicado a distintas muestras no tostadas y tostadas muestra que hay una relación directa entre coloración de la madera y su color. A medida que el casco se calienta, la coloración amarilla disminuye y la madera se hace más o menos oscura. Por este método pueden trazarse rectas de referencia que permiten estimar la intensidad de tostado practicada. Pero existen problemas importantes que impiden la aplicación de este método:

- La medida sólo puede hacerse quitando previamente el fondo, lo que no resulta práctico.
- Las tonelerías tienen distintos tostados, lo que obligaría a recurrir a tantas curvas de referencia como tonelerías suministradoras.
- En un mismo lote de madera el calor evoluciona diferentemente y da variaciones que aunque inferiores a las existentes entre tonelerías, son importantes.
- Entre distintos lotes de madera las diferencias suelen ser tan grandes como entre tonelerías.

Debido a estas razones este método no puede ser tenido en cuenta para medir la intensidad del tostado. Por otro lado, es muy difícil estimar por colorimetría el tostado en el interior de una barrica y su homogeneidad. Es fácil realizar un «ahumado» del interior de la barrica que dé la impresión de regularidad de color, pero que no tiene ninguna relación con las reacciones de termodegradación de los precursores de aromas de la madera. Es importante manifestar que la coloración que toma la madera en el curso de su tostado es frecuentemente imprevisible.

Antes de proceder al llenado con vino de barricas nuevas, se acostumbra a someterlas a distintas manipulaciones:

- Aclarado con agua fría o caliente.
- Aclarado con agua después de un lavado con una solución salada (NaCl).
- Utilización de agua sulfitada, clorada o conteniendo sosa.
- Empleo de distintos sistemas de desinfección.
- Pasar la barrica por vapor de agua o por agua a presión.
- Utilizar cadenas.
- Utilizar soluciones de ácido tartárico.
- Etcétera.

Hay que recordar que una buena barrica debe siempre ser utilizada «en bruto», tras un simple aclarado con agua fría. Pueden quedar algunas reservas respecto a:

- *Las sustancias extraíbles de la madera.* Se admite que algunas veces las aguas de aclarado tienen un gusto particularmente astringente y en ocasiones amargo. Pero los compuestos responsables, después de su solubilización en el vino, se oxidan y desaparecen. Estos compuestos fenólicos, particularmente elagitaninos, son útiles para la evolución del vino.

- *El aroma a madera puede ser demasiado intenso.* Es cierto que el aroma a madera de una barrica nueva es superior al de una barrica usada. Pero la crianza en barrica debe conciliar las aptitudes del vino, la intensidad de los aromas varietales y las oxidaciones beneficiosas que pueda experimentar. Se deberá, por tanto, tener en cuenta una parte de madera nueva en el ensamblaje final.
- *Riesgos de contaminación por los micro-organismos de la madera,* Hay que tener presente que los hongos, levaduras y bacterias de la madera no están adaptados a la vida en condiciones enológicas (SO_2, alcohol, débil concentración de oxígeno y fuerte en CO_2 en las capas de madera impregnadas por el vino).

La experiencia enseña que el llenado de barricas nuevas solamente aclaradas con agua, da –con diferencia– los mejores resultados, estando esta afirmación subordinada a la utilización de barricas de calidad construidas respetando las reglas de la tonelería. Los tres primeros meses el vino parece más rústico, pero al concluir la crianza las catas ponen en primer lugar el tratamiento más sencillo en detrimento de otros medios de preparación de barricas.

ALGUNAS REGLAS BÁSICAS PARA EL USO ÓPTIMO DE BARRICAS NUEVAS

Lo esencial de los conocimientos sobre este tema puede agruparse según dos ejes: uno, teniendo en cuenta los fenómenos de oxido-reducción; el otro, reagrupa los aspectos relacionados con los acuerdos organolépticos y visuales de los vinos. La barrica actúa, por sus efectos de oxidación controlada, sobre la estructura de los taninos y sus propiedades gustativas, así como sobre el color y su estabilización. Este aspecto de la crianza debe ser considerado como un medio de estabilización.

Las reglas enológicas básicas para controlar los rudimentos de la crianza en barrica son generalmente conocidos, pero a menudo incumplidas por razones alejadas de limitaciones ligadas al vino.

- Los vinos deben ser encubados en barrica lo más pronto posible. Será el efecto combinado de los materiales que causan la turbidez y del oxígeno lo que hará que el vino evolucione favorablemente. El vino necesita del oxígeno cuando es joven. En este periodo, las lías en suspensión aportan a la vez polisacáridos –fuente de redondez y de «graso»– y proteínas de poder reductor que protegen relativamente bien los constituyentes del vino de los efectos nefastos de una oxidación brutal. Además se ha constatado que a partir del momento en que se elimina el material en suspensión natural, los efectos de la aireación son más sensibles; las reacciones de degradación oxidativa son entonces más frecuentes que la estabilización por oxidación. Sobre estas bases objetivas se pueden formular varias reglas elementales:
  - Encubar precozmente los vinos, antes o después de la fermentación maloláctica.
  - No efectuar ninguna filtración antes de encubar en barrica.
  - Practicar las aireaciones más frecuentemente durante los 3 ó 4 primeros meses y disminuirlas progresivamente antes de los primeros calores de primavera o verano.
  - Sulfitar razonablemente los vinos (20 a 25 mg/l de SO_2 libre), si no el etanal producido por oxidación, atrapado por el SO_2 no podrá jugar el papel pivote para la condensación entre taninos y antocianos y la evolución oxidativa del vino será más lenta.

- Para limitar la elevación de la acidez volátil durante la crianza, controlar la temperatura de la bodega en los periodos cálidos (T ≤ 17° C).
- La primera fase de la crianza debe realizarse con la boca arriba para favorecer la decarbonificación del vino y la entrada de oxígeno. A continuación, se recomienda la crianza con la boca de costado para oxidaciones suaves y controladas. Durante esta fase controlar, en algunas barricas, la calidad del cerrado (tapón de madera o de silicona) que permita una depresión en el interior de la barrica. Al abrir los tapones deben presentar cierta resistencia y debe oirse una aspiración del aire exterior.

- Los ensamblajes son practicados, preferentemente, después de la crianza de cada lote de vinos. Son definidos esencialmente por la estructura de los diferentes vinos, que tienen necesidades de oxígeno distintas y que se benefician de porcentajes variables de madera nueva. Es prioritario proceder a la crianza separada de las diferentes viníferas, sobre todo, si fueron vinificadas separadamente. Esta práctica es útil para expresar correctamente la complejidad y las potencialidades intrínsecas de cada parcela. Puesto que el «pago» de una propiedad es raramente homogéneo, es necesario respetar la diversidad de producto hasta el ensamblaje final.
- Los aportes de la madera al vino deben ser vigilados en forma razonable. Es preciso dar tiempo al vino y a la madera para armonizarse. Es frecuente constatar, y es normal, que el «boisé» sea muy intenso los primeros 3 a 5 meses; posteriormente, las reacciones de oxidación y la estructura coloidal de los vinos participarán en la fusión de la madera en el vino. Es entonces cuando la variedad y el pago pueden manifestarse plenamente.

En cuanto a la decisión de la parte de madera nueva en la añada, conviene que cada lote de vino se críe en barrica de la misma edad durante toda su crianza. No es aconsejable hacer rotar todo el vino durante unos meses en las barricas más nuevas bajo el pretexto de aportar un maderado homogéneo. Esta práctica es contraria a todas las reglas antes descritas. En este caso el maderado no está fundido y el vino parecerá aromatizado y constatará un fracaso en la crianza.

Si aparecen signos de dureza y sequedad al comienzo de la crianza, el vino no debe retornarse a la cuba, pues la dureza del vino tiene muchas probabilidades de fijarse y hacerse crónica. Un punto de sequedad al final de la crianza es frecuentemente señal de los límites de la evolución favorable del vino en barrica o de aireaciones demasiado frecuentes y mal realizadas.

Nunca debe juzgarse la calidad de un maderado antes de 6 meses de crianza, como mínimo. Los juicios prematuros y las clasificaciones que se hagan basadas en ellos son demasiado variables para ser útiles en cualquier decisión. Excepto en el caso de un maderado defectuoso revelador de una barrica de mala calidad (origen de la madera y secado).

LAS BARRICAS USADAS

Las barricas usadas son indisociables de la crianza. Es raro encontrar vinos que son criados siempre únicamente en barricas nuevas. Muy pocos vinos son susceptibles de beneficiarse de tal práctica; por otro lado, los costes de renovación de todo el parque de barricas en cada añada lo hace económicamente difícil de soportar.

Se sabe, por degustaciones realizadas en el curso de la crianza, que la utilización de barricas de diferentes edades conduce a caracteres distintos, positivos y a veces negativos. Se constata una caída progresiva de los aportes aromáticos de la madera y una regresión de las reacciones oxidativas. Con el curso de los años, la parte de modificaciones aportadas al vino por la barrica se hace menos decisiva. Es una cuestión importante pues permite determinar el ritmo de renovación del parque de barricas. Aparte de una disminución de los aspectos positivos, los aspectos negativos pueden aparecer y acentuarse con el tiempo si no se toman medidas. Es primordial conocer y dominar las prácticas enológicas que permiten mantener bajo control los riesgos asociados a la crianza en barricas usadas. También deben tenerse las informaciones necesarias para la preparación de barricas usadas mantenidas vacías más o menos tiempo.

EVOLUCIÓN DE LOS APORTES DE LA MADERA AL VINO EN EL CURSO DE LA UTILIZACIÓN PROLONGADA DE BARRICAS

Uno de los aspectos importantes de la reutilización de barricas se refiere a la perennidad de los aportes de la madera al vino. Analizando los compuestos específicos de la madera, pueden formularse observaciones válidas en el caso de un secado natural (Figs. 68 y 69).

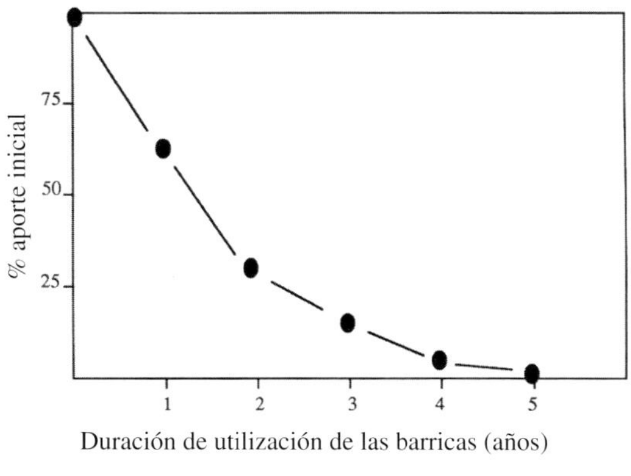

Fig. 68.–Evolución de los aportes de elagitaninos a los vinos en el curso de la reutilización de barricas.

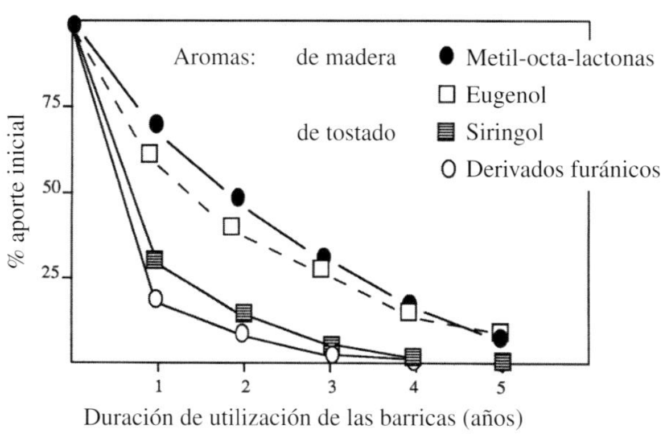

Fig. 69.–Evolución de los aportes en compuestos odorantes a los vinos en el curso de la reutilización de barricas.

La aportación de los elagitaninos, cuyo papel fundamental en la crianza es conocida, pierde su eficacia después de tres años, esencialmente porque su concentración se ha hecho insuficiente. Es importante subrayar que el tostado puede modificar las curvas de aportes. En el tostado fuerte, incluso si los contenidos en las capas tostadas son débiles, la aparición de numerosas microfisuras en la superficie de las duelas permite en el tiempo una mayor liberación de estos taninos. La principal explicación es una mayor accesibilidad del vino a la masa de la madera.

Este fenómeno ha sido observado muy a menudo. Los componentes odorantes se comportan de modo diferente según que tengan por origen la madera o el tostado. Los aromas de la madera se liberan regularmente y pueden participar significativamente en el aroma de los vinos durante 3 ó 4 años, en tanto que los aromas del tostado, localizados solamente en los primeros milímetros de la cara de la duela expuesta al fuego, son rápidamente liberados durante el primer año. Por ello, pasados dos años, pocos caracteres del tostado marcan la nariz de los vinos.

Queda por considerar un parámetro, el modo de afinado de la madera (Fig. 70).

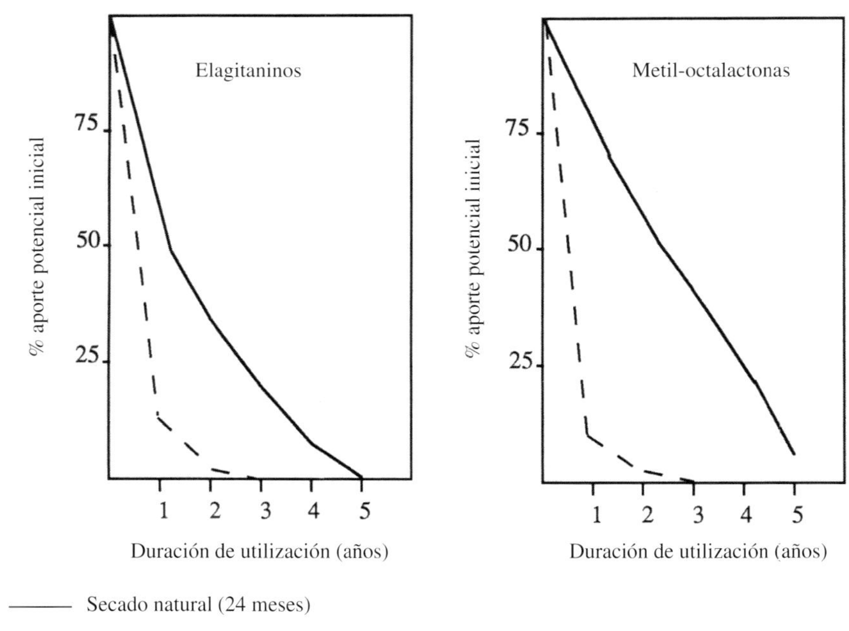

Fig. 70.–Influencia del modo de afinado de la madera sobre la evolución de los aportes de la madera al vino en el curso de la reutilización de barricas.

Es fácil constatar que las maderas tratadas rápidamente por lavado dan duelas agotadas en diversos extraíbles, positivos y negativos, mientras un secado natural correctamente realizado permite mantener los aportes de madera a los vinos, incluso después del primer año de utilización. Los resultados de degustación, repetidos a lo ancho de los viñedos mundiales, confirman este hecho. Es cierto que el maderado es a veces brutal el primer año y que luego se atenúa con el tiempo. De ahí la práctica de los ensamblajes.

OPTIMIZACIÓN DE LA DURACIÓN DE USO DE LAS BARRICAS Y PUESTA A PUNTO DE LOS SISTEMAS DE REACONDICIONAMIENTO

Existen numerosas técnicas para regenerar las barricas. En realidad, una barrica usada sufre profundas modificaciones de composición que son irreversibles. En este contexto, todo intento de reacondicionamiento es a menudo ilusorio. La mejor de las técnicas consistiría en cambiar una parte de la madera usada por madera nueva: cambio de fondos y algunas duelas, pero el sobrecoste de la operación la haría rápidamente poco rentable.

Los métodos de reacondicionamiento empleados frecuentemente son el rascado del casco eliminando la capa de madera manchada por el vino, seguido en ocasiones por el retostado.

El rascado permite en efecto aumentar algunos de los aportes de la madera al vino; sin embargo, puesto que las oxidaciones tienen lugar en la masa de las duelas, esto no da los resultados de una barrica nueva.

Por otra parte, el retostado no es una operación satisfactoria. Las sustancias contenidas en los 5 litros de vino que una barrica de 225 litros puede empapar, son pirolizados en el retostado; se acumulan entonces metil- y dimetil-fenoles que darán, al vino que se aloje en estas barricas, caracteres de bitumen y goma quemada.

Resulta que la mejor técnica de utilización de barricas usadas se resume en tres puntos:

- Constituir su propio stock de barricas usadas para no dar entrada a elementos con riesgos potenciales.
- Hacer en cuanto ello sea posible una rotación del vino, de forma que las barricas estén vacías el menor tiempo posible.
- Lavar sistemáticamente durante varios días las barricas usadas utilizando agua sulfitada antes de su empleo, si han estado vacías varios meses. Luego, practicar un sulfitado por vía gaseosa de la barrica bien escurrida (pastilla, mecha o SO_2).

ALGUNAS REGLAS BÁSICAS PARA UNA UTILIZACIÓN ÓPTIMA DE LAS BARRICAS USADAS

No es inútil recordar algunas precauciones básicas a tener en cuenta cuando se utilizan barricas usadas.

Las barricas vacías deben ser conservadas en estado de uso

La forma más eficaz de proceder consiste en aclarar la barrica con agua, eliminar los eventuales depósitos de tartratos y escurrir al menos 12 horas antes de quemar una mecha de azufre o una pastilla de 10 g. Así, sobre una superficie seca, los vapores de SO_2 serán más eficaces y asegurarán una buena destrucción de los principales micro-organismos en superficie y en una capa de 1 a 2 mm de madera. Conservar en un local sin exceso de humedad (Hr = 70 %; T = 12-17° C); cada 5 meses quemar el equivalente de 5 g de azufre.

Las barricas vacías que deban ser reutilizadas

Es imperativo eliminar los sulfatos producidos por la oxidación progresiva del SO_2 y por la acidez volátil producida por las bacterias acéticas sobre el alcohol que permaneció en la masa de la madera. Los sulfatos tienen tendencia a intensificar la dureza de los taninos y la acidez volátil, que vienen a reforzar los contenidos finales de los vinos listos para ser embotellados. Después de escurrir se quema una mecha de azufre o una pastilla de 10 g y se llena inmediatamente con vino.

Debe intentarse, en lo posible, conservar las barricas usadas siempre llenas de vino.

Léxico

ACETILO: Molécula de ácido acético colocada sobre otros compuestos, como los polisacáridos (ej. una terminación acetilo).

AGLUCON: Parte no osídica de un heteróxido.

ANTOCIANOS: Sustancias naturales polifenólicas pertenecientes al grupo de los colorantes. Se encuentran en gran cantidad en la piel de la uva. Participan en el color rojo de los vinos.

APEX: Yema situada en el extremo del tallo herbáceo de una rama; no debe ser confundido con yemas a lo largo de la rama que darán ramas laterales.

BITARTRATO POTÁSICO: Sal constituida por una molécula de ácido tartárico, principal ácido orgánico del vino, y de potasio, principal catión del vino. En realidad se trata del tartrato ácido de potasio que contiene un solo átomo de potasio y deja libre una de las dos funciones ácidas del ácido tartárico. Esta sal puede precipitar después de los primeros fríos del invierno. Puede constituir una fuente de inestabilidad en los vinos embotellados.

CROMOFORO: Sustancia poseedora de propiedades colorantes.

COLOIDE: Los coloides, o estado coloidal, están representados por un sistema constituido de partículas muy pequeñas en suspensión en un líquido. Estas partículas, agrupación de moléculas, son llamadas micelas.

COMPUESTOS NORISOPRENOIDES: Derivados de carotenoides con 13 átomos de carbono; se encuentran presentes naturalmente en la uva y en la madera. Algunas moléculas de esta familia son odorantes, como la β-ionona con olor a violeta.

CUMARINAS: Son compuestos fenólicos de bajo peso molecular derivados del ácido fenólico; poseen la propiedad de ser fluorescentes y particularmente amargas en estado de heteróxido.

DECARBONIFICACIÓN: Operación consistente en una aireación o en una exposición al aire que asegura la pérdida espontánea del gas carbónico contenido en los vinos.

ELAGITANINOS: Taninos característicos de la madera de roble para tonelería; pertenecen a la familia de los taninos hidrosolubles.

ESCOPOLETINA: Cumarina correspondiente al ácido ferúlico; el ácido ferúlico puede participar en los aromas balsámicos del vino (apio y/o mirra).

ESCULETINA: Cumarina correspondiente al ácido cafeico; este ácido puede participar en los aromas balsámicos del vino.

ÉSTERES: Productos de la reacción de una función alcohol sobre una función ácido carboxílico. Algunos ésteres formados, especialmente en los Oportos, en barricas pueden participar en el aroma de los vinos acabados.

FLOCULACIÓN: Desequilibrio de un sistema coloidal traducido por la agregación de micelas en forma de copos. Después de la floculación, las partículas formadas precipitan.

FLOEMA: Tejido particular que permite la circulación de la savia elaborada producida por la acción fotosintética de las hojas.

GALOTANINOS: Taninos pertenecientes a la familia de los taninos hidrosolubles: característicos de las agallas de las hojas de roble y de acacia.

HETEROCIDO: Polímero glucídico que, por hidrólisis, da moléculas de azúcares reductores y uno o varios cuerpos que no son azúcares (aglucon).

ISOMERO: Adjetivo que califica dos moléculas de estructura idéntica que pueden ser diferenciadas por la distinta disposición de átomos o grupos funcionales.

LACASSA: Enzima perteneciente a la familia de las polifenol-oxidasas, capaz de oxidar los compuestos fenólicos y, en particular, los taninos. Este agente es secretado por el agente de la podredumbre gris (*Botritys cinerea*) para permitirle penetrar en la baya franqueando la barrera defensiva pasiva que representa la película y sus compuestos fenólicos.

LIBERO-LEÑOSA: Generatriz meristemática que produce los tejidos de madera: el líber o floema y la madera o xilema.

LIGNINA: Polímero de naturaleza polifenólica construido por el encadenamiento de alcohol fenólico. Participa en las propiedades termoplásticas de las maderas permitiéndolas ser domadas, así como en su hidrofobicidad que asegura la conservación del vino en barrica. En el curso del tostado, la lignina da lugar a la formación de numerosos compuestos aromáticos.

MERISTEMO: Conjunto de células indeferenciadas que forman un tejido o cimiento. La actividad de esta generatriz permite la formación de numerosos tejidos.

MICELA: Aglomeración de moléculas (cf. Coloide, estado coloidal).

MICORIZAR: Acción ejercida por un hongo colonizador del espacio de suelo próximo a la raíz y que penetra las raíces mismas. Como consecuencia, se instala una relación de simbiosis por la cual el árbol provee de sustancias orgánicas, tales como azúcares, formadas por fotosíntesis y el hongo sustancias minerales obtenidas del suelo bajo forma concentrada. Los más conocidos son las trufas.

N.T.U.: (Abreviación inglesa) Unidad de medida de la turbidez en los vinos evaluada por nefelometría.

OXI-REDUCCIÓN: Reacción físico-química de oxidación y de reducción que implica moléculas bajo forma de parejas redox. Estos fenómenos implican intercambios de electrones o de protones.

pH: Unidad de medida de la acidez libre de un medio, llamada potencial de hidrógeno. Es un índice en un cierto instante de los protones H^+ libres del medio. A pH = 7 existe igual concentración de elementos ácidos (H^+) y alcalinos (OH^-). Los vinos tienen un pH medio entre 3,0 y 4,0, correspondiente a concentraciones en protones H^+ de 10^{-3} a 10^{-4} mol. l^{-1}.

POLIFENOLES: Conjunto de sustancias naturales producidas por numerosos vegetales que tienen como propiedad común precipitar soluciones de proteínas. Los taninos de la uva y de la madera son compuestos fenólicos que participan en los caracteres gustativos del vino y en su estabilidad.

TANINOS: Sustancias naturales polifenólicas compuestas de un encadenamiento de unidades estructurales cuya naturaleza confiere el nombre al tanino: flavanoles (taninos de la uva) = taninos proantocianídicos; ácido gálico = galotaninos; ácido elágico = elagitaninos (taninos de la madera de roble para barricas). Los taninos participan en la evolución del vino y en sus cualidades. En función de su grado de polimerización (número de unidades estructurales elementales) pueden estar parcialmente bajo forma coloidal.

TANINOS HIDROSOLUBLES: Polifenoles pertenecientes al grupo de los taninos y que poseen la propiedad de dar por hidrólisis ácida, bien ácido gálico (galotaninos), o ácido elágico (elagitaninos).

XILANA: Polisacárido hecho mayoritariamente por el encadenamiento de una pentosa, la xilosa.

XILEMA: Tejidos particulares que confieren rigidez al árbol y permiten la circulación de la savia bruta procedente de las raíces y que contiene el agua y sales minerales indispensables para la actividad fotosintética de las hojas.

Anexo: Láminas de microscopía

(Clichés: N. Vivas)

Estructura y ultraestructura de la madera de roble *Quercus* sp.

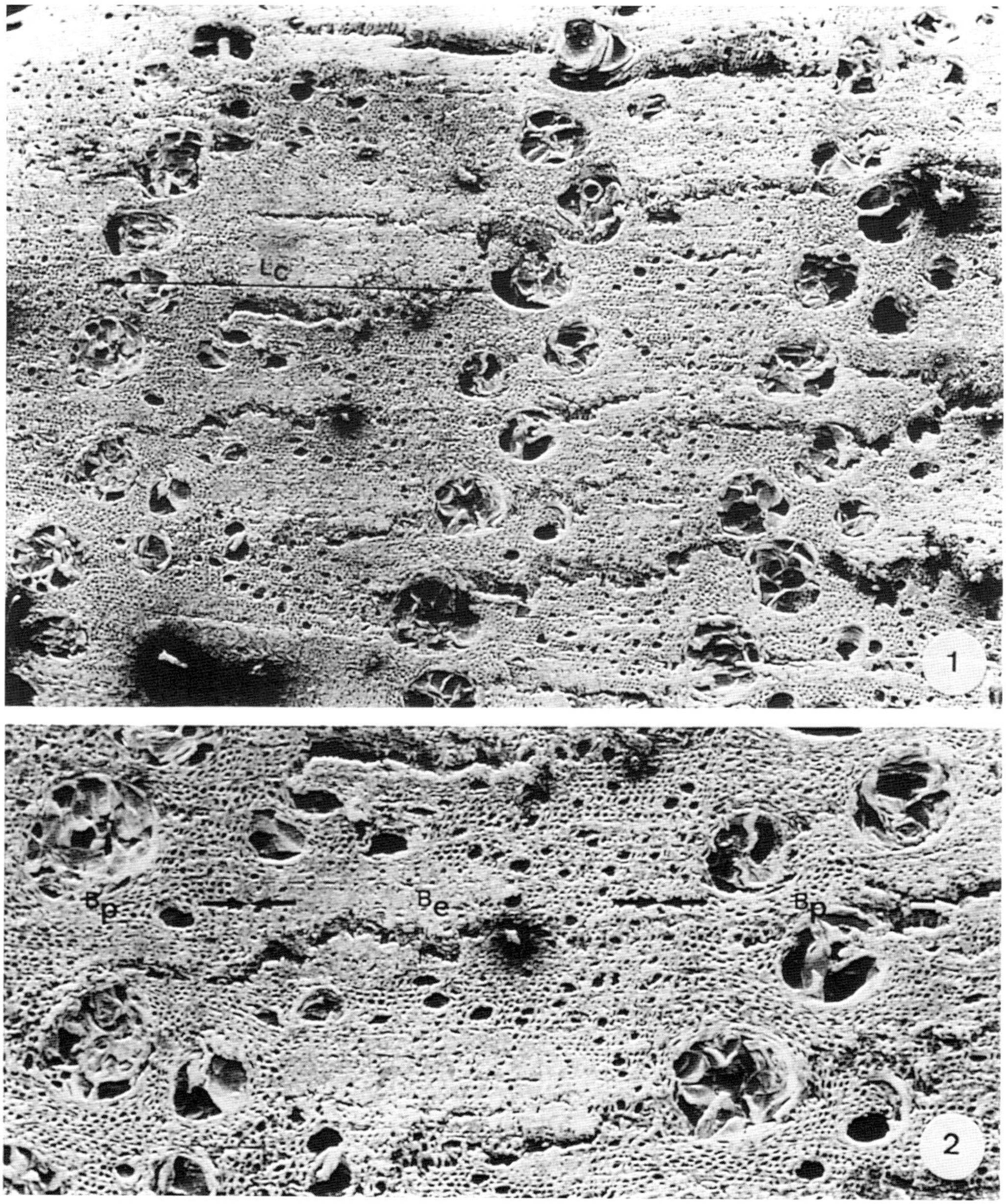

Observaciones en microscopio electrónico de barrido:

1. Observación en baja ampliación de la repartición de tejidos constituyentes de la madera de corazón, **Lc**, anchura de anillo.

2. Detalle de un anillo de crecimiento anual.
Bp, madera de primavera.
Be, madera de verano.

Lámina I.–Ultraestructura general del duramen de *Q. petraea.*

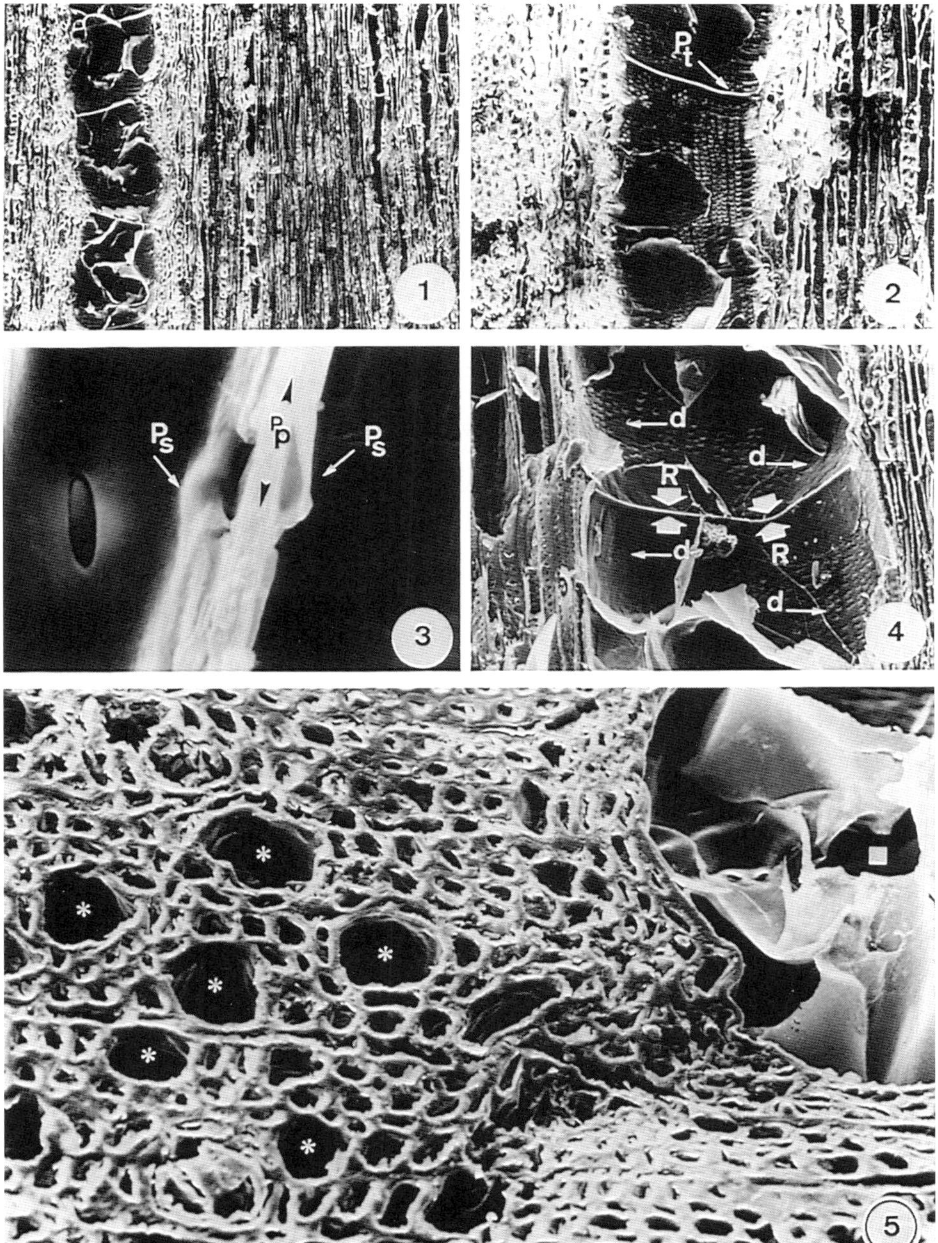

Observaciones en microscopio electrónico de barrido:

1. Vasos gruesos de madera de primavera.
2. Detalle de un residuo de pared transversal (Pt) separando originalmente dos células axiales. La desaparición de las Pt forma un vaso continuo en la madera de primavera.
3. Vista de un residuo de pared transversal (Pt) en un vaso de madera de primavera. Pp, pared primaria; Ps, pared secundaria.
4. Puede observarse la dilatación (d) de las paredes longitudinales de los vasos de primavera y el apretamiento (R) a nivel de la separación entre dos antiguas células axiales.
5. Límite entre maderas de primavera y verano: (*), vasos madera de verano. (□) vasos de madera de primavera.

Lámina II.–Detalles de la ultraestructura de los vasos de la madera de primavera y de la madera de verano.

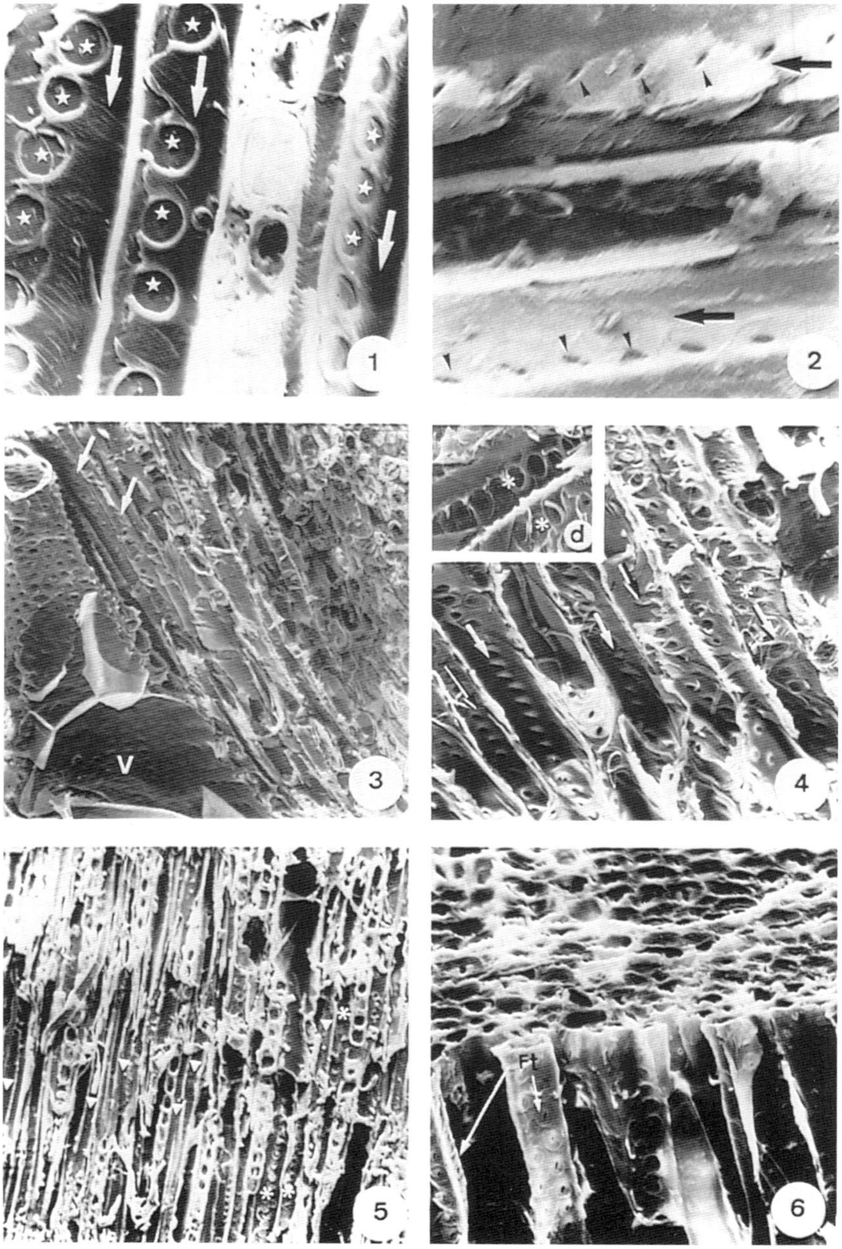

Observaciones en microscopio electrónico de barrido:

1. Detalle de punteaduras areoladas (☆), de fibres traqueidas (⇩).
2. Detalle de un conjunto de fibras libriformes (⟵); notar forma de las punteaduras simples (➤).
3. Localización de fibras traqueida (⇙) en la proximidad de una vaso de primavera (V).

4. Encuadre d – localización de fibras traqueidas (*) mezcladas con fibras libriformes (⇩) en la masa fibrosa de la madera de verano.
5. Detalle de una zona fibrosa de madera de verano; se observan fibras traqueidas (*) y libriformes (△) más abundantes.
6. Disposición de fibras en la madera de verano. Notar la infrecuencia de fibras traqueida (Ft).

Lámina III.–Repartición de fibras y de punteaduras.

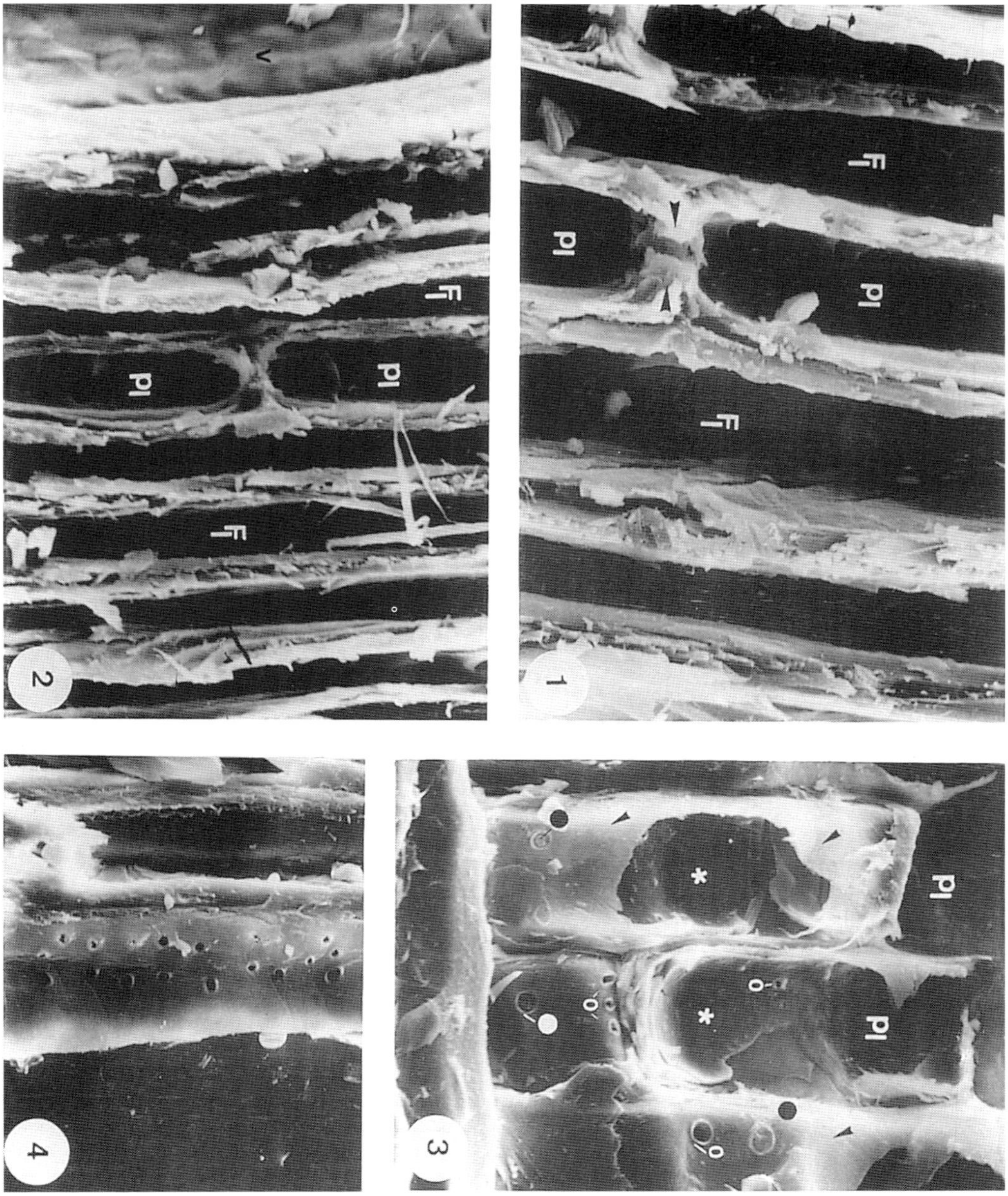

Observaciones en microscopio electrónico de barrido:

1. Detalle de una zona de madera de primavera mostrando entre dos fibras libriformes (Fl) un alineamiento de células axiales de parenquima longitudinal (Pl). Notar la presencia de punteaduras en el tabique transversal (➤).
2. Misma observación con mayor ampliación. *Para leyenda cf. Lámina I;* V, vaso de primavera.
3. Detalle de un conjunto de células de parénquima longitudinal (Pl). Su pared radial está intacta (➤) o ha sido destruida al preparar el corte (★) y permite observar el interior de la célula. Se observan punteaduras (•), punteadura sin microporo; (○) punteadura con microporo) sobre el tabique radial. En la parte inferior del cliché se aprecia una capa de radio.
4. Detalle de una pared radial de célula de parénquima longitudinal con numerosas punteaduras.

Lámina IV.–Repartición de fibras, células parenquimales y radios.

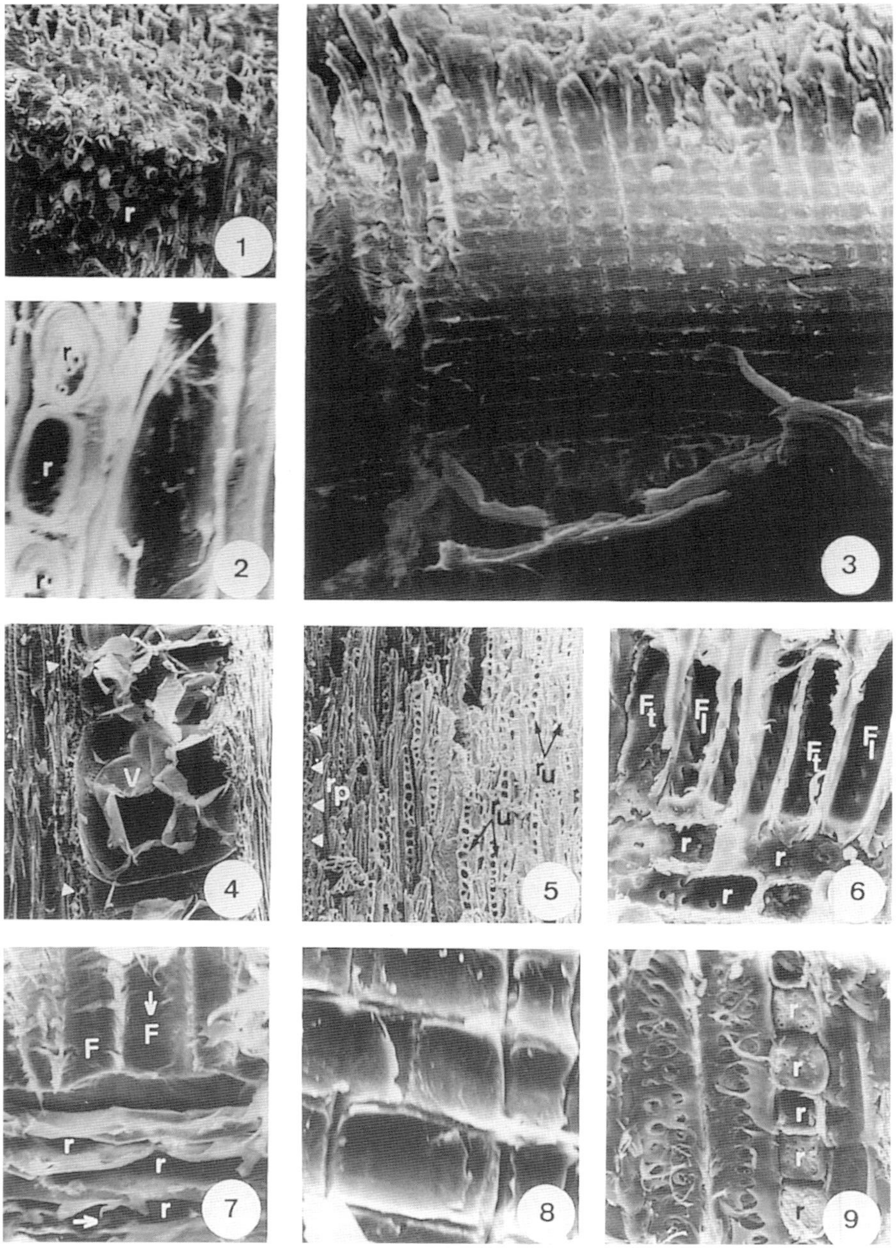

Microscopía electrónica de barrido:

1. Playa de radios (r) observada según plano tangencial.
2. Serie de células axiales de radios aislados (r) según plano tangencial.
3. Observación según plano radial de una zona de radios con el aspecto característico de malla perpendicular a las fibras.
4. Playa uniseriada (△) de radios próximos a un vaso de primavera (v).
5. Diferentes organizaciones de radios en madera de verano: Rp, *radios multiseriados;* Ru, *radios uniseriados.*
6. Disposición de células de radios (r) con relación a las fibras libriformes (Fl) y a las fibras traqueidas (Ft).
7. Disposición de fibras (F) y células de radios (r). Flecha: *dirección de los radios.*
8. Malla formada por células tumbadas de radios.
9. Detalle pared transversal de células de radios con punteaduras (r).

Lámina V.–Organización de células de radio en el duramen.

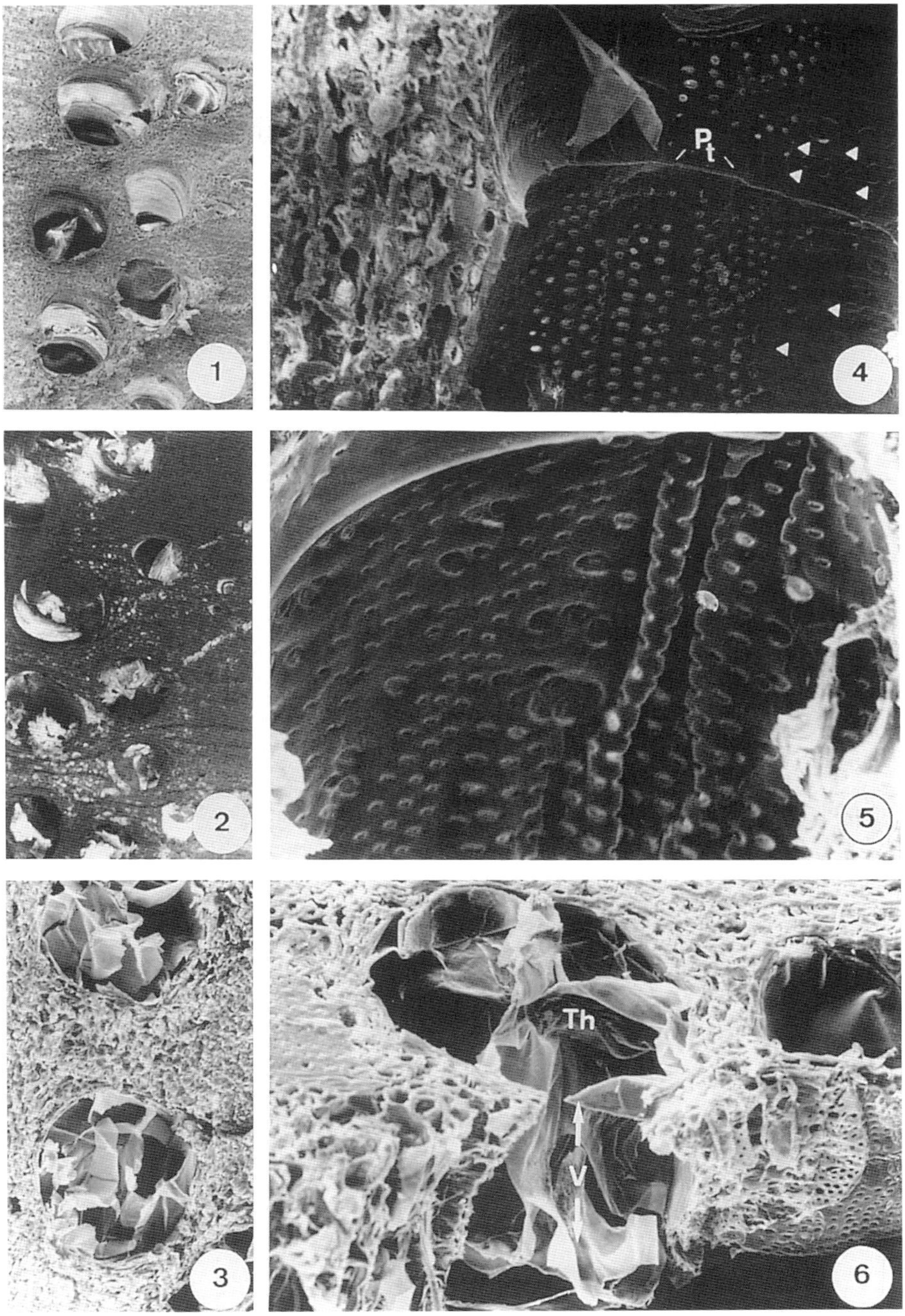

Observaciones al microscopio electrónico de barrido:

1. Vasos de primavera situados entre la albura y la madera de corazón: aparecen algunos tilos.
2. Vasos de primavera situados en la madera de corazón. Los tilos están presentes en todos los vasos.
3. Vasos de primavera con tilos ocupando todo el lumen de los vasos.
4. Vestigio de la pared transversal (Pt) entre dos células de un vaso. Nótese la presencia de punteadura única (△).
5. Descamación del tabique interno de un vaso.
6. Último estadio de la formación de tilos (Th): adelgazamiento y ocupación del lumen del vaso (v).

Lámina VI.–Observaciones sobre los vasos de madera de primavera.

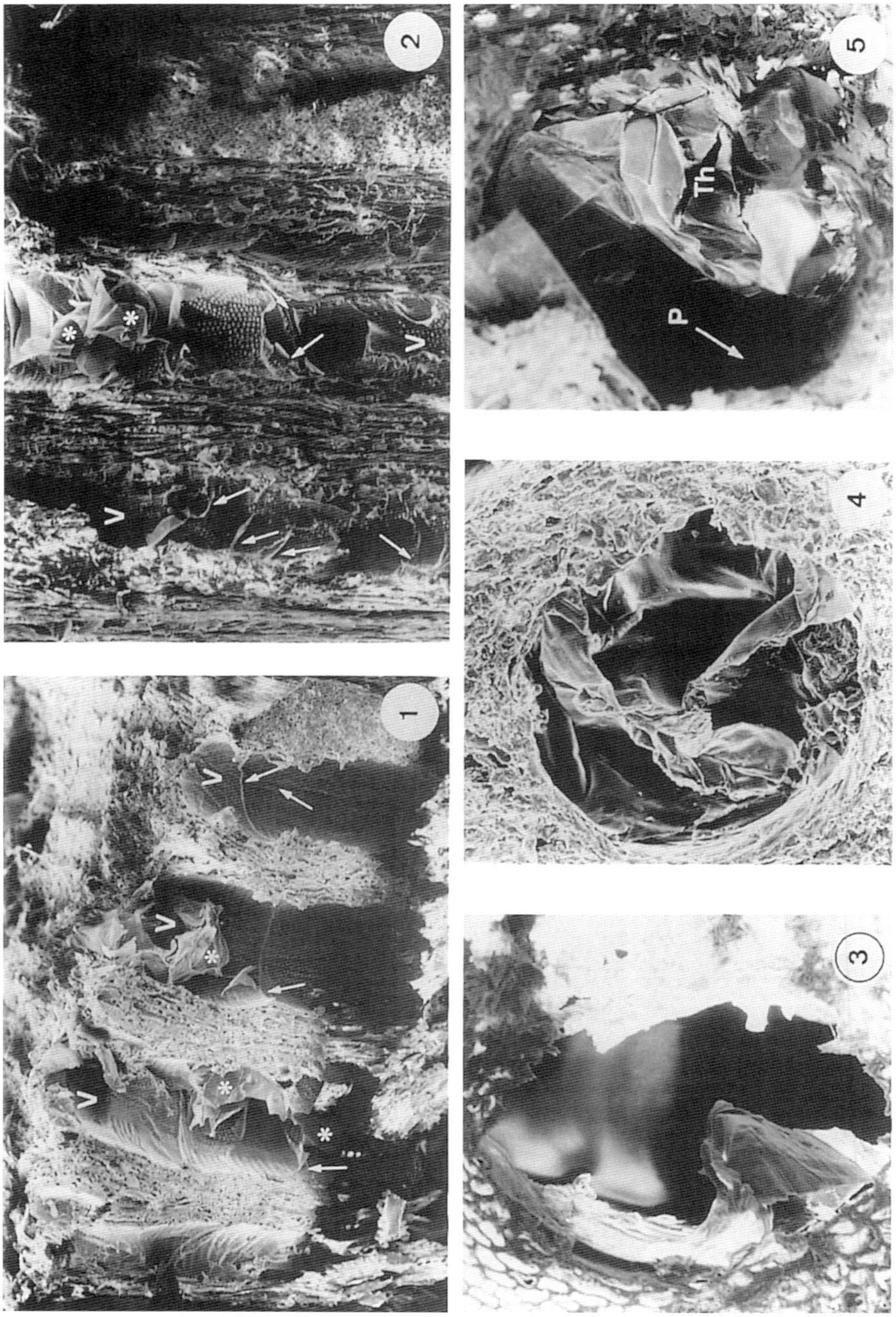

Microscopio electrónico de barrido:

1. Detalle de vasos (v) observados en corte radial mostrando la repartición de tilos (*) y el origen de su formación (↓).
2. Misma leyenda que para el cliché 2.
3. Tilosa débil (<30 % de la superficie total del lumen).
4. Tilosa importante (> 90 % de la superficie total del lumen).
5. Tilosa media (50 – 60 % superficie total del lumen). Th: tilo; P, pared del vaso.

Lámina VII.–Observaciones sobre los tilos y su formación en los vasos de primavera: Ejemplo de *Q. robur* y *Q. petraea*.

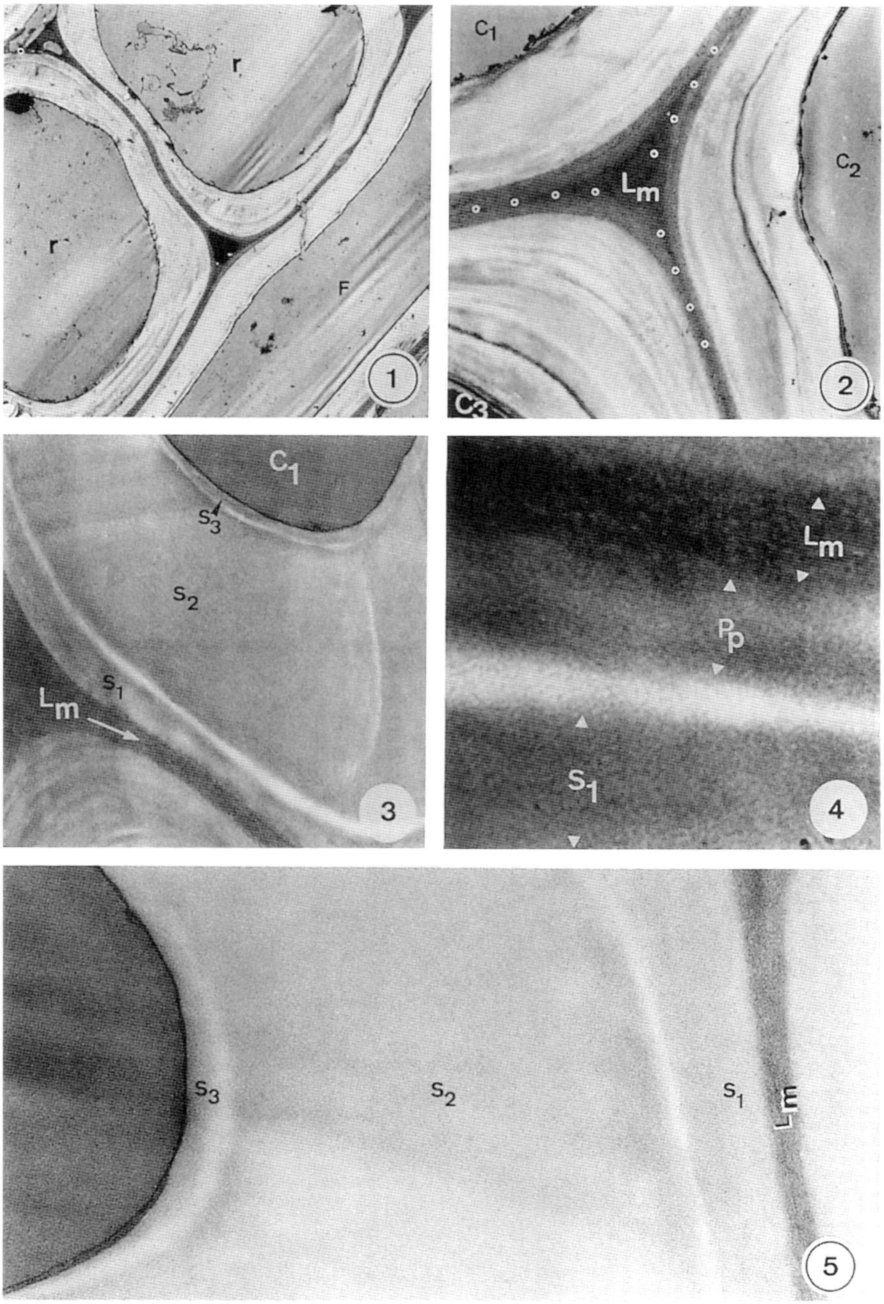

Microscopía electrónica de barrido:

1. Observación de las paredes de fibras (F) y de células de radios (r) en una zona de madera de verano, en corte tangencial.
2. Detalle de un rincón celular mostrando la repartición de la lamela media (Lm) en la pared. *C1, C2, C3*, células.
3. Detalle de la ultraestructura de una pared y localización de la lamela media (Lm) y de las capas *S1, S2, S3* de la pared secundaria. La pared primaria no es visible.
4. Zona situada en proximidad a la lamela media (Lm) de una célula. Notar la presencia de la pared primaria (Pp) y del inicio de S1.
5. Pared de una célula de radio en la madera de verano. *Leyenda cliché 3.*

Lámina VIII.–Ultraestructura de las paredes de células del duramen.

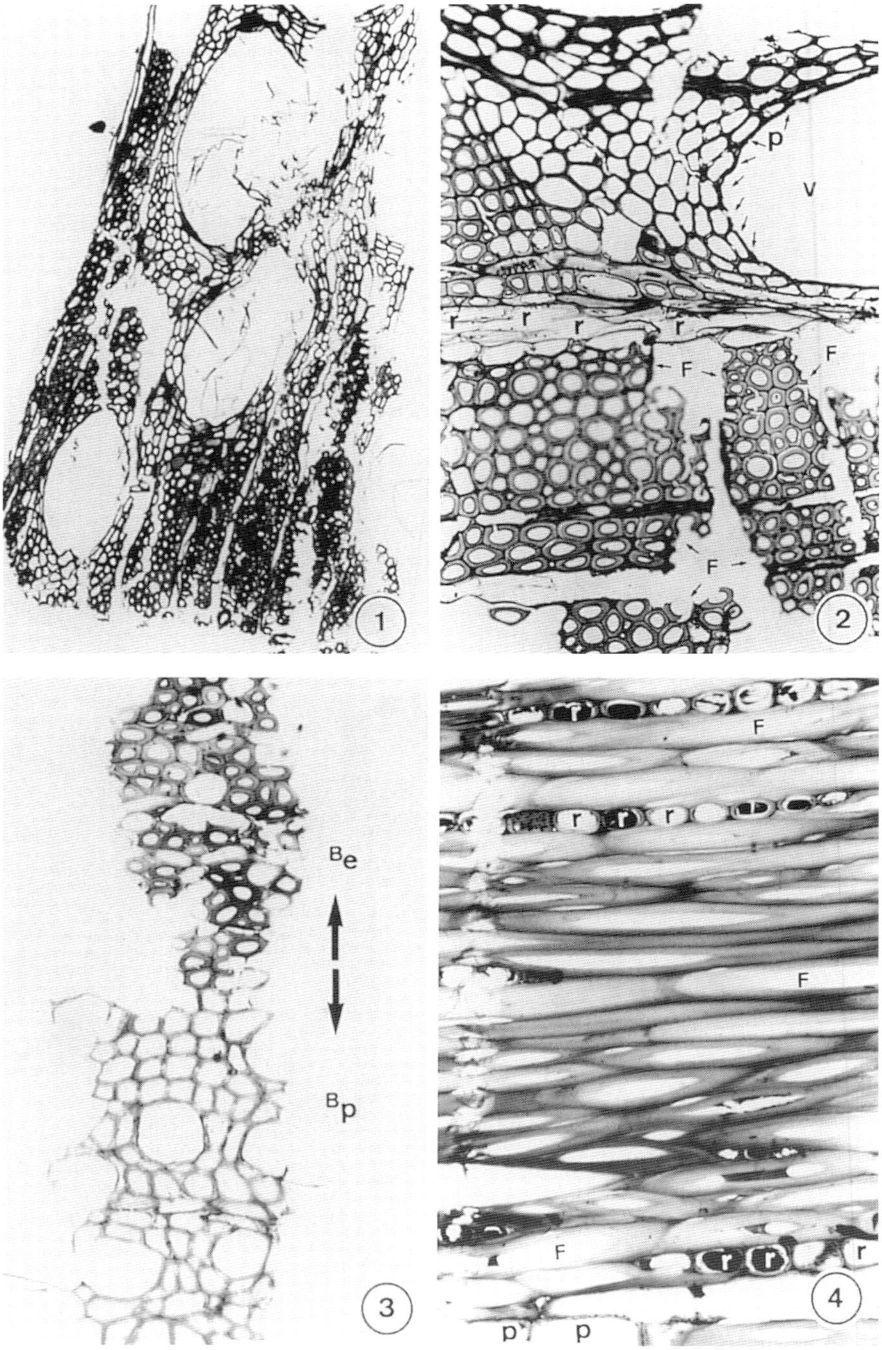

Microscopía fotónica:

1. Corte transversal de una zona de madera de primavera: se observan los vasos rodeados de tejidos fibrosos complejos.
2. Tejido de madera de primavera, en corte transversal: V, vasos; r, células de radios; F, fibras; p, células de parénquima.
3. Corte transversal: evolución espesor paredes de las fibras y células de parénquima en madera de primavera (Bp) próxima a madera de verano (Be).
4. Corte tangencial: madera de verano con abundancia de fibras. (F), fibras; r, células de radios; p, células de parénquima.

Lamina IX.–Repartición general de los tejidos del duramen.

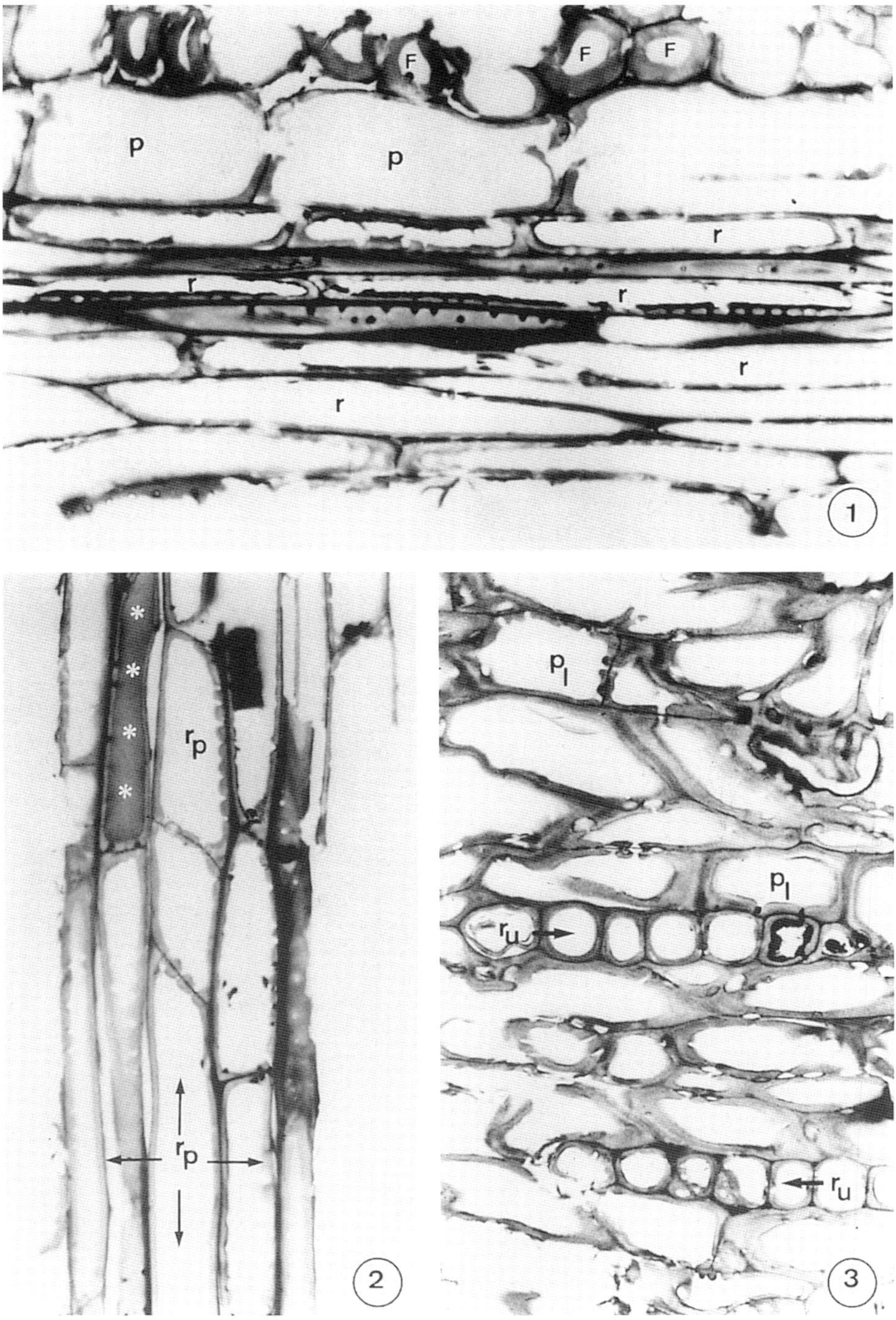

1. Zona de un corte transversal donde se distinguen las células parenquimales (P) y de radios (r).
2. Corte transversal: se aprecia conjunto de radios multiseriados (Rp). La presencia de sustancias en los radios está marcada por (*).
3. Corte transversal de una zona rica en radios uniseriados (ru). Se aprecian también células de parénquima longitudinal (Pl).

Lámina X.–Observaciones en microscopía fotónica de células de radios y parénquimas.

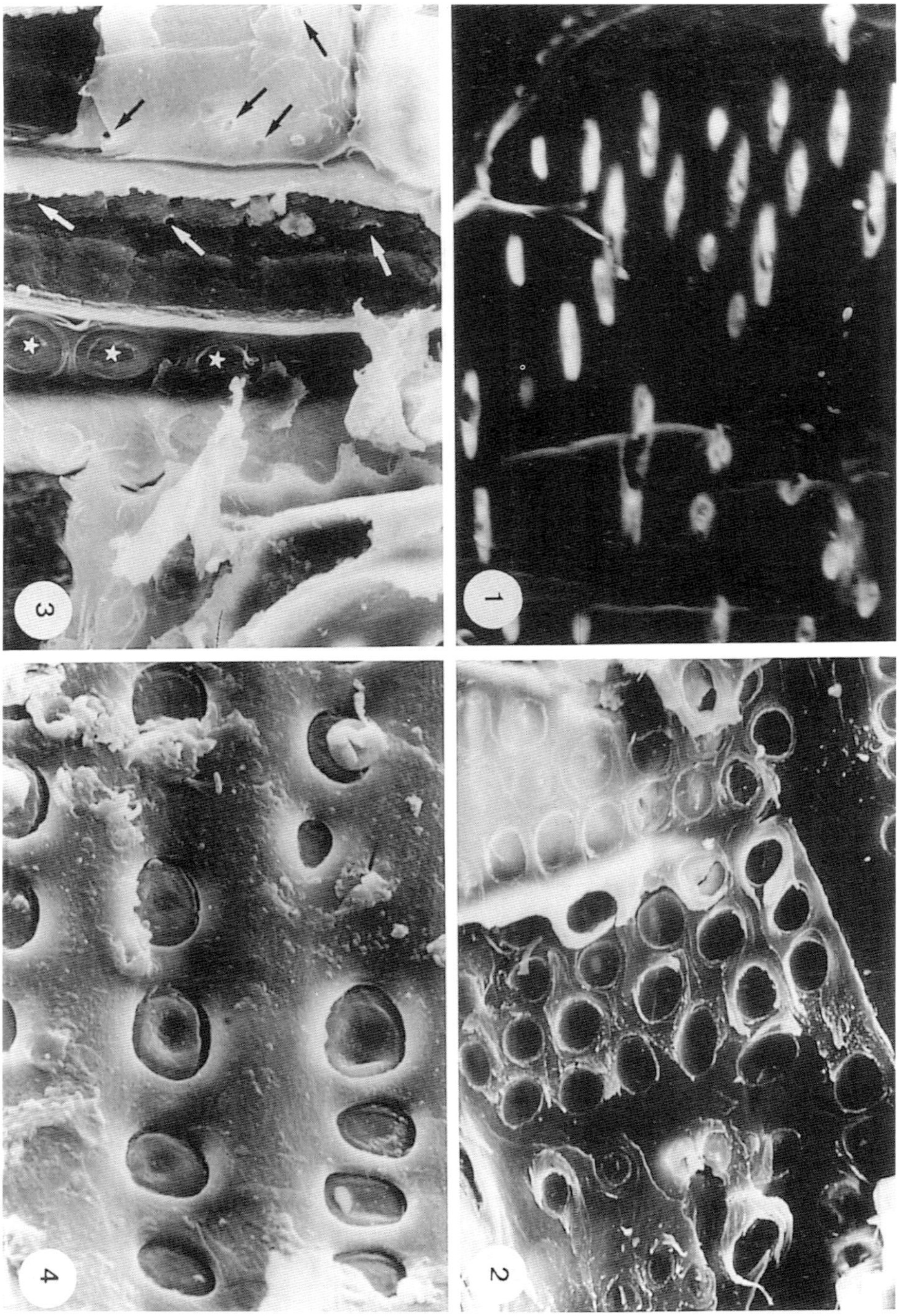

Microscopía electrónica de barrido:

1. Punteaduras simples en un vaso de madera de primavera.
2. Punteaduras areoladas en un vaso de madera de primavera.
3. Punteaduras simples (↓) en las células de parenquima longitudinal y areoladas (★) en las fibras traqueidas.
4. Punteaduras areoladas obstruidas.

Lámina XI.–Repartición de los distintos tipos de punteaduras.

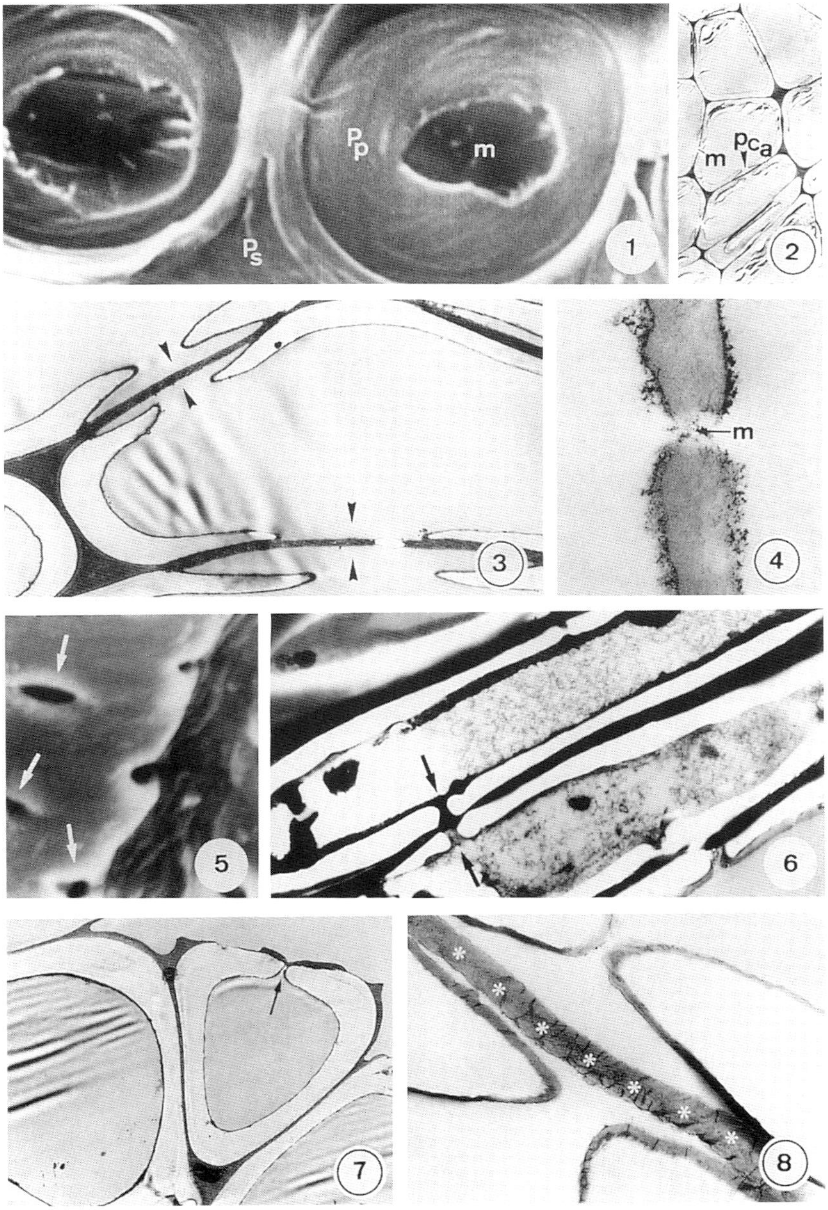

Microscopía electrónica de barrido: clichés1, 5; a transmisión, clichés 2, 3, 4, 6, 7 y 8:

1. Detalle punteadura areolada: Ps, pared secundaria; Pp, pared primaria; m, microporo.
2. Observación de varias punteaduras areoladas (➤). m, microporo.
3. Punteadura areolada (➤) de una fibra traqueida.
4. Detalle de un microporo, m.
5. Conjunto de punteaduras simples (↓).
6. Observación de una punteadura simple (↓).
7. Punteadura simple con microporo (↓).
8. Microporo de punteadura simple obstruido por un depósito (*).

Lámina XII.–Ultraestructura de las punteaduras simples y areoladas.

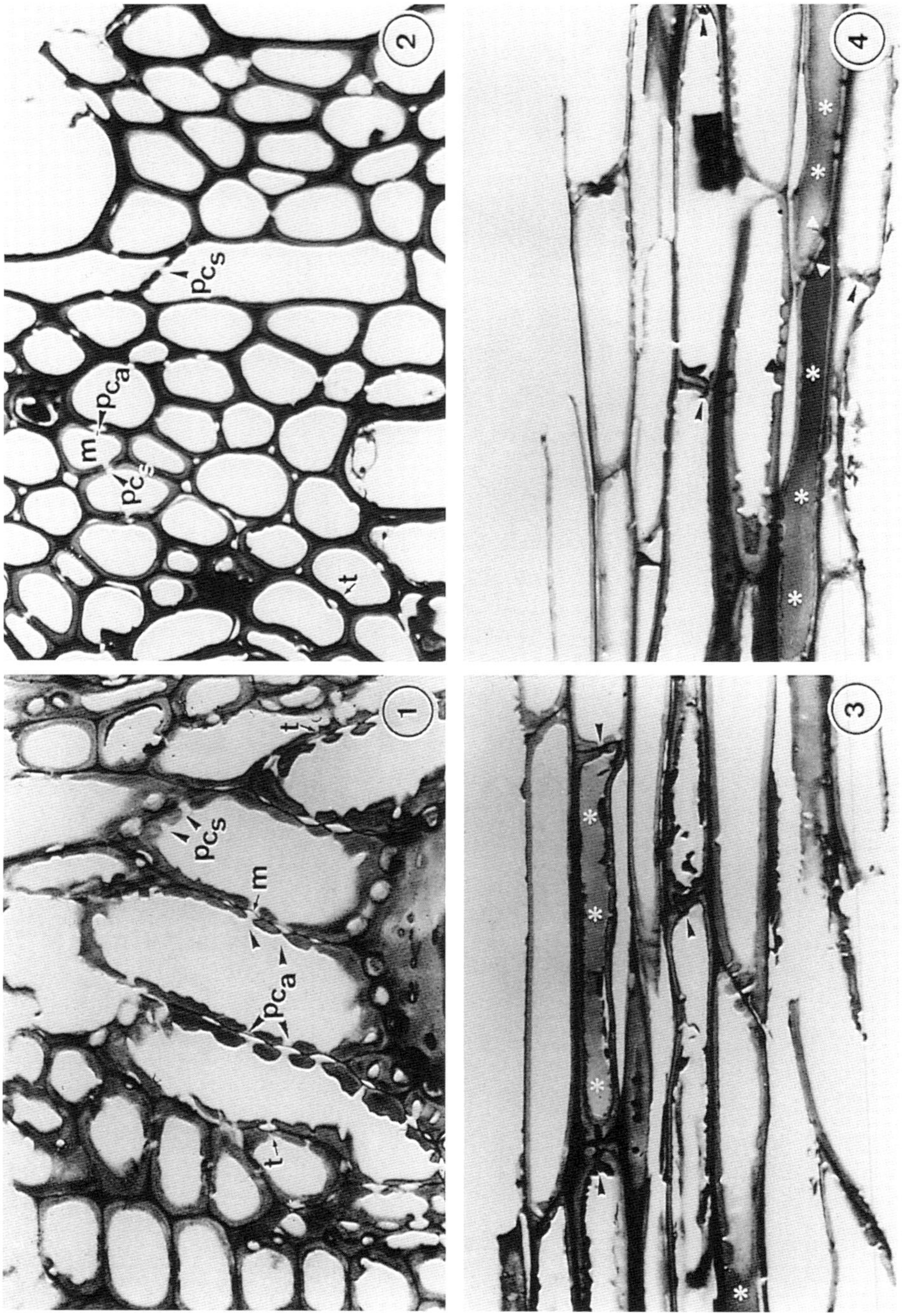

1. Localización en corte tangencial de diferentes células del duramen: Pca, punteaduras areoladas; Pcs, punteaduras simples; m, microporo; t, microporo obstruido.
2. *Misma leyenda que cliché 3.*
3. Detalle de un radio relleno de sustancias de impregnación (*). Estas células produjeron estas sustancias mayoritariamente de naturaleza fenólica durante la duramización; los tejidos de duramen estaban muertos antes de que estas células vertieran en los tejidos vecinos por medio de sus plasmodesmos (➤).
4. *Misma leyenda que cliché 3.*

Lámina XIII.–Observaciones de punteaduras en microscopía fotónica.

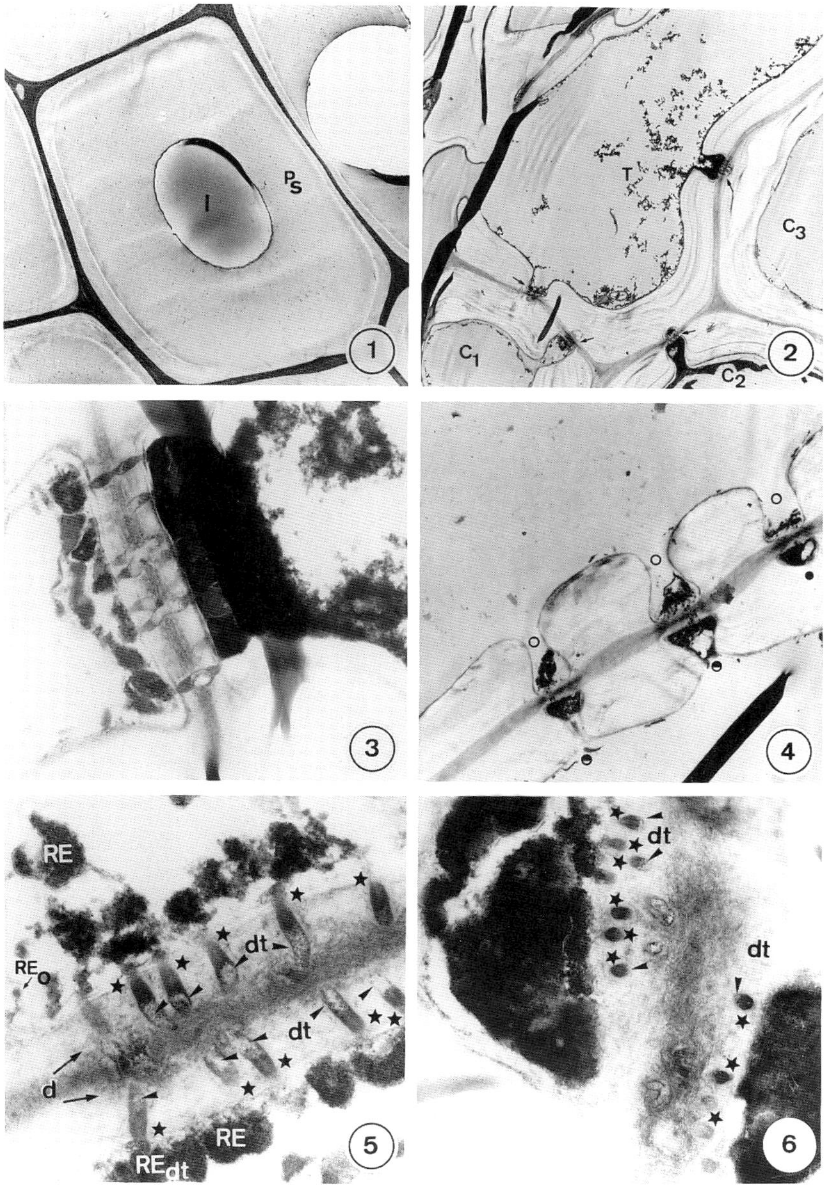

Microscopía electrónica de transmisión:

1. Célula de duramen que completó normalmente su duramización: lumen vacío en su interior (l); importancia de la pared secundaria (Ps).
2. Detalle de célula conteniendo masa granulosa de polifenoles, probablemente elagitaninos. Presencia de plasmodesmo (↓) que permite el paso de estos compuestos fenólicos a células vecinas (C1, C2, C3).
3. Detalle de un plasmodesmo. No se observa perforación en el lugar donde la pared está ausente.
4. Plasmodesmo abierto (○) u obstruido (•) durante el desarrollo de la pared secundaria.
5. Corte longitudinal de conjunto de plasmodesmos (*). d, dilatación de la lamela media; dt, desmotúbulo; Redt, cisterna del retículo endoplásmico en relación con dt; RE, cisterna del retículo endoplásmico libre; REo, cisterna del retículo endoplásmico vacía.
6. Corte transversal de plasmodesmos ramificados. *Leyenda cliché 5.*

Lámina XIV.–Ultraestructura y funcionamiento de los plasmodesmos.

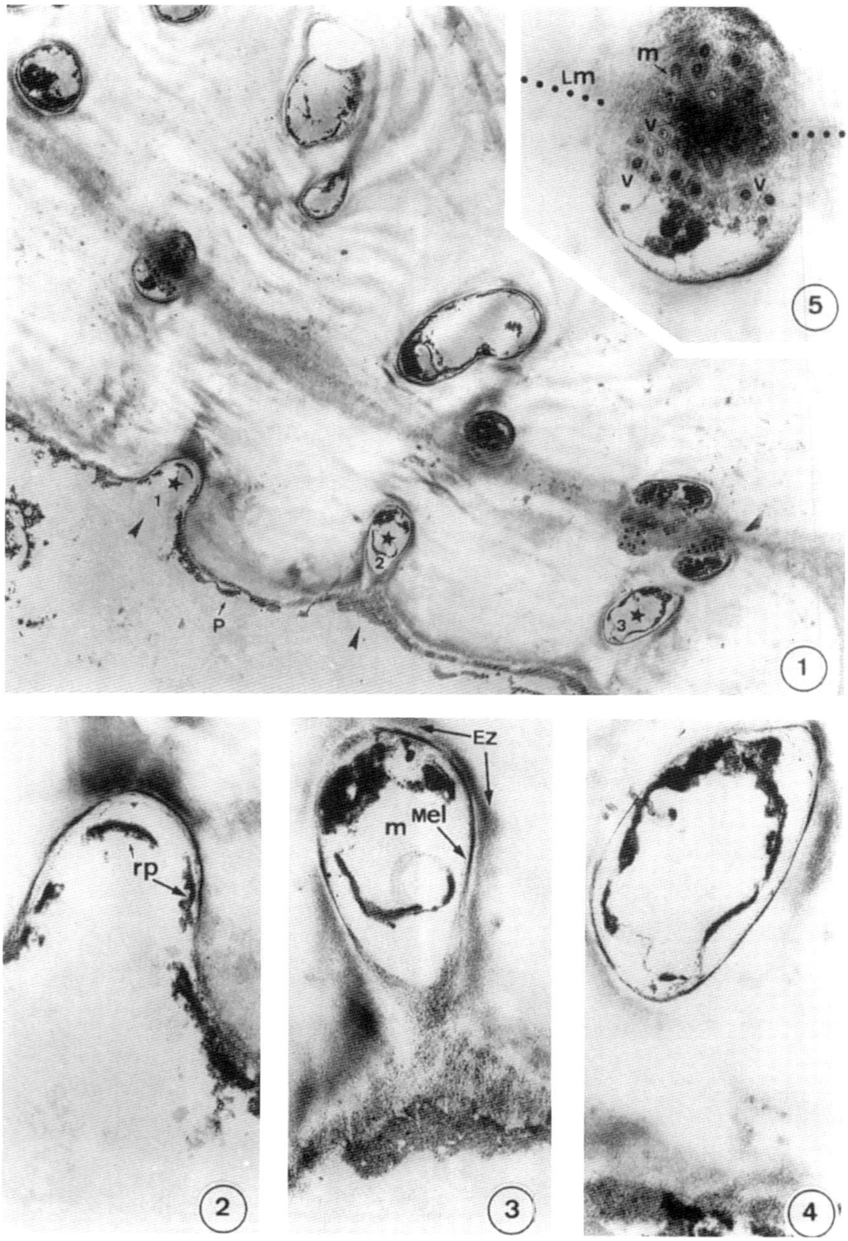

Microscopía electrónica de transmisión:

1. Vista general de la pared de una célula colonizada. La pared (P) presenta invaginaciones (➤) ligadas a la presencia de micelios (★). Los diferentes grados de ataque de la pared se dan por las cifras 1, 2 y 3.
2. Detalle de una invaginación (estadio 1 del cliché 1) donde se encuentran residuos de la pared del hongo (rp).
3. En este cliché el micelio (m) ha penetrado en la pared (estadio 2 del cliché 1) lo que le ha permitido conservar su integridad durante el corte de la muestra. Su pared está intacta, observándose melanina (Me) y en su proximidad, en el medio exterior, los enzimas de digestión (Ez).
4. Es el último estadio de penetración (estadio 3 del cliché 1); el hongo está profundo en la estructura tejidular del roble.
5. Al contacto con la lamela media (Lm) rica en lignina, el hongo produce a partir de su retículo endoplásmico, vesículas (v) que contienen los enzimas de digestión. Tienen por objetivo una detoxificación rápida de este medio hostil. m, mitocondria.

Lámina XV.–Penetración de micelios en las paredes de las células de madera de roble.

Bibliografía

AIKEN, J.W. y NOBLE, A.C. 1984. «Composition and sensory properties of Cabernet sauvignon wine aged in French versus American oak barrels». *Vitis,* 23, 27-36.

ALTEYRAC, J.; AUGAGNEUR, S.; MÉDINA, B.; VIVAS, N. y GLORIES, Y. 1995. «Mise au point d'une méthode de dosage des éléments minéraux du bois de chêne par ablation laser ICP-MS». *Analysis,* 23, 523-526.

ANONYME. 1943. *Bulletin Officiel des Scieurs Professionnels,* n.° Déc.

ANONYME. 1987. *Techniques de l'Ingénieur Mesure et analyse,* pp. 1050.

AUBERT, M. 1987. *Recherche de relations entre caractéristiques simples du bois de chêne rouge* (Quercus rubra *L.) mesurées par voie non destructive et deux de ses propriétés technologiques: stabilité dimensionnelle des planches et qualité des placages d'ébénisterie.* Thèse doctorat de l'Université de Nancy I.

BAILEY, J.W. 1932. «Preliminary notes on cribliform and vestured pits». *Tropicals Woods,* 31, 45-46.

BAILLY-BONDET DE LA BERNARDIE, C. 1992. *Les conditions d'élevage des grands vins rouges de Bourdeaux.* Compte-rendu de recherches. Institut d'œnologie, Bordeaux.

BARNOUD, F. 1980. «La cellulose». En: *Les polymères végétaux: Polymères pariétaux et alimentaires non azotés,* Monties. B. (éd.), Bordas, Paris, pp. 66-86.

BARY-LENGER, A. y NEBOUT, J.P. 1993. *Le chêne.* «Les chênes pédonculés et sessile en France et en Belgique». du Perron (éd.), Liège, 604 págs.

BARZ, W. 1978. «Microbial degradation of flavonoïds, isoflavonoïds and isoflavonoïd phytoalexins». En: *Groupes polyphenols.* N.° 8 (INRA) pp. 63-90. Narbonne.

BATE-SMITH, E.C. 1954. «Leucoanthocyanidins. I-Dectection and identification of anthocyanidin formed from leucoanthocyanidins in plant tissues». *Biochem. J.,* 58, 122-125.

BATE-SMITH, E.C. 1972. «Detection and determination of ellagitannins». *Phytochemistry,* 11, 1153-1156.

BAUCH, J.; HUNDT, H.; WEIBMAN, G.; LANGE, W. y KUBEL, H. 1991. «On the cause of yellow discoloration of oak heattwood (*Quercus* sect. *robur*) during drying». *Holzforschung,* 45, 79-85.

BAUER, C. 1987. «Étude des relations entre l'humidité du bois et l'attaque fongique». *Actes IIe Colloque Sciences et Industries du Bois (ARBOLOR),* Tome I, Nancy. pp. 205-212.

BAUR, P.S. y WALKINSHAW, C.H. 1974. «Fine structure of tannin accumulation in callus cultures of *Pinus elliotti* (slash pine)». *Can. J. Bot.,* 52, 615-619.

BECKER, M. y LEVY, G. 1982. «Le dépérissement du chêne en forêt de Tronçais: les causes écologiques». *Ann. Sci. For.,* 39. 429-434.

BIERMAN, C.S.; GINNIS, MC.G. y SCHULTZ, P.T. 1987. «Scanning electron microscopy of mixed hardwoods subjected to various pretreatment process». *J. Agric. Food Chem.,* 35, 713-716.

BLACK, R.A.; ROSEN, A.A. y ADAM, S.L. 1953. «The chromatographic separation of hardwood extractives components giving color reaction with phloroglucinol». *J. Am. Chem. Soc.,* 75, 5344-5346.

BLANCHETTE, R.A.; IIYAMA, K.; ABAD, A.R. y CEASE, K.R. 1991. «Ultrastructure of ancient buried wood from Japan». *Holzforschung,* 45, 161-168.

BOIDRON, J.M.; CHATONNET, P. y PONS, M. 1988. «Influence du bois sur certaines substances odorantes des vins». *Connaissance Vigne Vin,* 22, 275-294.

BOUDET, A.M. 1972. *Les acides quinique et shikimique et leur métabolisme chez les végétaux supérieurs.* Thèse d'état, Université Paul Sabatier de Toulouse.

BREDA, N. DUPOUEY, J.L. y PEIFFER, M. 1988. *Étude taxonomique de chênes en forêt domaniale de la Hart (Haut-Rhin). Dépérissement forestier en vallée du Rhin.* Rapport final de convention ONF/INRA, 49 págs.

Bricout, J. 1971. «Analyse de quelques constituants dérivés du chêne dans les vieilles eaux-de-vie d'Armagnac». *Ann. Technol. Agric.* 20, 217-223.

BROWNING, B.L. «Isenberge», I.H. 1952. In *Wood chemistry,* WISE, E. y JAHN, E.C. (éd.). Academic press, New York.

BRUCCIAMACHIE, M. y RAMOND, R. 1989. «Caractérisation des plans ligneux du bois de chêne dans le cadre des relations bois-vin». *Notice de Recherche, ENITEF Nancy.*

BUCCHANAN, M.A. 1975. Chap. 6. In *The chemistry of wood,* Browning, B.L. (ed.), Krieger, R.E. publications. New York.

BUTLER, W.O. y SIGELMAN, H.W. 1953. «Conversion of cafeic acid to aesculetin during paper chromatography». *Nature,* 183, 1813-1814.

CAMPBELL, M.M. 1993. «The biochemistry and molecular biology of lignification: Problems, progress and prospects». In *Polyphenolic phenomena,* SCALBERT, A. (ed.), INRA, Paris, pp. 99-113.

CAMUS (A.). 1936. *Les chênes.* Tome I (1936) sous genre *Cyclobalanopsis,* sous genre *Euquercus,* sections *Cerris et Mésobalanus.* Tome II (1938) sous genre *Euquercus,* sections *Lepidobalanus* et *Macrobalanus.* Tome III (1952) sous genre *Euquercus,* sections *Protobalanus* et *Erythrobalanus;* monographie du genre *Lithocarpus.* In *Encyclopédie économique de sylviculture* VI, VII, VIII, Lechevalier, P. (ed.), Paris.

CANTAGREL, R.; SNAKKERS, G.; NEPVEU, G. y KELLER, R. 1997. «Quelques caractéristiques des merrains en fin de maturation en charente. Variabilité rencontrée, différences entre tonnelleries, corrélations entre caractéristiques». *Rev. Œnol.* 84, 7-12.

CATESSON, A.M. 1980. «Les tissus végétaux. Ultrastructure, biogenèse». In *Les polymères végétatux. Polymères pariétaux et alimentaires non azotés,* Monties, B. (ed.), Gauthier-Villars, Paris, pp. 1-29.

CAUMIEL, M. 1983. «Le cognac». *Pour la science,* 48-56.

CHARION, P. y DAVESNE, A. 1991. *Le séchage des feuillus. Une nécessité économique.* CTAB (ed.). Paris, 203 págs.

CHEN, C.L. 1970. *Constituents of* Quercus alba. *Phytochemistry,* 9, 149.

COLLARDET, J. y BESSET, J. 1992. *Les bois commerciaux.* Tome I - «Feuillus des zones tempérées». VIALS, H. et CTAB (éd.), Paris.

COLLIER, W.E.; SCHULTZ, T.P. y KALASINSKY, V.F. 1992. «Infrared study of lignins: Reexamination of arylalkyl ether C-O stretching peak assignments». *Holzforschung,* 46, 523-528.

CONNER, J.M.; PATERSON, A. y PIGOTT, J.R. 1992. «Analysis of lignin from oak casks used for the maturation of scotch whisky». *J. Sci. Food Agric.,* 60, 349-353.

CONNER, J.M.; PATERSON, A. y PIGOTT, J.R. 1993. «Changes in wood extractives from oak cask staves through maturation of scotch malt». *J. Sci. Food Agrie.,* 62. 169-174.

CRAMAS, C.P. 1986. «Las maderas de roble en la fabricación de barricas». En: *Jornadas técnicas sobre utilización de barrica de roble en la crianza de vinos de Rioja,* RELONDO, A.L. (éd.). Ramondin, Logroño, pp. 11-42.

DAIAN, J.F. 1991. «Estimation de la perméabilité du bois de chêne à partir de la porosité au mercure». En *Feuillat* (1991), Annexe C.

DAVIS, M.F.; SCHROEDER, H.R. y MACIEL, G.E. 1994. «Solid-state 13C nuclear magnetic resonance studies of wood decay. I-White rot decay of Colorado blue spruce». *Holzforschung,* 48, 99-105.

DE GROOT, W.F.; PAN, W.P.; RAHMAN, M.D. y RICHARDS, G.N. 1987. «Early products of pyrolysis wood». *Am. Chem. Soc. Fuel Chemistry,* 32, 30-43.

DELAVEAU, P. 1984. «Présentation des furocoumarines: état des connaissance, molécules, synthèse». *CR JIEP,* 12, 257-259.

DELLUS, V.; SCALBERT, A.; HERVÉ DU PENHOAT, C. y HELLER, W. 1995. «Polyphenol extractives in Douglas for wood and heartwood colour». In *Polyphenols 94,* BROUILLARD, R.; JAY, M. y SCALBERT, A. (éd.), pp. 393-394, INRA éditions, n.° 69, Paris.

DENGLER, P. 1941. *Bericht über Kreuzungsversuchezwischen Trauben- und sticleiche.* Mitteilungen der Herman Göring Akademie der deutschen Forstwortschaft.

DENISON, E. y PALMER, B. 1994. «Missouri's oaks and hickories. Missoury department of conservation field guide», *CCSM,* USA.

DERET-VARCIN, E. 1983. «Étude comparative de la qualité du bois de trois types de chênes (rouvres, pédonculés et intérmédiaires) en forêt de Morimond». *Ann. Sci. For.* 40, 373-398.

DOUGAL, Mc G.J. 1993. «Phenolic cross-links in growth and development of plants». In *Polyfhenolic phenomena,* SCALBERT, A. (éd.), INRA, Paris, pp. 129-136.

DUBOIS, P. 1989. «Apport du fût de chêne neuf à l'arôme des vins». *Rev. Fr. Œnol.,* 120, 19-24.

DUBOIS, P. 1994. «Les arômes des vins et leurs défauts». *Rev. Fr. Œnol.,* 144, 28-36; 145, 27-39; 146, 46-58.

DUBOURDIEU, D. 1992. «Vinification des vins blancs secs en barriques». En *Le bois et la qualité des vins et des eaux-de-vie.* GUIMBERTEAU, G. (éd.), Vigne et vin publications internationales, Martillac, pp. 137-143.

DUPOUEY, J.L. y BADEAU, V. 1993. «Morphological variability of oaks. (*Quercus robur* L., *Quercus petraea* (Matt) Liebl., *Quercus pubescens* Willd.)». En «Northeastem France: Preliminary results», *Ann. Sci. For,* 50 suppl. 1, 35-40.

DUPOUEY, J.L. y BADEAU, V. 2001. «Distinction phénotypique des chênes sessiles, pédonculés et pubescents (*Quercus robur* L., *Quercus petraea* (Matt) Liebl., *Quercus pubescens* Willd.)». *J. Sci. Tech. Tonnellerie,* 7, 1 -27.

EDE, R.M.; BRUNOW, G.; SOMOLA, L.K. y LEMMETYINEN, J. 1990. «Two-dimensional 1H-1H chemical shift correlation and J resolved NMR studies on isolated and synthetic lignins». *Holzforschung,* 44, 95-101.

EDE, R.M.; BRUNOW, G. 1992. «Application of two-dimensional homo- and heteronuclear correlation NMR spectroscopy to wood lignin structure determination». *J. Org. Chem.,* 57, 1477-1480.

ETIEVANT, P.X. 1981. «Volatile phenols determination in wines». *J. Agric. Food Chem.,* 29, 65-67.

FAIX, O. 1991. «Classification of lignins from different botanical origins by FT-IR spectroscopy». *Holzforschung,* 45, Suppl., 21-27.

FARMER, R.H. 1972. *Handbook of harwoods.* 2n edition, Building Research Establishment, Princes Risborough Laboratory, London: Her Majesty's Stationery Office, 243 págs.

FENGEL, D. y STREIT, W. 1979. «Hydrolysis of polysaccharides with trifluoroacetic acid and its application to rapid wood and pulp analysis». En: *Hydrolysis of cellulose: Mechanisms of enzymatic and acid catalysis,* BROWN, R.D. y JURASEK L. (éd.), Adv. Chem. Ser., 181, American Chemical Society. Washington, pp. 145-148.

FENGEL, D. y WEGENER, G. 1984. *Wood: Chemistry, ultrastructure, reaction.* De Gruyter, Berlin.

FERGUS, B.J.; PROCTER, A.R.; SCOT, J.A.M. y GORING, D.I.A. 1969. «The distribution of lignin in spruce wood as determined by ultra-violet microscopy». *Wood Sci. Technol.,* 3, 117-138.

FERNÁNDEZ DE SIMÓN, B.; CONDE, E.; CADAHIA, E. y GARCÍA-VALLEJO, M.C. 1996. «Les composés phénoliques de faible poids moléculaire dans les bois de chêne espagnol, français et américain». *J. Sci. Tech. Tonnellerie.* 2, 1-11.

FERNÁNDEZ, N.; MÖRCK, R.; JOHNSRUD, C.J. y KRINGSTAD, K. 1990. «Carbon-13 NMR study on lignin from bagasse». *Holzforschunng,* 44, 35-38.

FEUILLAT, F.; HUBER, F. y KELLER, R. 1993. «La porosité du bois de chêne (*Quercus robur* L.; *Quercus petraea* Liebl.) utilisé en tonnellerie. Relation avec la variabilité de quelques caractéristiques physique et anatomiques du bois». *Rev. Fr. Œnol.* (cahier scientifique), 142, 5-19.

FEUILLAT, M. 1982. «L'élevage des vins de Bourgogne en fûts de chêne». *Rev. Fr. Œnol.,* 88, 17-29.

FILLIATRE, C. 1994. «Du bois au papier». En: *La chimie du pin et du vin: du végétal à la table à travers les processus naturels ou les procédés industriels,* Union des physiciens, Bordeaux.

FLETCHER, J. 1978. «Dating the geographical migration of *Quercus petraea* and *Quercus robur*», in holocene times. *Tree-ring Bull.,* 38, 45-47.

FRÜND R. y LÜDEMAN, H.D. 1989. «13C-NMR spectroscopy of lignins and lignocellulosic materials». En: *Physico-chemical characterization of plant residues for industrial and feed use,* CHESSON, A. y ORSKOV, E.R. (éd.), Elsevier Appl. Sci., Amsterdam, pp. 110-117.

GAGNAIRE, D. y ROBERT, D. 1982. «Contribution à l'étude structurale qualitative et quantitative de différents échantillons de lignines par RMN 13C». *CR JIEP,* 11, Toulouse, 373-380.

GARLAND, C.P.; JAMES, F.C.; NELSON, P.J. y WALLIS, A.F. 1985. En: *Proceeding of International symposium in wood pulp chemistry,* Vancouver, Canadá, 1, 123-127.

GIORDANO, G. 1971. «Caractteristiche fisiche e meccaniche del legno». En: *technologica del legno,* vol. 1, UTET (ed), Milan, pp. 966-977.

GONZÁLEZ-LORRAINA, M.; GONZALES, A. y MÉDINA, B. 1987. «Les ions métalliques dans la différenciation des vins rouges des trois régions d'appellation d'origine Rioja». *Connaissance Vigne Vin,* 1987, 21, 127-140.

GOURRET, J.P. 1987. *Documents de microscopie electronique.* Tome II «Cellules végétales». INRA (ed.), Dijon.

GRAFF, R.H., TCHELISTCHEFF, A. 1969. *La production et le vieillissement du vin dans la petite futaille de chêne.* Wines Vines. 1-13.

GREAVES, H. 1970. «The effect of some wood-inhabiting bacteria on the permeability characteristics and microscopic features of *Eucalyptus regnans* and *Pinus radiatus* sapwood and heartwood». *Holsforschung,* 24, 6-14.

GRIFFIN, D.M. 1969. «Soil water in the ecology of fungi». *Ann. Rev. Phytopathology,* 7, 289-310.

GROSS, G.G. 1992. «Enzymes in the biosynthesis of hydrolysable tannins». En: *Plant polyphenols: Synthesis, properties, signifiance,* HEMINGWAY, R.W. y LAKS, P.E. (éd.), Plenum press, New York, pp. 43-60.
HALUK, J.P. 1991. *Composition chimique du bois.* Document ronéotypé, ENSIA Nancy.

HALUK, J.P.; SCHLOEGEL, F. y METCHE, M. 1991. «Chimie de la couleur du bois. Étude comparative des constituants polyphénoliques dans le chêne sain et le chêne coloré». *Holzforschung,* 45, 437-444.

HARDELL, W.E.; LEARY, G.J.; STOLL, M. y WESTERMARK, U. 1980. «Variation in lignin structure in defined morphological part of service. Variation in lignin structure in defined morphological parts of birch». *Svensk. papperstid.,* 83, 44-49, 83, 71-74.

HART, J.H., HILLIS, W.E. 1972. «Inhibition of wood-rotting fungi by ellagitannins in the heartwood of *Quercus alba*». *Phytopathology,* 62, 620-626.

HASLAM, E. 1981. «Vegetable tannins». En: *The biochemistry of plants,* Conn, E.E. (ed.), Academic press, New York.

HASLAM, E. 1989. *Plant polyphenols,* Cambridge University Press, Cambrige.

HASLAM, E. 1992. «Gallic acid and its metabolites». En: *Plant polyphenols: Synthesis, properties, signifiance,* HEMINGWAY, R.W., LAKS, P.E. (éd.), Plenum press, New York, pp. 169-794.

HERVÉ DU PENHOAT, C.L.M.; MICHON, V.M.F.; OHASSAN, A.; PENG, S.; SCALBERT, A. y GAGE, D. 1991a. «Roburin A, a dimeric ellagitannin from heartwood of *Quercus robur*». *Phytochemistry,* 30, 329-332.

HERVÉ DU PENHOAT, C.L.M.; MICHON, V.M.F.; PENG, S.; VIRIOT, C.; SCALBERT, A. y GAGE, D. 1991b. «The structural elucidation of new dimeric ellagitannins from *Quercus robur* L.», roburin A-E. *J. Chem. Soc. Perkin Trans.,* I, 1653-1660.

HOFFMAN, C.; LUDKE, C.; SCHOLZE, H. Y STEPHANOWITZ, H. 1994. «Analytical lnvestigations of Tree Rings by Laser Ablation ICP-MS». *Anal. Chem.,* 350, 253-259; and Poster in «European Winter Conference on Plasma Spectrochemestry» (Cambridge, 1995).

HUBER, F. 1991. «Modélisation de l'infradensité du bois en fonction de la largeur de cerne et de l'âge médullaire chez les chênes indigènes (*Quercus robur* L. et *Quercus petraea* Liebl.): effet individuel, effet de l'appareil foliaire, des conditions climatiques et de 1'âge de 1'arbre». Station de Recherche sur la Qualité du Bois, INRA-CRF (eds.), Champenoux.

ILIC, J. 1991. *CSIRO atlas of hardwoods,* Springer-Verlag, New York.

INQUIMBERT, M.-H. 1978. *Élaboration traditionnelle d'un fût en tonnellerie.* «Étude de la sélection et du séchage des merrains de chênes: leur incidence sur un millésime médocain». Mémoire DNO. Université de Bordeaux II.

JACQUET, G.; POLET, B.; LAPIERRE, C.; MHAMDI, F. y ROLANDO, C. 1995. «Structural characterization of phenolic compounds in straw by mass-spectrometry». CR, 12e JFSM, Bordeaux, 104.

JACQUIOT, C. 1938. *Le chêne.* Herman & Cie (éd), Paris.

JACQUIOT, C.; TRENARD, Y. y DIROL, D. 1973. *Atlas d'anatomie des bois des angiospermes (essences feuillues).* Tome I-Texte, Tome II-Planches. CTAB et CNRS (éd.), Paris.

JANIN, G. 1987. «Mesure de la couleur du bois. lntérêt forestier et industriel». *Ann. Sci. For.,* 44, 455-472.

JANIN G. y MAZET, J.-F. 1987. «Mesure de la variabilité de la couleur du bois. Nouvelle méthode appliquée aux carottes de sondage». *Ann. Sci. For.,* 44, 119-126.

JANIN G.; MAZET, J.-F.; FLOT, J.L. y HOFMANN P. 1990. «Couleur et qualité du bois de chêne de tranchage: Chêne sessile, chêne pédonculé et chêne rouge». *Rev. For. Fr.,* 52, 134-139.

JERMY, M.A. y ISHERWOOD, F.A. 1956. «Changes in cell wall of pear during ripening». *Biochem. J.,* 64, 123-132.

JOHANSENS, D.A. 1940. *Plant microtechniques.* Mc Graw-Hill, New York.

JOHNSON, D.B.; MOORE, W.E. y ZANK, L.C. 1961. *The spectrophotometric determination of lignin in small wood samples.* TAPPl, 44, 793-798.

JOSELEAU, F.-P. 1980. «Les hémicelluloses». En *Les polymères végétaux. Polymères pariétaux et alimentaires non azotés,* MONTIES, B. (éd.), Bordas, Paris, 87-121.

JOSEPHE, E. y MARCHÉ, M. 1972. «Contribution à 1'étude du vieillissement du cognac. Identification de la scopolétine, de 1'aesculétine, de 1'ombelliférone, de la β-methyl-ombelliférone. de l'aesculine et de la scopoline, hétérosides provenant du bois». *Connaissance Vigne Vin,* 6, 273-330.

JOUIN, D.; TOLLIER, M.T. y MONTIES, B. 1988. «Lignification of oak wood. 1-Lignin determination in sapwood and heartwood». *Cellulose Chem. Technol.,* 22, 231-243.

KELLER, R. 1992. «Les chênes dans le monde. Les chênes de tonnellerie en France: *Quercus petraea* et *Quercus robur*». En: *Le bois et la qualité des vins et des eaux-de-vie,* GUIMBERTEAU, G. (éd.), Vigne et vin publications internationales, Martillac, pp. 7-28.

KIRK, T.K. y CHANG, H.M. 1975. «Decomposition of lignin by white-rot fungi». *Holzforschung,* 29, 56-64.

KLUMPERS, J. y JANIN, G. 1992. «lnfluence of age and annual ring width on the wood colour of oaks». *Holz als Rolt- und Werkstoff,* 50, 161-171.

KLUMPERS, J.; SCALBERT, A. y JANIN, G. 1994. «Ellagitannins in European oak wood: Polymerisation during wood ageing». *Phytochemistry,* 36, 1249-1252.

KREMER, A.; PETIT, R.; AN XU, L. y PLEMONGE, M.-H. 2000. «Vers une garantie de l'origine géographique. 1-Utilisation des tests génétiques». VIVAS, N. éd., Vignes et Vin Publications Internationales. Bordeaux, 9-10.

LACROIX, J.-P. 1992. «La gestion des forêts de chêne». En: *Le bois et la qualité des vins et des eaux-de-vie,* GUIMBERTEAU, G. (éd.), Vigne et Vin Publications Internationales, Martillac, pp. 31-36.

LAPIERRE, C. 1986. *Hétérogénéité des lignines de peuplier: Mise en évidence systématique.* Thèse doctorat d'état, Université París-Sud.

LAPIERRE, C.; LALLEMAND, J.Y. y MONTIES, B. 1982. «Evidence of poplar lignin heterogeneity by combination of 13C and 1H NMR spectroscopy». *Holzforschung,* 40, 113-118.

LAPIERRE, C. y MONTIES, B. 1981. «Evidence of lignin heterogeneity by progressive extraction of poplars wood». *The Ekman days stockholm 1981. Ini. Symp. on Wood and Pulping Chemistry,* 5, 35-39.

LAPIERRE, C.; MONTIES, B.; VASSAL-GONTHIER, A. y DWORKING, A. 1986. «Differentiel calorimetric study of pine and poplas lignins between 300 and 525°K». *J. Appl. Polym. Sci.,* 32. 4561-4572.

LARIGNON, P.; ROULLAND, C. VIDAL, J.P. y CANTAGREL, R. 1994. «Étude de la maturation en charentes des bois de tonnellerie». *Compte-rendu Station Viticole du Bureau National Interprofessionnel du Cognac.* Mars, 1994. 21 págs.

LAVISCI, P.; SCALBERT, A.; MASSON, D. y JANIN, G. 1991. «Quality of Turkey oak (*Quercus cerris* L.) wood». *Holzforschung,* 45, 291-296.

MAGA, J.A. 1989. «The contribution of wood to the flavor of alcoholic beverages». *Food Rev. Int.,* 5, 39-99.

MARCO, J.; ARTAGONA, J.; LARRECHI, M.S. y RUIS, F.X. 1994. «Relationship between geographical origin and chemical composition of wood for oak barrels». *Am. J. Enol. Vitic.,* 4-5, 192-200.

MARSAL, F. y SARRE, C. 1987. «Étude par chromatographie en phase gazeuse de substances volatiles issues du bois de chêne». *Connaissance Vigne Vin,* 21, 71-79.

MART, L. 1980. «Prevention of contamination and other accuracy risks in voltametric trace metal analysis of natural water». *Fresenius Z. Anal. Chem.,* 296, 350-362.

MASSON, G.; PUECH, J.L. y MOUTOUNET, M. 1994. «Localization of the ellagitannins in the tissues of *Quercus robur* and *Quercus petraea* woods». *Phytochemistry,* 37, 1245-1249.

MASSON, G. 1996. *Composition chimique du bois de chêne de tonnellerie. Essai de discrimination des espèces et des forêts.* Thèse Universit. Montpellier, 11, 133 págs.

MAYER, V.W. 1971. «Uber die Gerbstoffer aus dem Holz der Edelkastanie und Eich». Das Leder, 12, 277-283.

MAYER, V.W.; GABBER, W.; RIESTER, A. y KOGER, H. 1967. «Uber die Gerbstoffe aus dem Holz der Edelkastanie and der Eich. ll-Die Isolierung von Castalagin, Vescalagin, Castalin und Cescalin. Lieb». *Ann. Chem.* 707, 177-192.

MAYER, V.W.; SEITZ, H.; JOCHIMS, J.C.; SCHAUERTE, K. y SCHILLINJ, G. 1971. «Uber die Gerbstoffe aus dem Holz der Edelkastanie and der Eich. Lieb». *Ann. Chem.,* 751, 60-73.

MAZET, J.F. y JANIN, G. 1990. «La qualité de l'aspect des placages de chênes: Mesures de couleur et critères d'appréciation des professionnels français et italiens». *Ann. Sci. For.,* 47, 255-268.

MAZET, J.F. y NEPVEU, G. 1991. «Relation entre caractéristiques de retrait et densité du bois chez le Pin sylvestre, le Sapin pectiné et l'Épicéa commum». *Ann. Sci. For.,* 48, 87-100.

MÉDINA, B.; GUIMBERTEAU, G. y SUDRAUD, P. 1977. «Dosage du plomb dans les vins. Une cause d'enrichissement: les capsules de surbouchage». *Connaissance Vigne Vin,* 11. 183-193.

MÉDINA, B. y SUDRAUD, P. 1980. «Teneur des vins en chrome et nickel. Causes d'enrichissement». *Connaissance Vigne Vin,* 14, 239-246.

METCHE, M. y GIRARDIN, M. 1980. «Les tanins des végétaux». En: *Les pohymères végétaux. Polymères parietaux et alimentaire non azotés,* MONTIES, B. (éd.), Gauthier-Villard, Paris (1980).

MILA, I. y SCALBERT, A. 1995. «Polyphenols in barks of European trees: a general survey of their nature, extractibility and content». En: *Polyphenols 94,* BROUILLARD, R.; JAY, M. y SCALBERT, A. (éd.), pp. 291-292, INRA éditions n.° 69, Paris.

MILA, I.; SCALBERT, A.; HERVÉ DU PENHOAT, C. y EXPERT, D. 1995. «Ellagitannins in European oak and chestnut: Iron deprivation and wood durability». En: *Polyphenols 94,* BROUILLARD, R.; JAY, M. y SCALBERT, A. (éd.), pp. 369-370, INRA éditions n.° 69, Paris.

MILA, I.; MC DONALD, M.; SCALBERT, A. y VAN LEEPUT, M. 1995. «Precipitation of cupric ions by polyphenols - Application to wood preservation». En: *Polyphenols 94,* BROUILLARD, R.; JAY, M. y SCALIBERT, A. (éd.), pp. 365-366, INRA éditions n.° 69, Paris.

MONTIES, B. 1980. «Les lignines». En: *Les polymères végétaux. Polymères pariétaux et alimentaires non azotés,* MONTIES, B. (éd.), Bordas. Paris, pp. 122-155.

MONTIES, B. 1992. «Composition chimique des bois de chêne: composés phénoliques, relations avec quelques propriétés physiques et chimiques susceptibles d'influencer la qualité des vins et des eaux-de-vie». En: *Le bois et la qualité des vins et des eaux-de-vie,* Guimberteau, G. (éd.), Vigne et vin publications intentationales, Martillac, pp. 59-72.

MOUILLEFERT, P. 1896. «Les merrains et la fabrication des tonneaux». *Rev. Viticulture,* 149, 397-402 y 154, 523-527.

NABETA, K.; YONEKUBO, J. y MIYAKE, E. 1986. «Analysis of volatile constituants of Europeas and Japanese oaks». Mokusai Gakk., 32, 921-927.

NABETA, K.; YONEKUBO, J. y MIYAKE, E. 1987. «Phenolic compounds from heartwood of Europeas wood (*Quercus robur* L.) and brandy». Mokuzai Gakkashi, 33, 408-415.

NAUDIN, R. 1986. *Élevage des vins de bourgogne en fûts de chêne: Cas des vins blancs et rouges de garde.* ITV (éd.), 17 págs.

NEPVEU, G. 1984a. «Contrôle héréditaire de la densité et de la rétractabilité du bois de trois espéces de chêne». *Silvae Genetica,* 33, 110-115.

NEPVEU, G. 1984b. «Déterminisme génotypique de la structure anatomique du bois chez *Q. robur*». *Sylvae Genetica,* 33, 91-95.

NEPVEU, G. 1987. *Proposition pour l'étude des relations entre stations et qualité des bois.* Station de Recherches sur la Qualité des Bois, INRA-CRF (eds.), 87/2, Champenoux.

NEPVEU, G. 1991. «La variabilité du bois». En: *Le matériau bois,* 2nd édition. ARBOLOR (ed.), Nancy.
NIMZ, H.H. 1978. «13C-NMR spectra of lignins». CR REP, 8, Nancy, 185-206.

NOBLE, A.C. 1995. «Application of time-intensity procedures for evaluation of taste and mouthfeel». *Am. J. Enol. Vitic.,* 46, 128-133.

NONDEDEU, L.; LEAUTÉ, R.; GRANCHAMPS, B.; BONNICHON, C.; LAURICHESSE, D. y TRICHET, P. 1988. «Brûlage des barriques de chêne et qualité des vins du Médoc». *Progr. Agric. Vitic.,* 105, 505-518.

ORTEGA, L.C.L. 1986. «La madera y la calidad de los vinos». En: *Jornadas técnicas sobre utilización de barrica de roble en la crianza de vinos de Rioja,* RELONDO, A.L. (éd.), Ramondin, Logroño, pp. 50-65.

OTSUKA, K.; SATO, K. y KAWAMATSU, M. 1980. «Purification and properties of a precursor of β-methyl-γ-octalactone, an aging compound of distilled liquors». *Hakkokogaku,* 58, 309-375.

PARDÉ, J. y BOUCHON, J. 1988. *Dendrométrie.* ENGREF éditions, Nancy, 328 págs.

PENG, S.; SCALBERT, A. y MONTIES, B. 1991. «Insoluble ellagitanins in *Castanea sativa* and *Quercus petraea* woods». *Phytochemistry,* 30, 374-378.

PERNESTAL, K.; JONSSON, B. y LARSSON, B. 1995. «A simple model for density of annual rings». *Wood Sci. Technol.,* 29, 441-450.

PERRA, B.; HALUK, J.P. y METCHE, M. 1993. «Extraction of suberin and lignin from beech barks (*Fagus sylvatica* L.)». *Holzforschung,* 47, 486-490.

PETERSON, R.G. 1976. «Formation of reduced pressure in batrels during aging». *Am. J. Enol. Vitic.,* 27, 80-81.

POCOCK, K.F.; SEFTON, M.A. y WILLIAMS, P.J. 1994. «Taste thresholds of phenolic extract of french and american oak wood: The influence of oak phenols on wine flavor». *Am. J. Enol. Vitic.,* 45, 429-434.

POLGE, H. 1966. *Utilisation des spectres de diffraction des rayons x pour l'étude de la qualité du bois.* Thèse ès sciences appliquées, Université de Nancy.

POLGE, H. 1973. «Facteurs écologiques et qualité du bois». *Ann. Sci. For:,* 30, 307-328.

POLGE, H. y KELLER, R. 1973. «Qualité du bois et largeur d'accroissements en forêt de Tronçais». *Ann. Sci. For.,* 30, 91-125.

POLGE, H.; LEMOINE, M. y DERET, E. 1977. «Étude de la variabilité spécifique et intraspécifique de la structure juvénile du bois de chêne à l'aide d'un analyseur d'images». *Ann. Sci. For.,* 34, 285-292.

PONTALLIER, P. 1981. *Recherches sur les conditions d'élevage des vins rouges. Rôle des phénomènes oxydatifs.* Thèse docteur-ingénieur, Université de Bordeaux II.

PUECH, J.-L. 1978. *Vieillissement des eaux-de-vie en fûts de chêne. Extraction de la lignine et de ses produits de dégradation.* Thèse, Université Paul Sabatier, Toulouse.

PUECH, J.-L. 1981. «Extraction and evolution of lignin products in Armagnac matured in oak». *Am. J. Enol. Vtic.,* 32. 111-114.

PUECH, J.-L. 1984. «Characteristics of oak wood and biochemical aspect of Armagnac ageing». *Am. J. Enol. Vtic.,* 35, 77-81.

PUECH, J.-L.; ROBERT, A. y MOUTTET, B. 1989. «Evolution of oak wood lignin subjected to flah hydrolysis». *Holzforschung,* 43, 235-238.

PUECH, J.-L. y MAGA, J. 1993. «Influence du brûlage du fût sur la composition des substances volatiles et non volatiles d'une eau-de-vie». *Rev. Œnol.,* 70, 13-16.

QUINN, M.K. y SINGLETON, V.L. 1985. «Isolation and identification of ellagitannins from white oak wood and an estimation of their roles in wine». *Am. J. Enol. Vitic.,* 36, 148-755.

ROBERT, D. 1992. «Production and characterization of technical lignins: Carbon-13 NMR as process control. Proceeding of Brazilian symposium of chemistry», *Lignins and other wood components,* NELSON, D. y ESPÓSITO, E. (éd.), University Estadual campaninas, 3, 24-31.

ROLAND, J.-C. 1980. «Ultrastructure et texture des polysaccharides dans la paroi des cellules végétales». En: *Les polymères végétaux. Polymères pariétaux et alimentaires non azotés,* MONTIES, B. (éd.), Gauthier-Villars, Paris. pp. 46-66.

ROQUE, M.; GRUET, M.P.; MOLLEYRE, F. y ALEBOYE, H. 1987. «Porosité et surface spécifique de bois brutes et collés». *Actes IIe Colloque Sciences et Industries du Bois* (ARBOLOR), Tome I, Nancy, pp. 481-488.

ROWELL, R. 1984. «The chemistry of solid wood». *Adv. Chem. Ser. ACS,* 207, 1-614.

SALAGOÏTY-AUGUSTE, M.H.; TRICARD, C. y SUDRAUD, P. 1987. «Dosage simultané des aldéhydes phénols et des coumarines par chromatographie liquide haute performance. Application aux vins et aux eaux-de-vie viellis en fûts de chêne». *J. Chromatogr.,* 392, 379-387.

SARNI, F.; MOUTOUNET, M.; PUECH, J.-L. y RABIER, P. 1990. «Effect of heat traitement of oak wood extractable compounds». *Holzforschung,* 44, 461-466.

SARNI, F.; RABIER, y P. MOUTOUNET, M. 1990. «Fabrication des barriques et thermotraitements: relevé des températures». *Rev. Fr. Œnol.,* 123, 53-58.

SCALBERT, A. 1991. «Tannins in woods and their contribution to microbial decay prevention». En: *Plant polyphenols,* pp. 935-952, HEMINGWAY, R.W. y LACKS, P.E. (Eds.), Plenum Press. New York.

SCALBER, A. y HASLAM, E. 1987. «Polyphenols and chemical defence of the leaves of *Quercus robur*». *Phytochemistry,* 26, 3191-3195.

SCALBERT, A.; MONTIES, B. y FAVRE, J.M. 1988. «Polyphenols of *Quercus robur*: Adult tree and in vitro grown calli and shoots». *Phytochemistry,* 27, 3483-3488.

SEFTON, M.A.; FRANCIS, I.L. y WILLIAMS, P.J. 1990. «Volatile norisoprenoids compounds as constituents of oak wood used in wine and spirit maturatio». *J. Agric. Food Chem.,* 38, 2045-2049.

SEIKEL, M.K.; HOSTETTLER, F.D. y NIEMANN, G.J. 1971. «Fagaceae - Phenolic of *Quercus stellata* wood». *Phytochem.,* 10, 2249-22-51.

SEIKEL, M.K.; HOSTETTLER, F.D. y NIEMANN, G.J. 1971. «Phenolics of *Quercus rubra* wood». *Phytochemistry,* 10, 2249-2251.

SIAU, F.-F. 1984. *Transport processes in wood.* Springer-Verlag (eds.), New York.

SIGAUD, P. 1984. *Les chênes du Berry.* Mémoire ENITEF. 175 págs.

SINGLETON, V.L. 1974. «Some aspects of wooden container as a factor in wine maturation». En: *Chemistry of wine making,* ACS, 137. WEBB, A.D. (Ed.), 311 págs.

SINGLETON, V.L. 1995. «Maturation of wines and spirits: Comparisons, facts, and hypotheses». *Am. J. Enol. Vitic.,* 46, 98-115.

SKAFIDA, E.; VOULOUVOUTIS, N. y SOULIS, T. 1980. «Teneur en plomb des feuilles et des baies de vigne croissant en bordure d'une autoroute». *Connaissance Vigne Vin,* 1980, 14, 239-246.

STREIT, W. y FENGEL, D. 1994. «Heartwood formation in Quebracho colorado (Schinopsis balansae Engl.): Tannin distribution and penetration of extractives into the cell walis». *Holzforschung,* 48, 361-367.

TARANSAUD, J. 1976. *Le livre de la tonnellerie.* La roue à livres diffusion (ed.), Paris.

THIBAULT, J. 1980. «Les substances pectiques». En: *Les polymères végétaux. Polymères pariétaux et alimentaires non azotés,* MONTIES, B. (éd.), Gauthier-Villars, Paris, pp. 232 251.

TIMBAL, J. y KREMER, A. 1994. «Caractères botaniques, morphologiques et chorologiques». En: *Le chêne rouge d'Amérique,* TIMBAL, J.; DREMER, A.; LE GOFF, N. y NEPVEU, G. (éd.), INRA. París. pp. 45-53.

TOLLIER, M.T.; MONTIES, B.; LAPIERRE, C.; HERVÉ DU PENHOAT, C.L.M. y ROLANDO, C. 1986. «Inhomogeneity of angiosperm lignin: Comparison of the monomeric composition of lignin fraction isolated from different wood species». *Holzforschung,* Suppl. 40, 75-79.

TOLLIER, M.T. y RIQUET, A.M. 1980. «Dosage des polyosides». En: *Les polymères végétaux. Polymères pariétaux et alimentaires non azotés,* MONTIES, B. (éd.), Gauthier-Villars, Paris, pp. 156-175.

TRENARD, Y. 1980. «Comparaison et interprétation de courbes obtenues par porosimétrie au mercure sur diverses essences de bois». *Holzforschung,* 34, 139-146.

VENET, J. 1986. *Identification et classement des bois Français.* 2e édition revue par KELLER, R., ENGREF, Nancy.

VILLIERE, A. 1966. *Le séchage des bois.* Éditions Dunod, Paris. 409 págs.

VIRIOT, C.; SCALBERT, A.; HERVÉ DU PENHOAT, C.L.M. y MOUTOUNET, M. 1994. «Ellagitannins in woods of Sessile oak and sweet Chestrut. Dimerization and hydrolysis during wood ageing». *Phytochemistry,* 36. 1253-1260.

VIVAS, N. 1993a. «Les conditions d'élaboration des vins rouges destinés à un élevage en barriques». *Rev. Œnol.* 68. 27-33.

VIVAS, N. 1993b. «Les phénomènes d'oxydoréduction liés à l'élevage sous bois: mesure et interprétation». En: *Élevage des vins en fûts de chêne,* GLORIES, Y. (éd.). CEPS, Melun.

VIVAS, N. 1993d. «Le séchage naturel du bois de chêne déstiné à la fabrication de barriques». Tonnellerie Demptos (éd.), collection avenir œnologie (diffusion), Château de Chaintré, France.

VIVAS, N. 1993e. «Les phénomènes liés à la maturation du bois de chêne pendant son séchage». *Rev. Œnol.,* 70, 17-20.

VIVAS, N.; ZAMORA, F. y GLORIES, Y. «Incidence de certains facteurs sur la consommation de l'oxygène et sur le potentiel d'oxydoréduction dans les vins». *J. Int. Sc. Vigne Vin,* 1993, 27, 2 3-24.

VIVAS, N. 1995. «Sur la notion de grain en tonnellerie». *J. Sci. Tech. Tonnellerie.* 1, 17-48.

VIVAS, N. 1997. «Recherches sur la qualité du chêne Français de tonnellerie (*Q. petraea* Liebl., *Q. robur* L.) et sur les mécanismes d'oxydoréductions des vins rouges au cours de leur élevage en barriques». Thèse Université Bordeaux II, 2 tomes, 250 págs.

VIVAS, N.; GLORIES, Y. y FRANÇOIS, J. 1991. «Mise au point sur l'elevage des vins rouges en fût de chêne». *Rev. Œnol.,* 62, 17-21.

VIVAS, N. y GLORIES, Y. 1993b. «Les phénomènes d'oxydoréduction liés à l'élevage en barrique des vins rouges: aspects technologiques». *Rev. Fr. Œnol.,* 142, 33-38.

VIVAS, N.; LAGUERRE, M.; GLORIES, Y.; BOURGEOIS, G. y VITRY, C. 1995. «Structure simulation of two ellagitannins from *Quercus robur* L.». *Phytochemistry*, 39, 1193-1199.

VIVAS, N. y GLORIES, Y. 1996b. «Role of oak wood ellagitannins in the oxidation process of red wines during ageing». *Am. J. Enol. Vitic.,* 47, 103-107.

VIVAS, N.; GLORIES, Y.; BOURGEOIS, G. y VITRY, C. 1996. «Les ellagitanins de bois de cœur de différentes espèces de chênes (*Quercus* sp.) et de chataîgnier (*Castanea, sativa* Mill.). Dosage dans les vins rouges élevés en barriques». *J. Sci. Tech. Tonnellerie,* 2, 24-49.

WALKER, F.S. 1978. «Pedunculate and sessile oaks: Species determination from differences in their wood». En: *Dendrochronology in Europe,* FLETCHER, J. (éd.). British archeological reports. 51, pp. 329-338.

WASHBURN, E.W. 1921. «Note on a method of determining the distribution of pore-sizes in porous material». *Proceeding of the Nat. Acad. Sci.,* 7, 115-116.

Índice de materias

CAPITULO II: BREVE HISTORIA DE LA TONELERÍA

CAPITULO III: EL ROBLE, UN ÁRBOL NOBLE Y COMPLEJO

CAPITULO VI: DEL BUEN USO DE LAS BARRICAS